新工科暨卓越工程师教育培养计划电子信息类专业系列教材

电工电子国家级实验教学示范中心（长江大学）系列教材

丛书顾问/郝　跃

DIANGONG DIANZI SHIXI JIAOCHENG

电工电子实习教程

（第二版）

■ 主　　编/余仕求　李　锐

■ 副 主 编/蔡昌新　夏振华　马寅秋

　　　　　　吕梦云　李克举　颜国琼

■ 主　　审/陈永军

華中科技大學出版社

http://www.hustp.com

中国·武汉

内 容 简 介

本书较全面地、由浅入深地阐述了大学生电工电子实践能力培养实习课程的基本内容，不仅介绍了常用电子元器件的识别与测试方法、常用电子仪器的使用及操作方法、照明电路的安装与安全用电基本知识、电路板手工锡焊工艺等电工电子基本知识，而且还介绍了PCB设计、电子线路设计仿真、PLC应用、变频器基本操作方法、三相异步电动机及其继电-接触控制等中高级实用技术。每章均附有思考题，便于学生自习。

本书在第一版的基础上做了修改和补充，根据教学设备的更新以及在"新工科"背景下实践教学要求发生的变化，融入了三点特色内容：一是新教学设备的操作与使用方法说明；二是SMT、波峰焊接及回流焊接等焊接工艺介绍；三是单片机声光控电路板制作项目，学生可以自己编程。

本书可作为高等院校工科本、专科生的电工电子实习教材，其特色是注重实用性和操作性，适用于多层次的教学和培训，也可供电工电子专业技术人员参考。

图书在版编目(CIP)数据

电工电子实习教程/余仕求，李锐主编. —2版. —武汉：华中科技大学出版社，2019.8(2022.12重印)
新工科暨卓越工程师教育培养计划电子信息类专业系列教材
ISBN 978-7-5680-5633-5

Ⅰ.①电… Ⅱ.①余… ②李… Ⅲ.①电工技术-实习-高等学校-教材 ②电子技术-实习-高等学校-教材 Ⅳ.①TM-45 ②TN-45

中国版本图书馆CIP数据核字(2019)第177377号

电工电子实习教程(第二版)
Diangong Dianzi Shixi Jiaocheng (Di-er Ban)

余仕求　李　锐　主编

策划编辑：王红梅
责任编辑：李　露
封面设计：秦　茹
责任校对：刘　竣
责任监印：徐　露
出版发行：华中科技大学出版社(中国·武汉)　　电话：(027)81321913
　　　　　武汉市东湖新技术开发区华工科技园　　邮编：430223
录　　排：武汉市洪山区佳年华文印部
印　　刷：武汉开心印印刷有限公司
开　　本：787mm×1092mm　1/16
印　　张：12
字　　数：288千字
版　　次：2022年12月第2版第2次印刷
定　　价：32.80元

前言

近年来,企业对学生实践能力的培养提出了更高的要求,要求他们在牢固掌握基本理论知识的同时,还具有一定的工程实践经验。为此,高等教育越来越重视对大学生的工程实践能力的培养。在“新工科”人才培养思想指导下,各大工科类高等院校掀起了一轮“新工科”建设的热潮。教育部明确要求各高等院校建立有利于培养学生实践能力和创新能力的实践教学体系,使学生在在校期间通过工程实践实习来弥补实践经验的不足,以满足企业对学生具有较强工程实践能力的要求。

本书既可作为电工电子实习教材,也可作为电工操作培训资料。本书是在电子信息学院有关教师多年来的电工电子实习教学经验的基础上编写的。全书共分 9 章,第 1 章为常用电子元器件,第 2 章为常用电子仪器的使用,第 3 章为照明电路的安装与安全用电,第 4 章为 Protel 基本操作方法,第 5 章为实用电子电路的制作,第 6 章为西门子可编程逻辑控制器 S7-200 的应用,第 7 章为西门子 MM440 变频器的基本操作方法,第 8 章为 Proteus 仿真软件的基本操作,第 9 章为低压电器与三相异步电动机及其继电-接触控制。长江大学电工电子国家级实验教学中心配有部分仪器设备的操作说明视频。本书第 1、2 章由长江大学电子信息学院余仕求、吕梦云、李克举老师共同编写;第 4、8 章由长江大学电子信息学院蔡昌新、颜国琼、马寅秋、夏振华老师共同编写;第 6、7 章由长江大学电子信息学院李锐老师编写;第 3、5、9 章由余仕求老师编写。本书由余仕求副教授、李锐博士主编,由长江大学电子信息学院陈永军教授主审。

电工电子国家级实验教学中心及基础部有关教师对本书编写提供了许多帮助并提出了宝贵意见,编者在此表示衷心的感谢!由于编者水平有限,书中难免有错误和不妥之处,敬请广大读者批评指正。

编　者

2019 年 7 月于长江大学

目录

1

常用电子元器件

电子电路是由电子元器件组成的。常用的电子元器件有电阻器、电容器、电感器和各种半导体器件(如二极管、三极管、场效应管、集成电路等)。要正确地选择和使用这些电子元器件,就必须对它们的性能、结构与规格有一定的了解。

1.1 电阻器

电阻器是一个限流元件,电阻器的电阻值决定了其限流能力,电阻值越大,其限流能力越强。电阻器分为固定电阻器和可变电阻器。

1.1.1 固定电阻器

固定电阻器常简称为电阻,电路符号如图 1-1 所示。

图 1-1 电阻的电路符号

1. 几种常用电阻

(1) 碳膜电阻。碳膜电阻是用有机黏合剂将碳墨、石墨和填充料配成悬浮液涂覆于绝缘基体上,经加热聚合而成的,用 RT 表示,其性能一般,价格便宜,一般为土黄色或其他颜色,色环一般为 4 环,如图 1-2(a)所示。

(2) 金属膜电阻。金属膜电阻是用镍铬或类似的合金真空电镀技术,着膜于白瓷棒表面,经过切割、调试阻值而形成的,用 RJ 表示。其性能稳定,价格高,一般为红色,色环一般为 5 环,如图 1-2(b)所示。

(3) 线绕电阻。线绕电阻由康铜或镍铬合金电阻丝在陶瓷骨架上绕制而成,用 RX 表示,如图 1-2(c)所示。其性能稳定,低频,一般用在大功率场合。

(4) 片式电阻。片式电阻是将金属粉和玻璃铀粉混合,采用丝网印刷法印在基板上而制成的电阻器,又称贴片电阻,如图 1-2(d)所示。其耐潮湿,耐高温,温度系数小,体积小,用于表面贴装,发展很快。

(5) 电阻排。电阻排是一种将按一定规律排列的分立电阻器集成在一起的组合型电阻器,也称集成电阻器或电阻器网络,如图 1-2(e)所示。其体积小,用于数字电路。

(6) 水泥电阻。水泥电阻是将镍铬电阻丝或康铜电阻丝绕在无碱性耐热陶瓷片上,中间用玻璃纤维填充,外面用陶瓷壳体封装而成的,如图 1-2(f)所示。水泥电阻属

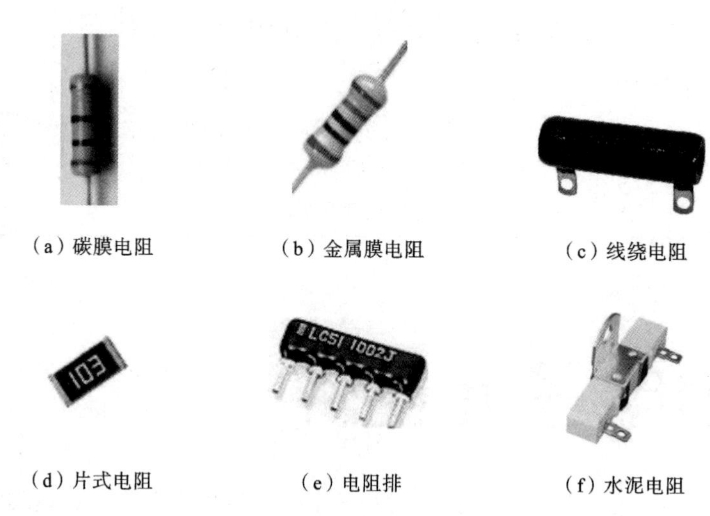

(a) 碳膜电阻　(b) 金属膜电阻　(c) 线绕电阻

(d) 片式电阻　(e) 电阻排　(f) 水泥电阻

图 1-2　常见固定电阻器外形图

于线绕电阻的一种，由于其结构特殊，所以其功率较大，允许通过较大电流，在电路中起过流保护、分压及电流取样等作用。

2. 主要参数

1) 标称阻值

大多数电阻上都标有电阻的数值，这就是电阻的标称阻值，一般按 E6、E12、E24 系列标记。表 1-1 所示的是常用电阻的标称阻值系列。标称阻值可以乘以 10、100、1000、10 k、100 k，比如对于 1.0 这个标称阻值，对应有 1.0 Ω、10.0 Ω、100.0 Ω、1.0 kΩ、10.0 kΩ、100.0 kΩ、1.0 MΩ、10.0 MΩ。

表 1-1　常用电阻的标称阻值系列

标 称 系 列	标称阻值(可乘以 10^n)
E6	1.0　1.5　2.2　3.3　4.7　6.8
E12	1.0　1.2　1.5　1.8　2.2　2.7　3.3　3.9　4.7　5.6　6.8　8.2
E6、E12、E24	1.0　1.1　1.2　1.3　1.5　1.6　1.8　2.0　2.2　2.4　2.7　3.0 3.3　3.6　3.9　4.3　4.7　5.1　5.6　6.2　6.8　7.5　8.2　9.1

2) 允许误差

电阻的标称阻值往往和它的实际阻值不完全相符。有的标称阻值大一些，有的标称阻值小一些。电阻的实际阻值和标称阻值的偏差，除以标称阻值所得的百分数，称为电阻的误差。误差越小的电阻，标称阻值越准确。表 1-2 所示的是常用电阻允许误差与等级。

表 1-2　常用电阻的允许误差与等级

允许误差	±0.5%	±1%	±2%	±5%	±10%	±20%
等级	005	01	02	Ⅰ	Ⅱ	Ⅲ

3) 额定功率

额定功率用来表示电阻所能承受的最大电流，其单位为瓦特(W)，有 1/16 W、1/8

W、1/4 W、1/2 W、1 W、2 W 等，超过这一最大值，电阻就会烧坏。

3. 电阻的色标法

体积较大的电阻的主要参数一般用文字标注，体积较小的电阻一般采用色标法标注，即用不同颜色的色环标注其标称阻值和误差。各色环的表示方法如表 1-3 所示。

表 1-3 电阻的色环表示方法

颜色	银	金	黑	棕	红	橙	黄	绿	蓝	紫	灰	白	无
有效数字	—	—	0	1	2	3	4	5	6	7	8	9	—
乘数	10^{-2}	10^{-1}	10^0	10^1	10^2	10^3	10^4	10^5	10^6	10^7	10^8	10^9	—
允许误差/(%)	±10	±5	—	±1	±2	—	—	±0.5	±0.2	±0.1	—	+50,−20	±20

色环电阻有三环、四环、五环、六环等。

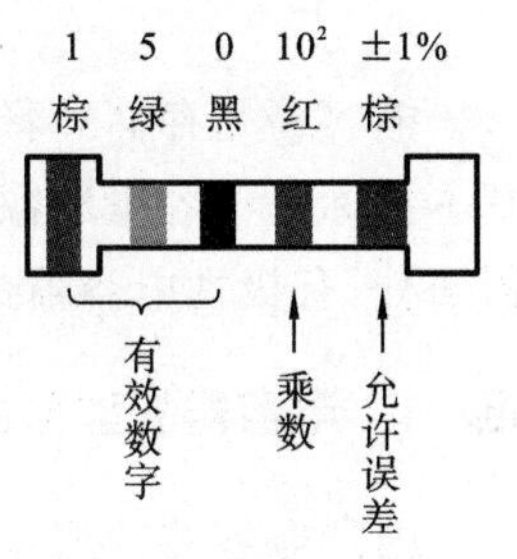

图 1-3 五环电阻的色环表示法

五环电阻的前三色环是有效数字，然后是乘数，最后是允许误差。四环电阻的前两色环是有效数字，后两色环与五环电阻的一样。三环电阻实际是四环电阻的特例，最后一色环为无色，表示允许误差是±20%。六环电阻的前五色环与五环电阻的相对应，最后一色环表示温度系数。判断色环的方向一般有三种方法。方法一：若电阻一端端部有色环，而另一端端部没有色环，则有色环的端部为电阻的前端，无色环的端部为电阻的后端。方法二：若电阻的两端端部都有色环，但这两个色环与临近的色环间距不同，则间距小的那一端为电阻的前端，另一端为电阻的后端。方法三：若银色、金色及无色这三种颜色的色环（电阻本色）出现在电阻的某一端时，则这个端就是电阻的后端，另一端就是电阻的前端。以五环电阻为例，图 1-3 所示的为五环电阻的色环表示法，电阻左端端部有色环，右端端部无色环，由方法一可知，图 1-3 所示电阻左端为前端。前三色环棕、绿、黑分别表示有效数字为 1、5、0，第四色环红表示乘数为 10^2，第五色环棕表示允许误差为±1%，故该电阻的阻值为 $150\times10^2\ \Omega=15\ \text{k}\Omega$，允许误差为±1%。注意，一般表示允许误差的色环稍宽。

色环电阻的额定功率一般不标注，但可从其体积判断，用得最多的是 1/8 W 和1/20 W。

1.1.2 可变电阻器

可变电阻器是阻值可以改变的电阻器。电位器是一种带滑动端的可变电阻器，因常用其来改变电位，故称其为电位器。电位器的种类很多，但电位器都有三个引出端：一个滑动端，两个固定端。其电路符号及外形图如图 1-4 所示。

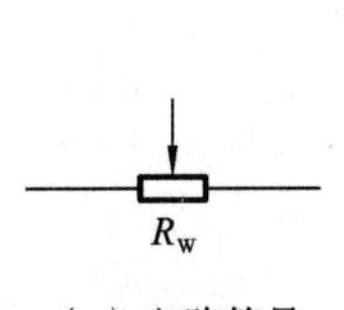

（a）电路符号

（b）外形图

图 1-4 电位器

敏感型电阻器是一种特殊的可变电阻器，其阻值对某物理量敏感，一般由特殊半导体材料制成。常见的敏感型电阻器有光敏电阻器、热敏电阻器、压敏电阻器等，外形图如图 1-5 所示。光敏电阻器是电阻值随入射光的强弱而变化的电阻器，在实际中可用于光电控制。热敏电阻器是电阻值随环境温度变化而变化的电阻器，在电路中可用于温度控制。压敏电阻器是电阻值随电压变化而发生非线性变化的电阻器,在电路中主要起瞬态过电压保护作用。

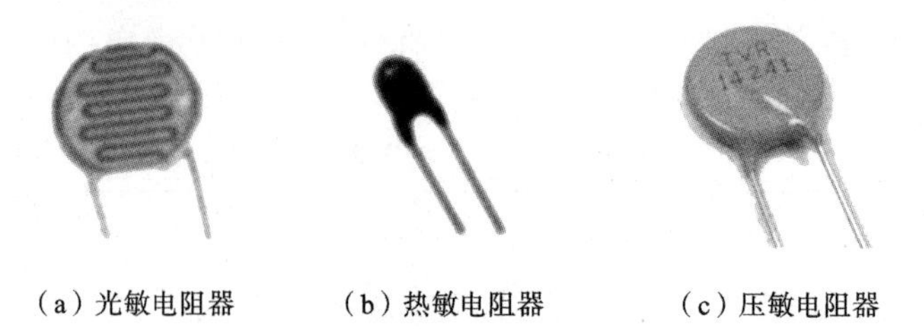

(a)光敏电阻器 (b)热敏电阻器 (c)压敏电阻器

图 1-5 几种可变电阻器外形图

1.2 电容器

电容器是存储和释放电荷的电子器件,具有隔直流、通交流的作用。电容器的两个基本指标是电容量和额定电压。电容器按有无极性可分为有极性电容器和无极性电容器两种,有极性电容器的正、负极不能接反。

1.2.1 电容器的型号命名方法

国产电容器的型号一般由四个部分组成,依次分别代表名称、介质材料、元件分类和序号(此命名方法不适用于压敏、可变、真空电容器)。

第一部分代表名称,用大写字母 C 表示。

第二部分代表介质材料,用如下大写字母表示:A——钽电解;B——聚苯乙烯等非极性薄膜;C——高频陶瓷;D——铝电解;E——其他材料电解;G——合金电解;H——复合介质;I——玻璃釉;J——金属化纸;L——涤纶等极性有机薄膜;N——铌电解;O——玻璃膜;Q——漆膜;T——低频陶瓷;V——云母纸;Y——云母;Z——纸介。

第三部分代表元件分类,一般用数字表示,个别用字母表示。

第四部分代表序号,用数字表示。

例如,某电容器型号为 CY11-1,第一个大写字母 C 代表其名称为电容器,第二个大写字母 Y 代表其介质材料为云母,接着,数字 11 代表元件分类,最后的数字 1 代表序号。因此可判断该电容器为云母电容器。

1.2.2 电容器的分类

电容器按结构可分为三大类:固定电容器、可变电容器、微调电容器。常见电容器的电路符号如图 1-6 所示。

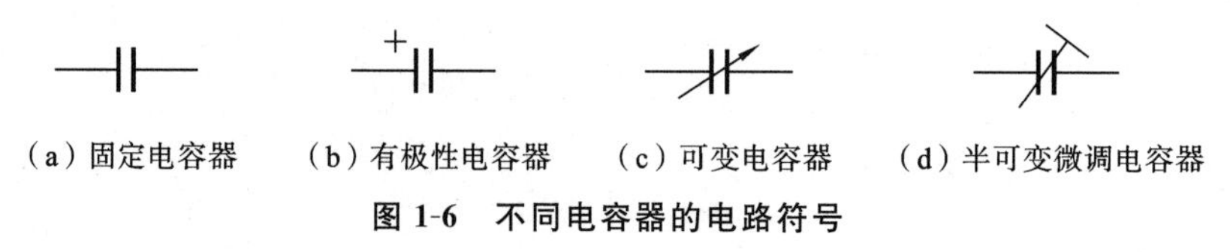

(a)固定电容器 (b)有极性电容器 (c)可变电容器 (d)半可变微调电容器

图 1-6 不同电容器的电路符号

常用电容器有聚丙烯膜电容器、涤纶电容器、云母电容器、玻璃釉电容器、陶瓷电容器、电解电容器等。几种常用电容器的特性对比如表 1-4 所示。

表 1-4　几种常用电容器的特性对比

名　　称	容　　量	稳定性	损耗	频率	耐压
聚丙烯膜电容器	1000 pF～10 μF	中	低	中	中
涤纶电容器	40 pF～4 μF	差	高	低	中
云母电容器	40 pF～0.1 μF	高	低	高	高
玻璃铀电容器	10 pF～0.1 μF	高	低	高	中
陶瓷电容器	1～6800 pF	高	低	高	中
电解电容器	0.1～10000 μF	中	高	低	中

电容器在电路中常用作高(低)频旁路电容器、滤波电容器、调谐电容器、高(低)频耦合电容器等。几种常见电容器实物图如图 1-7 所示。

(a) 聚丙烯膜电容器

(b) 涤纶电容器

(c) 云母电容器

(d) 玻璃铀电容器

(e) 陶瓷电容器

(f) 可变电容器

(g) 电解电容器

图 1-7　几种常见电容器实物图

1.2.3　电容器容量的标注方法

电容器容量的标注方法主要有直标法、数码法和色标法三种。电容器容量的单位是法拉(F)。比法拉小的单位有微法(μF)、纳法(nF)、皮法(pF)。皮法又称微微法。它们之间的换算关系为:1 F=10^6 μF=10^9 nF=10^{12} pF。

1. 直标法

将电容器的标称容量、额定电压及允许误差直接标注在电容器的外壳上,其中允许误差一般用字母来表示。常见的表示允许误差的字母有 J(±5%)和 K(±10%)等。例如,47nJ100 表示标称容量为 0.047 μF,允许误差为±5%,额定电压为 100 V。

2. 数码法

用三位数字来表示标称容量的大小,单位为 pF。前两位为有效数字,第三位为倍率,即乘以 10^n,n 的范围是 1～9。例如,333 表示标称容量为 33×10^3 pF=33000 pF=

0.033 μF。

3. 色标法

这种表示方法与电阻的色环表示方法类似,其颜色表示的数字与电阻色环的完全一致,单位为 pF。

1.2.4　电容器的主要特性参数

1. 标称容量和允许误差

标称容量是标注在电容器上的电容量。按国标 E24、E12 或 E6 系列标记。电容器实际容量与标称容量的偏差称为误差,允许的误差范围称为精度。误差一般分为 3 级:Ⅰ级(±5%)、Ⅱ级(±10%)和Ⅲ级(±20%)。有时也用字母表示相对误差,如 D(±0.5%)、J(±5%)、K(±10%)、M(±20%)、S(±50%)等。

2. 额定电压

额定电压是在额定环境温度下可连续加在电容器上的最高直流电压的有效值,一般直接标注在电容器外壳上。如果工作电压超过电容器的额定电压,电容器将因被击穿而损坏。

3. 绝缘电阻

直流电压加在电容器上,会产生漏电流,两者之比称为绝缘电阻。

4. 损耗

电容器在电场作用下,单位时间内因发热所消耗的能量称为损耗。各类电容器都规定了其在某频率范围内的损耗允许值。电容器的损耗主要有介质损耗和电导损耗。电容器介质损耗是指电容器内绝缘材料在交变电场作用下,由于介质电导和介质极化的滞后效应,在其内部引起的能量损耗;电导损耗是指在直流电场作用下,电容器介质内因泄漏电流而产生的损耗。

5. 频率特性

随着频率的上升,一般电容器的电容量会下降。

1.3　电感器

电感器是根据电磁感应原理制成的器件。它的基本作用是通直流、隔交流。电感器的最基本指标是电感量,单位是亨利(H)。两种常见电感器实物图如图 1-8 所示。

(a) 电感线圈

(b) 变压器

图 1-8　电感器实物图

1.3.1 电感器的分类

在电子设备中，电感器分为两大类：一类是应用自感作用的电感线圈，另一类是应用互感作用的变压器或互感器。

1. 电感线圈

电感线圈的用途很广，常用于滤波器、调谐放大器、均衡电路、去耦电路中等。按线圈绕制方式来分，电感线圈有单层电感线圈、多层电感线圈、蜂房式电感线圈；按线圈圈芯来分，电感线圈有空芯电感线圈、铁芯电感线圈和磁芯电感线圈；按电感量变化的情况来分，电感线圈有固定电感线圈和可变电感线圈。几种电感线圈的电路符号如表1-5所示。

表1-5 几种电感线圈的电路符号

符号				
名称	空芯电感线圈	可变电感线圈	铁芯电感线圈	磁芯电感线圈

2. 变压器

变压器是利用两个线圈的互感作用来传递交流信号和电能的，同时能起到阻抗变换的作用。按变压器的铁芯和线圈结构来分，有芯式变压器和壳式变压器；按变压器使用频率来分，有高频变压器、中频变压器和低频变压器；按变压器的作用来分，有电源变压器、电力变压器、隔离变压器等。

1.3.2 电感器的标注方法

轴向引线电感器和电阻器的外形是非常相似的。为了表明电感器的参数，常在小型固定电感器的外壳上涂上标注，其标注方法有直标法、色标法和数码法三种。

1.3.3 电感器的主要参数

1. 电感量

电感量是电感器的固有特性，它反映电感器存储磁场能的能力。它的大小与线圈的匝数、线圈绕制方式、骨架尺寸及磁芯材料等因素有关。匝数越多，线圈越集中，电感量就越大；线圈内有磁芯的比无磁芯的电感量大；磁芯导磁率大的电感量大。

2. 允许误差

电感器的实际电感量相对于标称值的最大允许偏差范围称为允许误差。

3. 品质因数

品质因数用字母 Q 表示。Q 值越高，表明线圈的功耗越小，效率越高，则"品质"越好。Q 值与线圈的结构(导线粗细、线圈匝数及绕法、有无磁芯)有关。

4. 标称电流

标称电流是指线圈允许通过的最大电流。常以字母a、b、c、d、e来表示，标称电流分别为50 mA、150 mA、300 mA、700 mA和1600 mA。

5．分布电容

线圈的匝间、线圈与屏蔽罩间、线圈与底板间存在分布电容。分布电容的存在使线圈的 Q 值减小，稳定性变差。因此，减小线圈的分布电容可提高线圈的性能。

1.4　二极管

晶体二极管有一个由 P 型半导体和 N 型半导体形成的 PN 结。在 PN 结内形成由 N 指向 P 的内电场，这使其具有单向导电性。晶体二极管的电路符号如图 1-9 所示，几种常见二极管如图 1-10 所示。

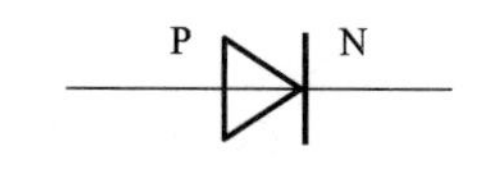

图 1-9　晶体二极管电路符号

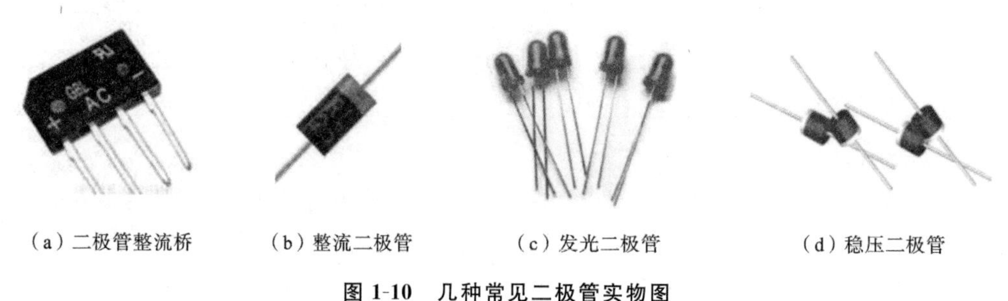

(a) 二极管整流桥　(b) 整流二极管　(c) 发光二极管　(d) 稳压二极管

图 1-10　几种常见二极管实物图

1.4.1　二极管的分类

二极管按材料分为硅二极管、锗二极管、砷化镓二极管等；按用途分为整流二极管、检波二极管、发光二极管、光电二极管、稳压二极管、变容二极管等。各类二极管的电路符号如图 1-11 所示。

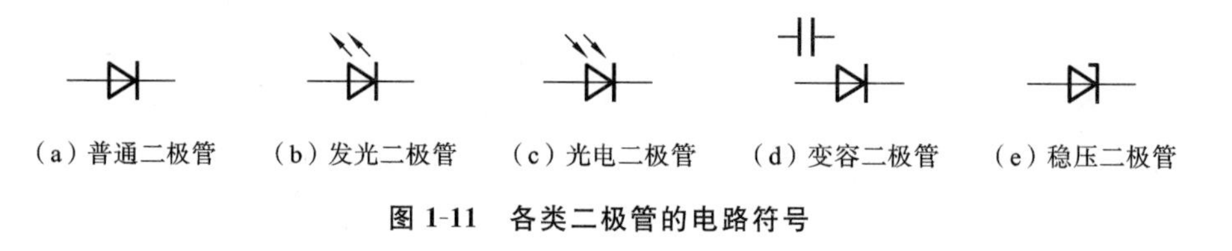

(a) 普通二极管　(b) 发光二极管　(c) 光电二极管　(d) 变容二极管　(e) 稳压二极管

图 1-11　各类二极管的电路符号

1.4.2　二极管的导电特性

二极管的一个重要特性就是单向导电性。在电路中，当二极管的正极(P)接高电位而负极(N)接低电位时，即正偏，二极管导通；反之，即反偏，二极管截止。

1．正向特性

在理想情况下，当向二极管加正向电压时，二极管导通，在电路上相当于开关闭合。实际上，二极管是非线性元件。正向工作时，外加电压必须略大于二极管的门槛电压(又称死区电压)，这时二极管才开始导通。门槛电压与二极管材料有关，锗二极管的门槛电压约为 0.2 V；硅二极管的约为 0.6 V。二极管正常工作时，其上必须存在导通电压，导通电压应略大于门槛电压。锗二极管的导通电压约为 0.3 V；硅二极管的约为 0.7 V；砷化镓(发光)二极管的大于 1.4 V。

2. 反向特性

在理想情况下，当向二极管加反向电压时，二极管截止，在电路上相当于开关断开。实际上，二极管反偏时，会有很小的反向电流通过。随着反向电压的增加，反向电流也有所增加，当反向电压超过了某一数值时，二极管反向电流会急剧增加，二极管将失去单向导电性，即被击穿。

1.4.3 二极管的命名

国产二极管型号由五部分组成。

第一部分用数字 2 表示二极管。

第二部分用字母表示器件的材料和极性：A——锗 N 型材料、B——锗 P 型材料、C——硅 N 型材料、D——硅 P 型材料。

第三部分用字母表示半导体器件的类别：P——普通管、W——稳压管、Z——整流管、L——整流堆、N——阻尼管、U——光电管。

第四部分用数字表示产品序号。

第五部分用字母表示器件的规格号(同一类产品的档次)。

例如，2CP10 为硅 N 型普通二极管，2CW18 为硅 N 型稳压二极管。

国外的二极管命名方法各异，感兴趣的读者可自行查阅相关资料。

1.4.4 二极管的主要参数

二极管的参数用来表示二极管的工作特性和技术指标。不同类型的二极管有不同的特性参数，其主要参数介绍如下。

1. 最大整流电流

最大整流电流是在规定的环境温度和散热条件下，二极管长期连续工作时允许通过的最大正向电流。若二极管实际电流超过最大整流电流，则管芯发热，温度升高。当温度超过其允许温度(硅二极管约为 140 ℃，锗二极管约为 90 ℃)时，二极管会因过热而损坏。

2. 最大反向电压

当加在二极管上的反向电压超过一定值时，二极管被击穿，失去单向导电性，此时的电压即为最大反向电压。因此，二极管反向工作时，外加电压不要超过最大反向电压。

3. 反向电流

反向电流是指在规定的温度和低于最大反向电压的电压作用下，流过二极管的反向电流。反向电流越小，二极管的单向导电性能越好。反向电流与温度有关，温度每升高约 10 ℃，反向电流增大一倍。

4. 最高工作频率

最高工作频率是指二极管工作的上限频率。当实际频率超过此值时，由于结电容的影响，二极管单向导电性能将下降。

5. 二极管的识别

小功率二极管的负极(N 极)常用一种色圈在其外表上标出来，也有一些二极管直接用“P”、“N”来表示极性。发光二极管通过引脚的长短来表示极性，长脚为正，短脚为负。用万用表可直接测出二极管的极性并能判断其好坏。

1.5 三极管

晶体三极管有两个 PN 结，具有电流放大作用。按两个 PN 结的组合方式不同，三极管分为 NPN 型三极管和 PNP 型三极管，对应的电路符号分别如图 1-12(a)、1-12(b)所示。三极管的三个极分别是集电极 c、基极 b 和发射极 e，如图 1-12 所示。NPN 型三极管发射极电流是向外流出的，而集电极和基极电流都是向内流入的；PNP 型三极管三个极的电流流向恰好与 NPN 型三极管的相反。三极管的电流放大作用是指基极电流在集电极上得到放大，常用集电极电流与基极电流的比值来表示三极管的电流放大系数 β。几种常见三极管的实物图如图 1-13 所示。

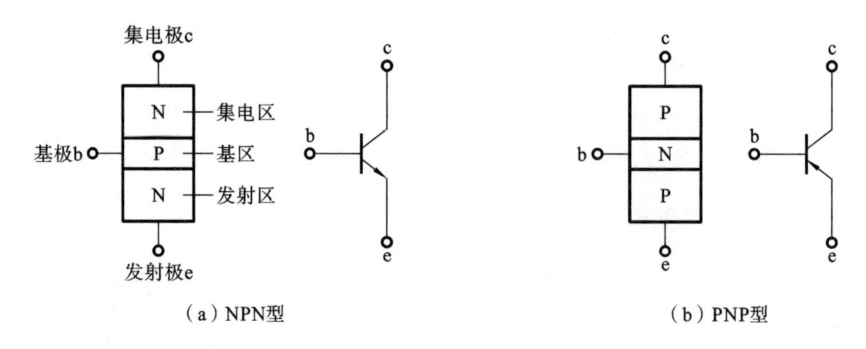

(a) NPN型　　(b) PNP型

图 1-12　三极管电路符号

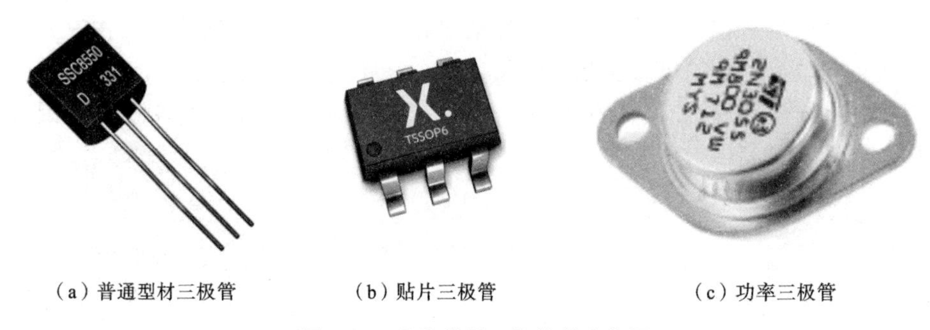

(a) 普通型材三极管　　(b) 贴片三极管　　(c) 功率三极管

图 1-13　几种常见三极管的实物图

1.5.1 三极管的分类

按半导体材料三极管分为硅三极管、锗三极管。

按工作频率三极管分为低频三极管、高频三极管、超高频三极管(微波管)等。

按功率三极管分为小功率三极管、中功率三极管、大功率三极管等。

按结构三极管分为 NPN 型三极管和 PNP 型三极管。

1.5.2 三极管的命名

1. 国产三极管命名方法

三极管型号由五部分(场效应管、半导体特殊器件、复合管、PIN 型管、激光器件的型号只由第三、四、五部分)组成。五个部分意义如下。

第一部分用数字 3 表示三极管 。

第二部分用字母表示半导体器件的材料和极性:A——PNP 型锗材料、B——NPN 型锗材料、C——PNP 型硅材料、D——NPN 型硅材料、E——化合物等。

第三部分用字母表示半导体器件的类型:P——普通管、V——微波管、W——稳压管、C——参量管、Z——整流管、L——整流堆、S——隧道管、N——阻尼管、U——光电器件、K——开关管、X——低频小功率管(f<3 MHz,Pc<1 W)、G——高频小功率管(f≥3 MHz,Pc<1 W)、D——低频大功率管(f<3 MHz,Pc≥1 W)、A——高频大功率管(f≥3 MHz,Pc≥1 W)、T——半导体晶闸管(可控整流器)、CS——场效应管等。

第四部分用数字表示序号。

第五部分用字母表示规格号。

例如,3DG18 表示 NPN 型硅材料高频小功率三极管。

常用的三极管有 90××系列,包括低频小功率硅管 9013(NPN)、9012(PNP),低噪声管 9014(NPN),高频小功率管 9018(NPN)等。它们的型号一般都标在塑壳上,都采用 TO-92 标准封装。

2. 日本半导体分立器件型号命名方法

日本生产的半导体分立器件的型号由五至七部分组成,通常只用到前五个部分,各部分的意义如下。

第一部分用数字表示器件有效电极数目或类型:0——光电(光敏)二极管、三极管及上述器件的组合管,1——二极管,2——三极管或具有两个 PN 结的其他器件,3——具有四个有效电极或具有三个 PN 结的其他器件,依此类推。

第二部分为日本电子工业协会(JEIA)的注册标志,S 表示已在日本电子工业协会注册登记的半导体分立器件。

第三部分用字母表示器件使用材料极性和类型:A——PNP 型高频管、B——PNP 型低频管、C——NPN 型高频管、D——NPN 型低频管、F——P 控制极可控硅、G——N 控制极可控硅、H——N 基极单结晶体管、J——P 沟道场效应管、K——N 沟道场效应管、M——双向可控硅等。

第四部分用数字表示器件在日本电子工业协会登记的顺序号。两位以上的整数(从“11”开始)用于表示器件在日本电子工业协会登记的顺序号。不同公司的性能相同的器件可以使用同一顺序号。数字越大,表示产品的生产日期越近。

第五部分用字母表示同一型号的改进型产品标志。A、B、C、D、E、F 表示这一器件是原型号产品的改进产品。

例如,型号为 2SC1384 的日本生产的半导体分立器件,型号第一部分数字表示该器件为三极管,第二部分字母 S 表示器件已在日本电子工业协会注册登记,第三部分字母 C 表示其为 NPN 型高频管,第四部分数字 1384 表示器件在日本电子工业协会登记的顺序号。概括起来说,该器件为经日本电子工业协会注册登记的 NPN 型高频三极管。

1.6 数字万用表

万用表用途广、体积小、价格低,是最常用的测量仪表,其可分为模拟(机械指针式)万用表和数字万用表。数字万用表具有精度高、体积小、功能强、显示直观等优点,随着数字万用表价格的降低,模拟万用表已面临淘汰。

1.6.1 UT58A 数字万用表

UT58A 是优利得公司生产的一款三位半(其最高位只可不显示或显示 1,其他各位可显示 0~9,故称三位半)手动量程数字万用表,具有特大屏幕、全功能符号显示及连接提示、全量程过载保护,其外观设计独特、性能优良。本仪表可用于测量交/直流电压、交/直流电流、电阻值和电容值等。下面以 UT58A 为例介绍数字万用表的使用方法。

1. UT58A 面板结构

UT58A 外形如图 1-14 所示。面板包括 LCD 显示屏、电源键(POWER 键)、数据保持键(HOLD 键)、功能量程选择旋钮、四个输入端口等。

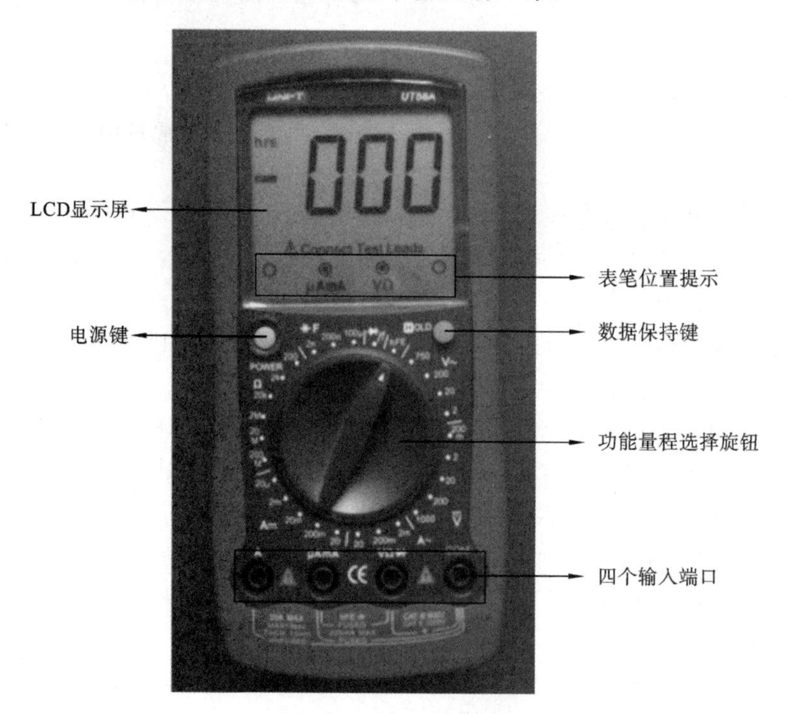

图 1-14 UT58A 外形图

2. 电压测量方法

(1) 黑表笔插入 COM 插孔,红表笔插入 V/Ω 插孔。

(2) 将功能旋钮置于 DCV 或 ACV 量程范围,将测试笔跨接到待测电源或负载上。

注意事项如下。

① 当被测电压范围未知时，应将功能旋钮置于最大量程并根据实际情况逐渐下调。

② 如果只在左边显示“1”，表示过量程，需要将功能旋钮置于更高量程。

③ 不要测量高于最大量程的直流电压或交流电压。

④ 测量直流电压时，无负号表示红表笔接的是正极，有负号则相反；测量交流电压时，显示值为正弦有效值。

⑤ 万用表输入阻抗为 10 MΩ，过载保护电压为 1000 V，测量高压时应避免触电，万用表的频率响应为 40 Hz～1 kHz。

3. 电流测量方法

(1) 将黑表笔插入 COM 插孔。当测量不超过 200 mA 的电流时，将红表笔插入 mA 插孔；当测量 200 mA～20 A 的电流时，将红表笔插入 20A 插孔。

(2) 将功能旋钮置于 DCA 或 ACA 挡，并将表笔串联接入待测电路。

注意事项如下。

① 当被测电流范围未知时，应将功能旋钮置于最大量程并逐渐下调。

② 如果只在左边显示“1”，表示过量程，需将功能旋钮置于更高量程，过载将会烧坏保险丝。

③ 特别强调，测量电流时一定要将表笔串联接入待测电路，否则可能损坏万用表或电路元器件。

④ 测量直流电流时，无负号表示电流由红表笔流向黑表笔，有负号则相反；测量交流电流时，显示值为有效值。

4. 电阻测量方法

(1) 将黑表笔插入 COM 插孔，红表笔插入 V/Ω 插孔(注意：红表笔极性为“＋”)。

(2) 将功能旋钮置于 Ω 量程，将测试笔跨接到待测电阻上。

注意事项如下。

① 如果被测电阻值超出所选择量程，将显示“1”，需要选择更大量程。对于大于 1 MΩ的电阻，要几秒后读数才能稳定。

② 当无输入，即开路时，显示为“1”。

③ 检测在线电阻时，必须确定被测电路已关电源，同时电容已放完电。

④ 200 MΩ 挡短路时约有 1 MΩ 显示，测量后应从读数中减去 1 MΩ。

5. 二极管和电路通断测量方法

(1) 将红表笔插入二极管测量插孔，黑表笔插入公共端插孔。红表笔极性为正，黑表笔极性为负。

(2) 从显示屏上直接读取被测二极管的近似正向 PN 结压降值(单位为 mV)；当被测二极管开路或极性接反时，显示屏将显示“1”。

(3) 测量电路通断时将表笔并联到被测电路两端，如果被测两端之间电阻大于 70 Ω，认为电路断开；如果被测两端之间电阻不大于 10 Ω，认为电路导通良好，蜂鸣器发出连续声响。可从显示屏上读取被测电路的近似电阻值。

注意，测量在线二极管和电路通断时都应关闭电源和释放电容上的残余电荷；对于硅 PN 结而言,一般 500～800 mV 为正常值。

6. 电容测量方法

(1) 将转接插座插入"电压"和"电流"两个插孔。

(2) 将功能旋钮置于电容测量挡,然后将被测电容插入转接插座 Cx 的对应插孔,如图 1-15 所示。

(3) 从显示屏上直接读取被测电容值。

要注意转接插座插入的位置和方向,应保证转接插座上的文字方向和万用表上的文字方向一致;当被测电容短路或容值超过仪表量程时,显示屏将显示"1";所有的电容在测试前必须全部放尽残余电荷。

7. 三极管 hFE 测量方法

万用表"hFE"挡的功能是测量晶体三极管的电流放大倍数,测量方法如下。

(1) 将功能旋钮置于 hFE 挡,如图 1-16 所示。

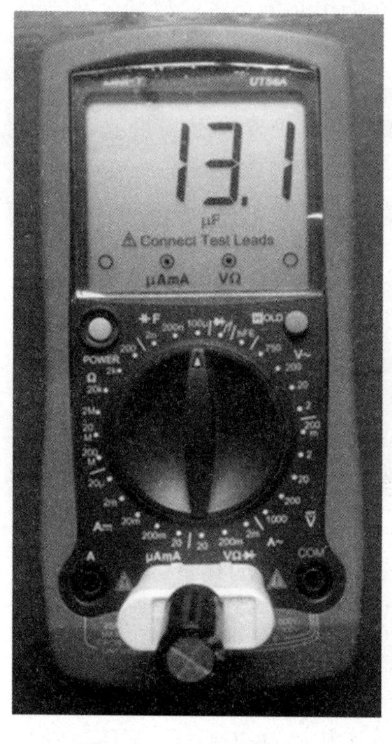

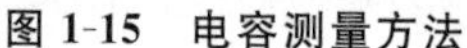
图 1-15　电容测量方法

图 1-16　三极管 hFE 测量方法

(2) 确定三极管是 NPN 型的还是 PNP 型的,将基极、发射极和集电极分别插入相应的插孔。

(3) 万用表将显示 hFE 的近似值。

8. 数据保持

在任何测量情况下,当按下 HOLD 键时,仪表会保持显示当时的测量结果,再按一次 HOLD 键,会自动解除锁定,显示随机测量结果。

9. 自动关机功能

当连续测量时间超过 15 min 时,显示屏将消隐显示,仪表进入微功耗休眠状态。

连续按两次 POWER 键即可唤醒仪表。测量完成后应随即关闭万用表，以便延长万用表电池的寿命。

10. 保养与维修

在测量电流、电容、三极管 hFE 时，若仪表显示毫无反应，应确认仪表内保险丝有无烧断，如已烧断应更换同规格保险丝；当 LCD 显示欠压提示时，应更换内置电池，否则会影响测量结果。

1.6.2 Fluke 15B+数字万用表

Fluke 15B+数字万用表是一款经济型的多功能数字万用表，为大专院校、科研院所和电子企业广泛使用。Fluke 15B+经专门设计，能够实现掌上操作，不受工作场所限制，且坚固、耐用、不易损坏。相对于其他同类测试工具，Fluke 15B+数字万用表的使用范围更广，故障查找更全面。Fluke 15B+数字万用表具有完备的测试功能，包括交/直流电压测量、交/直流电流测量、电阻测量、电容测量、二极管测试和通断性测试等功能，能很好地满足电气维修、电工与电子测量等应用领域的需要，其是专业人士的首选测量仪器。

1. 面板结构

Fluke 15B+数字万用表的外形如图 1-17 所示。

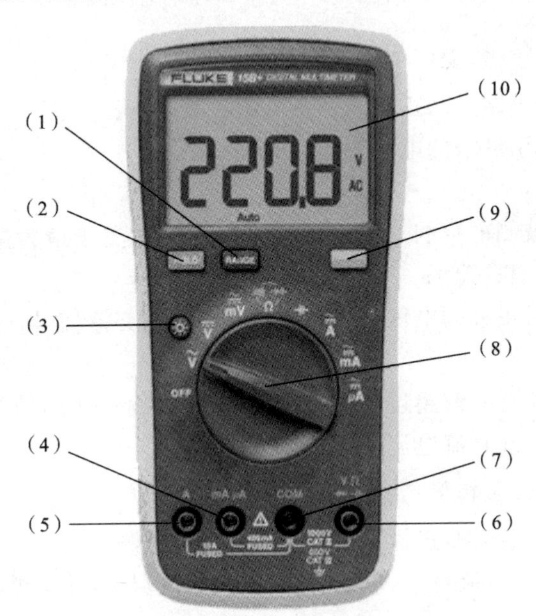

图 1-17 Fluke 15B+数字万用表外形图

按键介绍如下(对应图 1-17)。

(1) RANGE 键(量程调节键)。该仪表有手动量程和自动量程两个选项：默认情况下，进入自动量程模式，并在屏幕上显示自动量程。按下 RANGE 键后进入手动量程模式，每按一次 RANGE 键将会按增量递增量程。当达到最高量程时，仪表会回到最低量程。如要退出手动量程模式，则按住 RANGE 键两秒即可。

(2) HOLD 键(数据保持键)。按下 HOLD 键，保持当前所测读数。再按下 HOLD

键可恢复正常操作。

(3) ☼(背照灯设置键)。该键用于开启及关闭背照灯。

(4) $\overset{\simeq}{\text{mA}}$ 或 $\overset{\simeq}{\mu\text{A}}$ 端子。该端子作为交流电流和直流电流的毫安以及微安测量(最高可测量 400 mA)的输入端子,必须接红表笔。

(5) $\overset{\simeq}{\text{A}}$ 端子。该端子作为交流电流和直流电流测量(最高可测量 10 A)的输入端子,必须接红表笔。

(6) $\overset{\text{V}}{\blacktriangleright\!\!|}$ $\overset{\Omega}{\dashv\vdash}$ 端子。该端子作为电压测量、电阻测量、通断性测试、二极管测试和电容测量的输入端子,必须接红表笔。

(7) COM 端子。该端子作为所有测量的公共接线端,必须接黑表笔。

(8) 挡位选择开关。该开关用于选择测量功能,以及开机与关机。

(9) □(黄色,功能切换键)。该键用于在多功能挡位上进行功能切换。

(10) 高清 LED 显示屏。该屏显示仪表的状态参数以及测量参数的值和单位。

2. 基本测量操作步骤

1) 测量交流电压或直流电压

(1) 将挡位选择开关转至 $\overset{\sim}{\text{V}}$、$\overset{=}{\text{V}}$ 或 $\overset{\simeq}{\text{mV}}$,选择交流电或直流电。

(2) 按黄色功能切换键,可以在 mVac 和 mVdc 电压测量之间进行切换。

(3) 将红表笔连接至 $\overset{\text{V}}{\blacktriangleright\!\!|}$ $\overset{\Omega}{\dashv\vdash}$ 端子,黑表笔连接至 COM 端子。

(4) 用表笔接触电路上的正确测试点以测量其电压。

(5) 直接读取显示屏上的电压值。

注意事项如下:

① 如果不确定被测电压的范围,应将挡位选择开关置于最大量程并逐渐降低量程(切换挡位时,需要断开表笔);

② 切勿测量超过量程的电压以及超出频率范围的交流信号,否则会导致万用表损坏和测量错误;

③ 禁止触摸电压有效值超过 30 V 的交流电,测量高压时应特别注意避免触电。

2) 测量交流电流或直流电流

(1) 将挡位选择开关转至 $\overset{\simeq}{\text{A}}$、$\overset{\simeq}{\text{mA}}$ 或 $\overset{\simeq}{\mu\text{A}}$。

(2) 按黄色功能切换键,选择交流电流或直流电流测量挡。

(3) 根据要测量的电流将红表笔连接至相应电流端子,并将黑表笔连接至 COM 端子。

(4) 断开待测电路的路径,然后将红、黑表笔串接在断口处,并施加电源。

(5) 直接读取显示屏上的电流值。

注意事项如下:

① 测量电流时应先断开电路电源,然后再将万用表串联接入电路中进行测量;

② 如果不确定被测电流的范围,应将挡位选择开关置于最大量程并逐渐降低量程(切换挡位时,需要断开表笔);

③ 切勿测量超过量程的电流,如果显示屏显示"OL",表示过量程,应将挡位选择

开关置于更高的挡位。

3）测量电阻

（1）将挡位选择开关转至))))▶|Ω，确保已切断待测电路的电源。

（2）将红表笔连接至 V▶| Ω⊣⊢ 端子，黑表笔连接至 COM 端子。

（3）用表笔接触电路上的正确测试点以测量其电阻。

（4）直接读取显示屏上的电阻值。

注意事项如下：

① 测量线路间的电阻时，必须确定待测电路的电源已切断且电容器放电完毕；

② 当无输入时，如开路情况，显示为“OL”。

4）通断性测试

在选择电阻测量模式后，按一次黄色功能切换键，激活通断性蜂鸣器。如果电阻低于 70 Ω，那么蜂鸣器将持续响起，表明出现短路。

注意：测试通断性之前应先断开电路的电源并将所有的高电压电容器放电。

5）测试二极管

（1）将挡位选择开关转至))))▶|Ω。

（2）按黄色功能切换键，激活二极管测试。

（3）将红表笔连接至 V▶| Ω⊣⊢ 端子，黑表笔连接至 COM 端子。

（4）将红表笔连接至待测二极管的阳极，黑表笔连接至待测二极管的阴极。

（5）直接读取显示屏上的二极管的正向偏压值。

如果万用表红、黑表笔与二极管的极性相反，则显示屏上显示“OL”。用这种方法就可以判断二极管的阳极和阴极。

注意：测试二极管之前应先断开电路的电源并将所有的高电压电容器放电。

6）测量电容

（1）将挡位选择开关转至 ⊣⊢。

（2）将红表笔连接至 V▶| Ω⊣⊢ 端子，黑表笔连接至 COM 端子。

（3）将红、黑表笔探头分别与电容器两引脚相接。

（4）待读数稳定后（最多 18 s 后），读取显示屏上的电容值。

注意：测量电容之前应先断开电路的电源并将所有的高电压电容器放电。

7）测试表内保险丝

（1）将挡位选择开关转至))))▶|Ω。

（2）按黄色功能切换键，激活电阻测试。

（3）将红表笔连接至 V▶| Ω⊣⊢ 端子，红表笔探头接触 $\widetilde{\overline{A}}$、$\widetilde{\overline{mA}}$ 或 $\widetilde{\overline{\mu A}}$ 端子。保险丝正常时，$\widetilde{\overline{A}}$ 端电阻约为 0.1 Ω，$\widetilde{\overline{mA}}$ 或 $\widetilde{\overline{\mu A}}$ 端电阻小于 10 kΩ。如果显示屏上显示“OL”，

则应更换保险丝并重新测试。

注意:更换保险丝之前应先断开测试导线以及清除所有输入信号。

3. 基本功能

1) 自动关机

仪表持续 20 min 不活动,则会自动关闭电源。如要重新起动本产品,需要首先将挡位选择开关转至 OFF 位置,然后再将其调到所需的测量挡位。

如要禁用自动关机功能,则在本产品开机时按住黄色功能切换键,直至屏幕上显示"LOFF"。

2) 背照灯自动关闭

仪表持续 2 min 不活动,背照灯会自动关闭。

如要禁用背照灯自动关闭功能,则在仪表开机时按住背照灯设置键 ☼,直至屏幕上显示"LOFF"。

3) 更换电池和保险丝

当显示屏出现电池指示符时,请立即更换电池。

为防止万用表受到损坏或伤害,只能为其安装、更换符合指定的安培数、电压和分断电流的保险丝。

打开机壳或电池盖之前,必须先断开测试线。

4) 关键参数

交流电压测量频率范围为 40～500 Hz。交直流电压的输入阻抗为 10 MΩ。

1.7 电子元器件识别与测试实习

1.7.1 实习目的

(1) 掌握常用电子元器件的识别方法。

(2) 掌握色环电阻的色标法。

(3) 掌握用数字万用表测量电阻、电容。

(4) 掌握用万用表测试二极管、三极管。

1.7.2 预备知识

(1) 了解常用电子元器件的参数。

(2) 了解常用电子元器件的功能与特性。

(3) 掌握数字万用表的功能及测试电子元器件的方法。

1.7.3 实习设备与元器件

数字万用表、电池、电阻、电容、二极管、三极管。

1.7.4 实习内容

(1) 电压的测量:用数字万用表的直流电压挡测量电池的开路电压。

(2) 电阻的测量:读出色环电阻的标称值,再用数字万用表的欧姆挡测量其电阻值,以计算相对误差,将其填入表1-6中。

表1-6 色环电阻识别与测试记录表

电阻标注	电阻标称值/Ω	电阻实测值/Ω	标称误差/(%)	实测误差/(%)

(3) 电容的测量:读出电容的标称值,再用数字万用表的电容挡测量其电容值,计算相对误差,将其填入表1-7中,注意电解电容的额定电压与极性。

表1-7 电容器识别与测试记录表

电容标注	电容标称值/F	电容实测值/F	实测误差/(%)	额定电压/V

(4) 二极管的测量:用数字万用表的二极管挡判断二极管(包括发光二极管)的好坏、材料类型(硅、锗、砷化镓)、极性,将极性标注在图1-18中,将参数填入表1-8中。

表1-8 二(三)极管参数测量记录表

二极管型号	导通压降/V	材料类型	三极管型号	hFE(β)	材料类型

(5) 三极管的测量:用数字万用表的二极管挡判断三极管的好坏、类型(PNP 型或 NPN 型)、引脚,再用 hFE 挡测量三极管的 hFE。将引脚名称标注在图 1-18 中,将参数填入表 1-8 中。

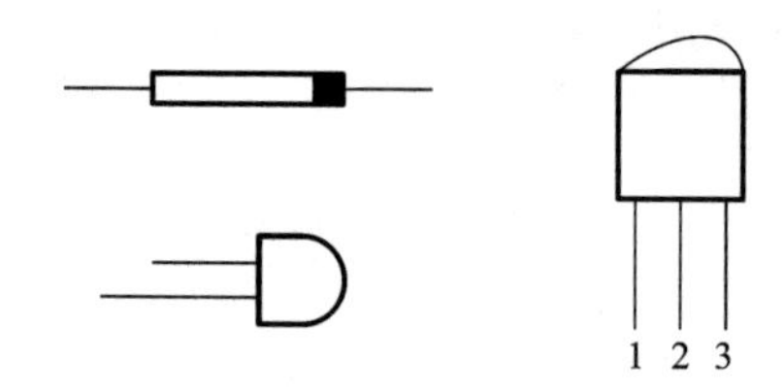

图 1-18 二极管、三极管的测量

1.7.5 思考题

(1) 常用电阻器有哪些类型? 主要参数有哪些?

(2) 常用电容器有哪些类型? 主要参数有哪些? 哪几种是有极性的?

(3) 数字万用表有哪些功能?

(4) 硅二极管的正向导通电压为 0.7 V 左右,用数字万用表的二极管挡测出的正向压降一般都小于 0.7 V,为什么?

(5) 用数字万用表的二极管挡测量某三极管的结果如下:红表笔接引脚 1,黑表笔接引脚 2,读数为 680 mV;红表笔接引脚 1,黑表笔接引脚 3,读数为 672 mV;其他接法读数为过量程。那么,该管是硅三极管还是锗三极管? 是 PNP 型三极管还是 NPN 型三极管? 哪一引脚是基极? 哪一引脚是集电极? 哪一引脚是发射极?

补充说明:如何借助万用表判断三极管引脚、类型(NPN 型或 PNP 型)。

三极管有三个极(e、b、c)、两个 PN 结(发射结和集电结),可用二极管挡测量。交换表笔测量三个极,共可得 6 个测量值,正常情况下,4 个值是过量程,2 个值是几百毫伏(出现其他结果说明该三极管已损坏),重点关注得此两个结果时表笔与引脚的关系与读数。

(1) 两次测量时,同一表笔都连接的同一引脚是基极(b)。该表笔是红表笔则该管是 NPN 型,是黑表笔则是 PNP 型。

(2) 比较两个几百毫伏的读数,稍小读数对应集电结(集电极),其原因是,为了易于收集载流子,集电结通常比发射结大。再进行三极管 hFE 测量。

(3) 确定基极和类型后,把三极管正确插入万用表的转接插座上,进行三极管 hFE 测量。交换 e、c 两极测得两次结果。测量结果一次较小,一次较大,较大结果为正常的 hFE。

1.7.6 实习报告

____

____

____

2

常用电子仪器的使用

实验室常用电子仪器,如直流稳压电源、函数信号发生器和示波器等是学生完成电工电子技术实验的必备工具。熟悉和了解常用电子仪器的基本工作原理、性能和操作方法既能提高实验效率,又可以避免因操作不当而损坏仪器。本章着重说明直流稳压电源、函数信号发生器和示波器的基本工作原理、性能和操作方法,为今后的实验打下基础。

2.1 直流稳压电源

直流稳压电源是实验室基本电子仪器,种类很多,但使用方法相近。现以石家庄无线电四厂生产的SS3323可跟踪直流稳定电源为例进行说明。

2.1.1 原理及说明

SS3323是三路可调直流稳压电源,具有稳压/稳流/连续可调、限流型过流、短路保护、自动恢复等功能,内置稳压、稳流自动切换,内置串联、并联连接电路。SS3323三路可调直流稳压电源主要由变压器、转换控制器、整流滤波器、辅助电源电路、基准限幅电路、电压/电流比较器、取样、紧急过载保护器、线性调整器等组成。SS3323直流稳压电源电路结构图如图2-1所示,电路工作原理说明如下。

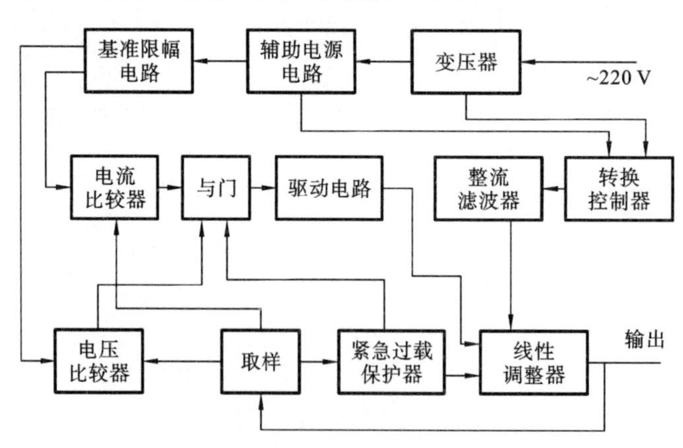

图2-1 SS3323 **直流稳压电源电路结构图**

1. 量程转换控制

量程转换控制由转换控制器实现。转换控制器控制继电器动作，达到换挡目的。随着输出电压的变化，模/数转换器输出不同的数码，控制继电器动作，调整整流滤波器的输入电压。

2. 稳压/稳流控制

电压/电流比较器控制线性调整器，使电源输出电压/电流保持稳定。

当稳压工作时，电压比较器处于控制优先状态。当输入电压或负载发生变化时，输出电压发生相应变化，此变化量经取样送入电压比较器反相输入端与同相输入端预置的基准电压进行比较、放大，控制线性调整器，以使输出电压趋于原来数值，从而达到稳压目的。当电源负载过大且超过预置电流时，取样电阻上的电压将增大，此电压值送到电流比较器反相输入端与同相输入端预置的基准电流进行比较、放大，输出一低电平，控制线性调整器，使输出电流恒定在预置的电流值上，从而使电源和负载得到保护。

当稳流工作时，电流比较器处于控制优先状态。当负载加大到恒流点设定值时，电流比较器对线性调整器起控制作用，电路的工作状态由恒压转换为恒流，稳流状态的工作过程与稳压工作时过流保护的工作过程完全相同。

2.1.2　仪器面板说明

SS3323 可跟踪直流稳定电源面板如图 2-2 所示，说明如下。

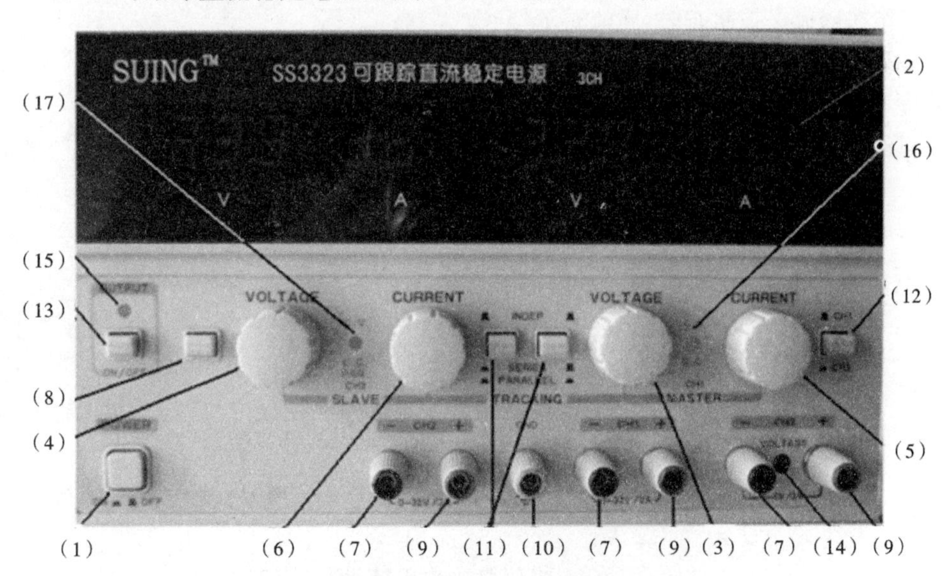

图 2-2　SS3323 可跟踪直流稳定电源面板

(1) POWER：电源开关。按下时电源接通，弹出时电源关断。

(2) 数字式电压、电流指示屏。

(3) 1 路输出电压调节旋钮。在并联或串联输出时，调整电源的输出电压。

(4) 2 路输出电压调节旋钮。在独立模式时，调整 2 路输出电压。

(5) 1 路输出电流调节旋钮。在并联模式时，调整整体输出电流。

(6) 2 路输出电流调节旋钮。在独立模式时，调整 2 路输出电流。

(7) “－”输出端子：负极输出端子(黑色)。

(8) 备用按钮。

(9) "+"输出端子:正极输出端子(红色)。

(10) GND:接地端子。

(11) 跟踪模式控制按钮。两个按钮组合控制3种工作模式。

① 当两个按钮都弹出时,电源工作在独立模式,1路和2路输出完全独立。

② 当左钮按下、右钮弹出时,电源工作在串联跟踪模式,1路(主)输出端子的负端与2路(从)输出端子的正端自动连接,此时1路和2路的输出电压和输出电流完全由1路调节旋钮控制,电源输出电压为两路输出电压之和。

③ 当两按钮同时按下时,电源工作在并联跟踪模式。1路输出端子与2路输出端子自动并联,输出电压与输出电流完全由1路控制,电源输出电流为两路输出电流之和。

(12) 显示转换按钮。当按钮弹出时,显示1路电压和电流;当按钮按下时,显示3路电压和电流。

(13) 输出开关。当此开关按下时,输出电源打开;当此开关弹出时,输出电源关闭。

(14) 3路输出电压调节钮。调节3路输出电压,电压调节范围是3～6 V。

(15) 输出状态指示灯。当输出开关按下时,输出状态指示灯为绿色,表示电源输出端口有电压输出;反之,电源输出端口无电压输出。

(16) 1路工作状态指示灯。当1路工作在稳压状态时,稳压指示灯(C. V.)亮;当1路工作在限流保护状态时,限流指示灯(C. C.)亮。

(17) 2路工作状态指示灯。当2路工作在稳压状态时,稳压指示灯(C. V.)亮;在并联跟踪方式下或2路工作在限流保护状态时,限流指示灯(C. C.)亮。

2.1.3 操作说明

1. 双路独立12 V电源输出

电路连接方法如图2-3所示,操作如下。

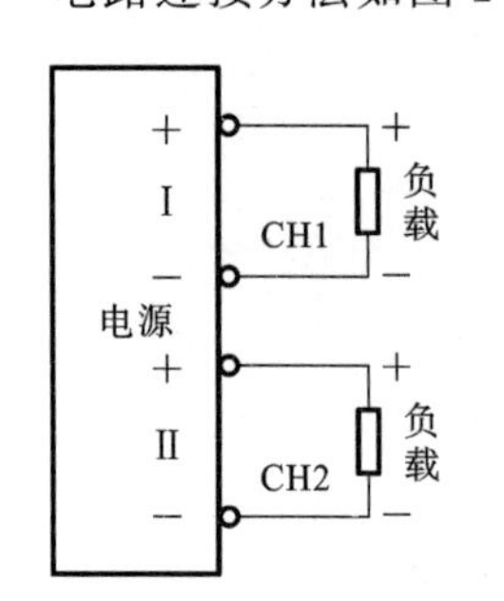

图2-3 双路独立电源输出

(1) 打开电源开关,弹出输出开关,输出状态指示灯灭,输出关闭。

(2) 同时将两个跟踪模式控制按钮弹出,电源输出设定在独立模式。

(3) 调节两路输出电压调节旋钮,使输出电压指示值为12 V。

(4) 将两路输出电流调节旋钮顺时针调到最大。

(5) 检查负载,排除短路故障,然后用连接线将两路电源输出分别与两路负载相接,注意电源极性不能接反。

(6) 按下输出开关,输出状态指示灯亮,输出接通。

注意:若输出电流设置值低于负载电流,输出电压会自动下降进行限流保护,这时应顺时针调节输出电流调节旋钮使输出电流设置值大于负载电流。调节输出电流调节旋钮可实现"负载限流保护"功能。在独立模式中,两电源并联连接可提高输出电流,串联连接可提高输出电压。

2. 正、负对称 12 V 电源输出

电路连接方法如图 2-4 所示，操作如下。

(1) 打开电源开关，弹出输出开关，输出关闭。

(2) 按下左边跟踪模式控制按钮，弹出右边跟踪模式控制按钮，使电源设定在串联跟踪模式。

(3) 将 1、2 路输出电流调节旋钮顺时针调到最大。

(4) 调节 1 路输出电压调节旋钮，使输出电压为 12 V，2 路输出电压跟踪 1 路输出电压。

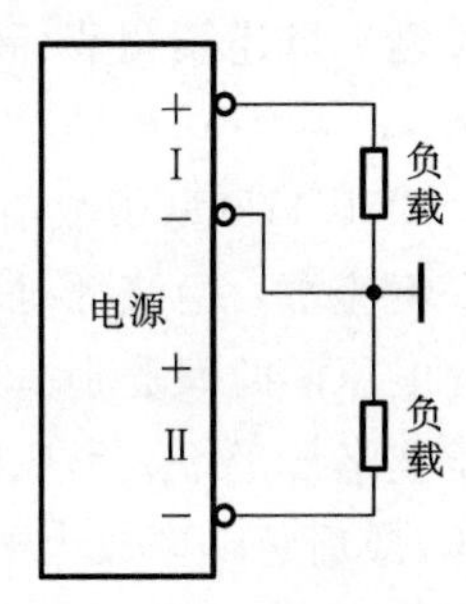

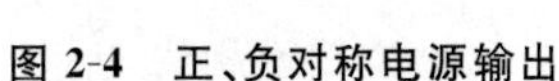
图 2-4 正、负对称电源输出

(5) 1 路负端与 2 路正端在内部已连接，将其中的任意一端作为共地端，并与负载地线相接；1 路“+”输出端为+12 V，与负载正端相接；2 路“−”输出端为−12 V，与负载负端相接。

(6) 按下输出开关，输出状态指示灯亮，正、负对称电源与负载接通。

特点：在跟踪模式下，2 路输出电压跟踪 1 路输出电压，调节 1 路输出电压就同时自动调节了 2 路输出电压，因此跟踪模式特别适合正、负对称电源输出。

注意：当 1 路出现限流保护时，两路均限流保护；当 2 路出现限流保护时，仅 2 路限流保护。

2.1.4 主要技术指标

(1) 独立输出：2 路 0～32 V/0～3 A；1 路 3～6 V/3 A。

(2) 串联输出：0～64 V/0～3 A。

(3) 并联输出：0～32 V/0～6 A。

(4) 输出阻抗：≤60 MΩ。

(5) 电压：AC 220 V(1±10%)。

(6) 频率：50 Hz(1±5%)。

(7) 环境温度：0～40 ℃。

(8) 相对湿度：20%～90% RH(40 ℃)。

2.2 函数信号发生器

2.2.1 EE1641 型函数信号发生器

函数信号发生器是电子技术实验室及教学、科研必备的理想设备。EE1641B1 型和 EE1641D 型函数信号发生器/计数器是由南京新联电子设备有限公司生产的精密测试仪器，具有连续信号、扫频信号、函数信号、脉冲信号等输出信号和外部测频功能。EE1641D 型函数信号发生器在 EE1641B1 型函数信号发生器的基础上增加了功率输出和单脉冲输出两个功能，主要技术指标与 EE1641B1 型函数信号发生器的基本相同，面板结构和操作方法也一样。下面以 EE1641D 型函数信号发生器为例作介绍。

1. 原理及说明

EE1641D 型函数信号发生器能直接产生正弦波、三角波、方波、锯齿波和脉冲波，且具有 VCF(电压控制频率)输入控制功能。TTL / CMOS 与 OUTPUT 同步输出。

直流电平可连续调节,频率计可作内部频率显示,也可作外测频率显示,电压用 LED 显示。

EE1641D 型函数信号发生器工作时,由 V/I(电压/电流)变换器产生 $I_{up}=I_{down}$ 的两个恒流源。恒流源对时基电容器 C 进行充电和放电,电容器的充电和放电使电容器上的电压随时间分别呈线性上升和线性下降,因而在电容器两端可得到三角波电压。三角波电压经方波形成电路成为方波电压。三角波电压经正弦波形成电路成为正弦波电压,最后经功率放大电路输出。

2. 仪器面板说明

EE1641D 型函数信号发生器面板如图 2-5 所示,说明如下。

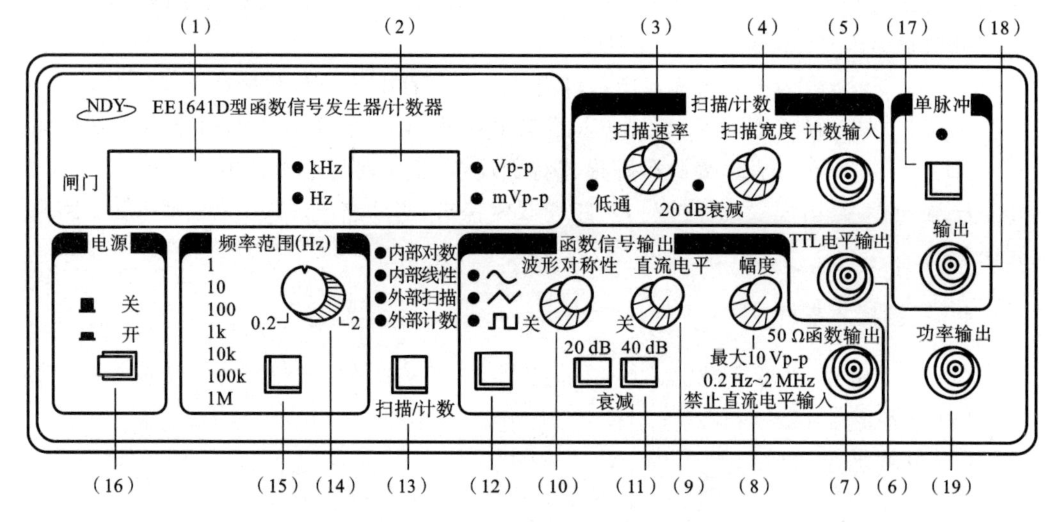

图 2-5 EE1641D 型函数信号发生器面板

(1) 频率显示窗口。该窗口显示输出信号的频率和外测信号的频率。

(2) 幅度显示窗口。该窗口显示函数信号输出的电压幅度。

(3) 扫描速率调节旋钮。调节此旋钮可以改变扫描的时间长短,在测外频时,逆时针将其旋转到底(绿灯亮),为外输入信号经过低通开关进入测量系统。

(4) 扫描宽度调节旋钮。此旋钮可调节扫频输出的扫频范围。在测外频时,逆时针将其旋转到底(绿灯亮),为外输入信号经过衰减"20 dB"进入测量系统。

(5) 计数输入端。当扫描/计数按钮功能选择在外扫描状态或外测频功能时,外扫描控制信号或外测频信号由此输入。

(6) TTL 电平输出端。输出标准的 TTL 幅度的脉冲信号,输出阻抗为 600 Ω。

(7) 50 Ω 函数输出端。输出多种波形受控的函数信号,输出幅度为 20 $V_{p\text{-}p}$(1 MΩ 负载),10 $V_{p\text{-}p}$(50 Ω 负载)。

(8) 函数信号输出幅度调节旋钮。调节范围为 0~20 dB。

(9) 直流电平预置调节旋钮。调节范围为-5~5 V(50 Ω 负载),当旋钮处在中心位置时,为 0 电平。

(10) 输出波形对称性调节旋钮。调节此旋钮可改变输出信号的对称性,当旋钮处在中心位置时,输出对称信号波形。

(11) 函数信号输出衰减开关。当"20 dB"、"40 dB"按钮均不被按下时,输出信号不经过衰减,直接输出到插座口;当“20 dB”、“40 dB”按钮被分别按下时,可分别选择20 dB、40 dB的衰减;当“20 dB”、“40 dB”按钮均被按下时,衰减60 dB。

(12) 函数信号输出波形选择按钮。可选择正弦波、三角波、脉冲波输出。

(13) 扫描/计数按钮。可选择多种扫描方式和外测频方式。

(14) 频率微调旋钮。调节此旋钮可微调输出信号频率,调节基数范围为0.2~2 Hz。

(15) 频率范围选择旋钮。每按一次此按钮可改变输出频率的一个频段。

(16) 整机电源开关。按下此按钮时,整机电源接通,整机工作。释放此按钮时,整机电源关闭,整机停止工作。

(17) 单脉冲按钮。控制单脉冲输出,每按一次此按钮,单脉冲输出电平翻转一次。

(18) 单脉冲输出端。单脉冲由此端口输出。

(19) 功率输出端。提供大于4 W的音频信号功率输出,此功能仅对“×100”、“×1 k”、“×10 k”挡有效。

3. EE1641D型函数信号发生器使用说明

1) 50 Ω主函数信号输出

现以输出峰值为200 mV,频率为2 kHz的正弦波为例,来说明函数信号的输出过程。

(1) 连接与50 Ω匹配的测试电缆,并将函数信号输入到示波器进行显示和测量。

(2) 打开电源,选择输出信号频段“×10”挡,调节频率范围选择旋钮,使输出信号频率为2 kHz。

(3) 选择输出波形为正弦波。

(4) 将输出波形对称性调节旋钮旋转至“关”位置,避免输出不对称波形。

(5) 将直流电平预置调节旋钮旋转至“关”位置,使输出波形的直流分量为零,否则会产生直流偏移。

(6) 调节函数信号输出幅度调节旋钮,使函数信号发生器上输出波形的峰值为2 V。

(7) 按下“20 dB”按钮,使输出信号衰减10倍,这样输出信号峰值即为200 mV。

(8) 用示波器对函数信号发生器的输出信号进行精确测量,进一步对信号频率和幅度进行微调,直到输出信号符合要求。这里要强调的是,输出信号的频率和幅度应以示波器测量数据为准。

2) TTL脉冲信号输出

现以输出信号频率为500 Hz的方波为例,来说明TTL脉冲信号的输出过程。

(1) 将测试电缆与TTL电平输出端连接,并将TTL脉冲信号输入到示波器进行显示和测量。

(2) 打开电源,选择输出信号频段“×1”挡,调节频率范围选择旋钮,使输出信号频率为500 Hz。

(3) 用示波器对TTL脉冲信号进行精确测量,进一步对信号频率进行微调,直到输出信号频率符合要求。此时输出信号为标准的TTL幅度的脉冲波信号。

3) 功率输出

相比于EE1641B1型函数信号发生器,EE1641D型函数信号发生器在50 Ω函数输出信号后面增加了一级功放，使函数信号发生器的输出功率不小于 4 W，这提高了函数信号发生器的带负载能力，输出频率范围为 15 Hz～40 kHz。

4）单脉冲输出

按下单脉冲按钮，单脉冲输出端输出一正脉冲，即输出电平由 0 V 跳变到+5 V；再按下单脉冲按钮，单脉冲输出端输出一负脉冲，即输出电平由+5 V 跳变回 0 V。

5）内扫描/扫频信号输出

按“扫描/计数”按钮选定内扫描方式，分别调节扫描速率调节旋钮和扫描宽度调节旋钮获得所需的扫描信号输出。50 Ω 函数输出端和 TTL 电平输出端均输出相应的内扫描的扫频信号。

6）外扫描/扫频信号输出

按“扫描/计数”按钮选定外扫描方式，在计数输入端输入相应的控制信号，即可得到相应的受控扫描信号。

7）外测频功能

按“扫描/计数”按钮，选择外计数方式，用测试电缆将待测信号输入到计数输入端。

2.2.2　TFG6920A 函数/任意波形发生器

TFG6900A 函数/任意波形发生器采用直接数字合成技术(DDS)、大规模集成电路(FPGA)、软核嵌入式系统(SOPC)，具有优异的技术指标和强大的功能特性，能很好地满足各种测量要求，是重要的测量仪器。

初次使用本仪器，只需要学习以下内容，就能快速地掌握仪器的基本使用方法。

1）前后面板

前面板如图 2-6 所示，后面板如图 2-7 所示。

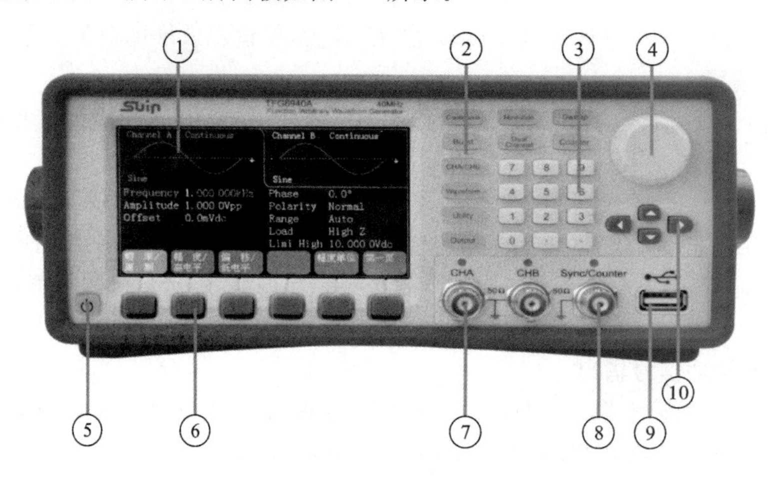

① 显示屏　② 功能键　③ 数字键　④ 调节旋钮　⑤ 电源按钮　⑥ 操作软键

⑦ CHA、CHB 输出　⑧ 同步输出/计数输入　⑨ U 盘插座　⑩ 箭头键

图 2-6　前面板图

2）键盘与显示

(1) 键盘说明：本仪器共有 32 个按键(功能键 10 个，操作软键 6 个，数字键 12 个，箭头键 4 个)，1 个调节旋钮。其中有 26 个按键有固定的含义，用符号【】表示。显示屏下方有 6 个空白键，称为操作软键，用符号〖〗表示，其含义随着操作菜单的不同而变

化。键盘说明如下。

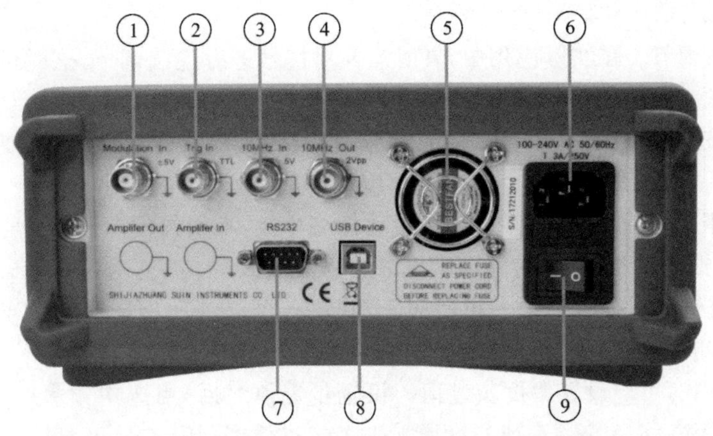

① 外调制输入 ② 外触发输入 ③ 外时钟输入 ④ 内时钟输出 ⑤ 排风扇

⑥ 电源插座 ⑦ RS232 接口 ⑧ USB 接口 ⑨ 电源总开关

图 2-7 后面板图

【0】【1】【2】【3】【4】【5】【6】【7】【8】【9】键：数字输入键。

【·】键：小数点输入键。

【—】键：负号输入键，在输入数据允许为负值时输入负号，其他情况无效。

【<】键：白色光标位左移键，数字输入过程中的退格删除键。

【>】键：白色光标位右移键。

【∧】键：频率和幅度步进增加键。

【∨】键：频率和幅度步进减少键。

【Continuous】键：选择连续工作模式。

【Modulate】键：选择调制模式。

【Sweep】键：选择扫描模式。

【Burst】键：选择触发模式。

【Dual Channel】键：选择双通道操作模式。

【Counter】键：选择计数器工作模式。

【CHA/CHB】键：通道选择键。

【Waveform】键：波形选择键。

【Utility】键：通用设置键。

【Output】键：输出端口开关键。

空白键：操作软键，用于菜单和单位选择。

(2) 显示说明：仪器的显示屏分为四个部分，左上部显示 A 通道的输出波形示意图及输出模式、波形和负载设置；右上部显示 B 通道的输出波形示意图和输出模式、波形及负载设置；中部显示频率、幅度、偏移等工作参数；下部显示操作菜单和数据单位。

3) 数据输入

(1) 键盘输入。如果一项参数被选中，则参数值会变为绿色，使用数字输入键、小数点输入键和负号输入键可以输入数据。在输入过程中如果出错，可在按单位键之前，按【<】键退格删除。数据输入完成以后，必须按单位键作为结束，输入数据才能生效。

如果输入数字后又不想让其生效,可以按单位菜单中的〖Cancel〗软键,本次数据输入操作即被取消。

(2) 旋钮调节。在实际应用中,有时需要对信号进行连续调节,这时可以使用调节旋钮。当一项参数被选中时,除了参数值会变为绿色外,还有一个数字会变为白色,称为光标位。按【＜】或【＞】键,可以使光标位左右移动,向右转动旋钮,可使光标位的数字连续加一,并能向高位进位。向左转动旋钮,可使光标位的数字连续减一,并能向高位借位。使用旋钮输入数据时,数字改变后即刻生效,不用再按单位键。光标位向左移动,可以对数据进行粗调,向右移动则可以进行细调。

(3) 步进输入。如果需要一组等间隔的数据,可以借助步进键。在连续输出模式菜单中,按〖电平限制/步进〗软键,选中 Step Freq 参数,可以设置频率步进值;选中 Step Ampl 参数,可以设置幅度步进值。设置步进值之后,当选中频率或幅度参数时,每按一次【∧】键,可以使频率或幅度增加一个步进值,每按一次【∨】键,可以使频率或幅度减少一个步进值,而且数据改变后即刻生效,不用再按单位键。

(4) 输入方式选择。对于已知的数据,使用数字键输入最为方便,而且不管数据变化多大都能一次到位,没有中间过渡性数据产生。想要对已经输入的数据进行局部修改,或者需要输入连续变化的数据时,使用调节旋钮最为方便。对于一系列等间隔数据的输入,则使用步进键会更加快速、准确。操作者可以根据不同的应用要求灵活选择。

4) 基本操作

(1) 通道选择。按【CHA/CHB】键可以循环选择两个通道,对于被选中的通道,其输出波形和负载设置等会变为绿色显示。使用菜单可以设置该通道的波形和参数,按【Output】键可以循环开通或关闭该通道的输出信号,当该通道输出指示灯亮时,表示该通道有信号输出。

(2) 波形选择。按【Waveform】键可显示波形菜单,按〖第×页〗软键,可以循环显示出 15 页,共 60 种波形。按操作软键选中一种波形,波形名称会随之改变,在连续模式下,可以显示波形示意图。按〖返回〗软键,恢复到当前菜单。

(3) 占空比设置。如果选择了方波,要将方波占空比设置为 20%,可按下列步骤操作。

① 按〖占空比〗软键,占空比参数变为绿色显示。

② 按数字键【2】【0】输入参数值,按〖%〗软键,绿色参数显示为 20%。

③ 仪器按照新设置的占空比参数输出方波,也可以使用调节旋钮和【＜】【＞】键连续调节输出波形的占空比。

(4) 频率设置。如果要将频率设置为 2.5 kHz,可按下列步骤操作。

① 按〖频率/周期〗软键,频率参数变为绿色显示。

② 按【2】【·】【5】键输入参数值,按〖kHz〗软键,绿色参数显示为 2.500000 kHz。

③ 仪器按照设置的频率参数输出波形,也可以使用调节旋钮和【＜】【＞】键连续调节输出波形的频率。

(5) 幅度设置。如果要将幅度设置为 1.6 Vrms,可按下列步骤操作。

① 按〖幅度/高电平〗软键,幅度参数变为绿色显示。

② 按【1】【·】【6】键输入参数值,按〖Vrms〗软键,绿色参数显示为 1.6000 Vrms。

③ 仪器按照设置的幅度参数输出波形，也可以使用调节旋钮和【<】【>】键连续调节输出波形的幅度。

(6) 偏移设置。如果要将直流偏移设置为−25 mVdc，可按下列步骤操作。

① 按〖偏移/低电平〗软键，偏移参数变为绿色显示。

② 按【−】【2】【5】键输入参数值，按〖mVdc〗软键，绿色参数显示为−25.0 mVdc。

③ 仪器按照设置的偏移参数输出波形的直流偏移，也可以使用调节旋钮和【<】【>】键连续调节输出波形的直流偏移。

(7) 幅度调制。如果要输出一个幅度调制波形，载波频率为10 kHz，调幅深度为80%，调制频率为10 Hz，调制波形为锯齿波，可按下列步骤操作。

① 按【Modulate】键，默认选择频率调制模式，按〖调制类型〗软键，显示调制类型菜单，按〖幅度调制〗软键，工作模式显示为AM Modulation，波形示意图显示为调幅波形，同时显示出AM菜单。

② 按〖频率〗软键，频率参数变为绿色显示。按数字键【1】【0】，再按〖kHz〗软键，将载波频率设置为10.00000 kHz。

③ 按〖调幅深度〗软键，调幅深度参数变为绿色显示。按数字键【8】【0】，再按〖%〗软键，将调幅深度设置为80%。

④ 按〖调制频率〗软键，调制频率参数变为绿色显示。按数字键【1】【0】，再按〖Hz〗软键，将调制频率设置为10.00000 Hz。

⑤ 按〖调制波形〗软键，调制波形参数变为绿色显示。按【Waveform】键，再按〖锯齿波〗软键，将调制波形设置为锯齿波。按〖返回〗软键，返回到幅度调制菜单。

⑥ 仪器按照设置的调制参数输出一个调幅波形，也可以使用调节旋钮和【<】【>】键连续调节各调制参数。

(8) 叠加调制。如果要在输出波形上叠加噪声波，叠加幅度为10%，可按下列步骤操作。

① 按【Modulate】键，默认选择频率调制模式，按〖调制类型〗软键，显示调制类型菜单，按〖叠加调制〗软键，工作模式显示为Sum Modulation，波形示意图显示为叠加波形，同时显示出叠加调制菜单。

② 按〖叠加幅度〗软键，叠加幅度参数变为绿色显示。按数字键【1】【0】，再按〖%〗软键，将叠加幅度设置为10%。

③ 按〖调制波形〗软键，调制波形参数变为绿色显示。按【Waveform】键，再按〖噪声波〗软键，将调制波形设置为噪声波。按〖返回〗软键，返回到叠加调制菜单。

④ 仪器按照设置的调制参数输出一个叠加波形，也可以使用调节旋钮和【<】【>】键连续调节叠加噪声的幅度。

(9) 频移键控。如果要输出一个频移键控波形，跳变频率为100 Hz，键控速率为10 Hz，可按下列步骤操作。

① 按【Modulate】键，默认选择频率调制模式，按〖调制类型〗软键，显示调制类型菜单，按〖频移键控〗软键，工作模式显示为FSK Modulation，波形示意图显示为频移键控波形，同时显示频移键控菜单。

② 按〖跳变频率〗软键，跳变频率变为绿色显示。按数字键【1】【0】【0】，再按

〖Hz〗软键,将跳变频率设置为100.0000 Hz。

③ 按〖键控速率〗软键,键控速率参数变为绿色显示。按数字键【1】【0】,再按〖Hz〗软键,将键控速率设置为10.00000 Hz。

④ 仪器按照设置的调制参数输出一个FSK波形,也可以使用调节旋钮和【<】【>】键连续调节跳变频率和键控速率。

(10) 频率扫描。如果要输出一个频率扫描波形,扫描时间为5 s,采用对数扫描模式,可按下列步骤操作。

① 按【Sweep】键,进入扫描模式,工作模式显示为Frequency Sweep,并显示频率扫描波形示意图,同时显示频率扫描菜单。

② 按〖扫描时间〗软键,扫描时间参数变为绿色显示。按数字键【5】,再按〖s〗软键,将扫描时间设置为5.000 s。

③ 按〖扫描模式〗软键,扫描模式变为绿色显示。将扫描模式选择为对数扫描。

④ 仪器按照设置的参数输出扫描波形。

(11) 触发输出。如果要输出一个触发波形,触发周期为10 ms,触发计数5个周期,连续或手动单次触发,可按下列步骤操作。

① 按【Burst】键,进入触发模式,工作模式显示为Burst,并显示触发波形示意图,同时显示触发菜单。

② 按〖触发模式〗软键,触发模式参数变为绿色显示。将触发模式选择为触发模式(Triggered)。

③ 按〖触发周期〗软键,触发周期参数变为绿色显示。按数字键【1】【0】,再按〖ms〗软键,将触发周期设置为10 ms。

④ 按〖触发计数〗软键,触发计数参数变为绿色显示。按数字键【5】,再按〖OK〗软键,将触发计数设置为5。

⑤ 仪器按照设置的触发周期和触发计数参数连续输出触发波形。

⑥ 按〖触发源〗软键,触发源参数变为绿色显示。将触发源选择为外部源(External),触发输出停止。

⑦ 按〖手动触发〗软键,每按一次,仪器触发输出5个周期波形。

(12) 频率耦合。如果要使两个通道的频率相耦合(联动),可按下列步骤操作。

① 按【Dual Channel】键,选择双通道操作模式,显示双通道菜单。

② 按〖频率耦合〗软键,频率耦合参数变为绿色显示。将频率耦合选择为On。

③ 按【Continuous】键,选择连续工作模式,改变A通道的频率值,B通道的频率值也随着变化,两个通道输出信号的频率联动同步变化。

(13) 存储和调出。如果要将仪器的工作状态存储起来,可按下列步骤操作。

① 按【Utility】键,显示通用操作菜单。

② 按〖状态存储〗软键,存储参数变为绿色显示。按〖用户状态0〗软键,将当前的工作状态参数存储到相应的存储区,存储完成后显示Stored。

③ 按〖状态调出〗软键,调出参数变为绿色显示。按〖用户状态0〗软键,将相应存储区的工作状态参数调出,并按照调出的工作状态参数进行工作。

(14) 计数器。如果要测量一个外部信号的频率,可按下列步骤操作。

① 按【Counter】键,进入计数器工作模式,显示波形示意图,同时显示计数器菜单。

② 在仪器前面板的“Sync/Counter”端口输入被测信号。

③ 按〖频率测量〗软键，频率参数变为绿色显示。仪器测量并显示被测信号的频率值。

④ 如果输入信号为方波，按〖占空比〗软键，仪器可测量并显示被测信号的占空比值。

5）额定参数

（1）电压：AC 100～240 V。

（2）频率：45～65 Hz。

（3）功耗：<30 VA。

（4）温度：0～40 ℃。

（5）湿度：<80%。

2.3 模拟示波器

GOS-620 示波器是可携带式双通道模拟示波器，灵敏度最高可达每格 1 mV；放大 10 倍时最小扫描时间为 100 ns/div；采用内附红色刻度线的直角阴极射线管；坚固耐用，操作简单，可靠性高。

2.3.1 仪器面板说明

GOS-620 示波器面板如图 2-8 所示，说明如下。

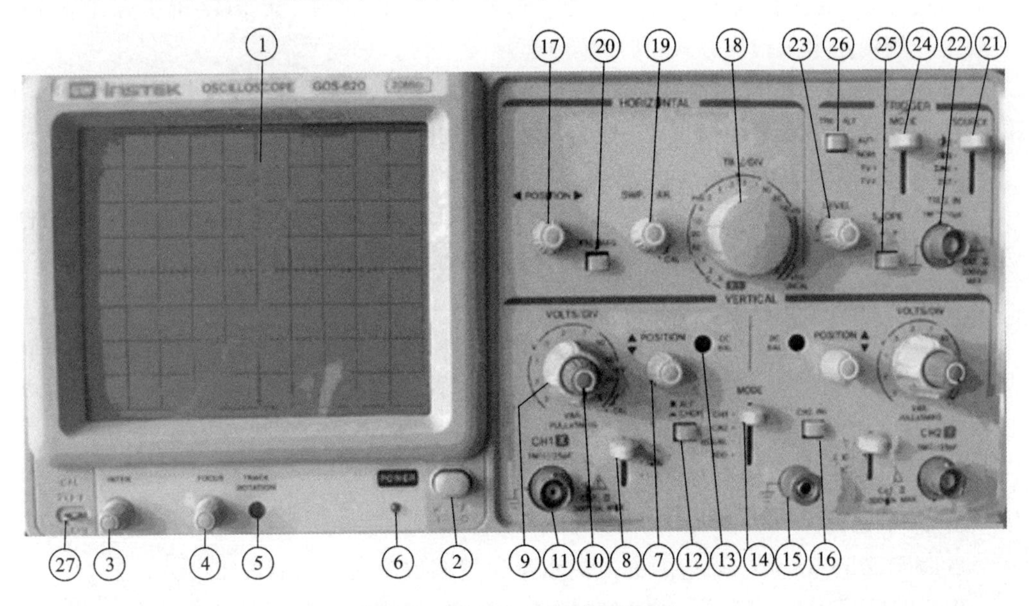

图 2-8 GOS-620 示波器面板图

1. CRT 显示屏

① 显示屏。

② POWER：电源主开关。

③ INTEN(intensity，辉度)：轨迹及光点亮度控制旋钮。

④ FOCUS(focus,聚焦):轨迹聚焦调整旋钮。

⑤ TRACE ROTATION:轨迹水平调整旋钮。

⑥ 电源指示灯。

2. 垂直偏向

⑦ ◆POSITION:轨迹及光点的垂直位置调整旋钮,初始位于中央。

⑧ AC-GND-DC:输入信号耦合选择按钮。DC,输入信号直接耦合,AC(交流)与DC(直流)信号一起输入放大器;GND,隔离信号输入,并将垂直输入端接地,使之产生一个零电压参考信号;AC,允许交流信号输入,禁止直流或极低频信号输入。

注意:若被测信号是交/直流叠加的信号,将输入信号耦合选择按钮置于AC位置时,则被测信号中的直流电压信号被隔离,示波器仅显示被测信号中的交流信号。若要显示被测信号中的全部信号,则应将输入信号耦合选择按钮置于DC位置。

⑨ VOLTS/DIV(voltage /division,伏/格):垂直衰减选择旋钮,共10挡,初始挡位为0.5 mV/div。

⑩ VARIABLE:灵敏度微调控制旋钮, 至少可调到显示值的1/2.5。顺时针旋转到CAL位置时,灵敏度即为挡位显示值,初始位为CAL;当此旋钮拉出时,垂直放大器灵敏度扩大5倍,初始位压下。

⑪ CH1(X)输入:CH1的垂直输入端。

⑫ ALT/CHOP(alternate/chop):交替/切割模式按钮。在双轨迹模式下, 此按钮凸起, 则通道1和通道2的输入信号以交替扫描方式轮流显示,一般用于较快速水平扫描方式;此按钮按下,则通道1和通道2的输入信号以大约250 kHz斩切方式显示,一般用于较慢速水平扫描方式,初始位凸起。

⑬ DC BAL(balance,平衡):调整垂直直流平衡点,将CH1输入耦合设在GND位。重复转动垂直衰减选择旋钮,调整该旋钮直到时基线不再移动为止。

⑭ MODE(vertical mode,垂直模式):垂直操作模式选择开关。

CH1——CH1单通道方式工作;CH2——CH2单通道方式工作;DUAL——CH1及CH2双通道方式工作;ADD——CH1及CH2信号相加的方式工作。

⑮ GND:本示波器接地端子。

⑯ CH2 INV(inversion):信号极性选择按钮。此按钮按下时,CH2的信号将会被反向,初始位凸起。信号极性选择按钮按下及垂直操作模式选择开关置于ADD时可以实现CH1信号与CH1信号相减。

注意:测量信号电压时,灵敏度微调控制旋钮要旋转到CAL位置,否则测量不准。

3. 水平偏向

⑰ ◀ POSITION ▶:轨迹及光点的水平位置调整旋钮。初始位于中央。

⑱ TIME/DIV(时间/格):扫描时间选择旋钮,扫描时间范围从0.2 μs/div到0.5 s/div共设20个挡位。X-Y表示设定为X-Y模式,此时CH1为X,CH2为Y。

⑲ SWP. VAR:扫描时间可变控制旋钮。逆时针旋转此旋钮,扫描时间可延长为指示数值的2.5倍;顺时针旋转此旋钮到底,即CAL位置,则扫描时间由扫描时间选择旋钮确定。初始位为CAL。

⑳ ×10 MAG:水平放大按钮,按下此按钮,可将扫描时间放大10倍,一般用于观

察局部波形，初始位凸起。

注意：测量信号周期或相位时，水平放大按钮应凸起，扫描时间可变控制旋钮应旋转到 CAL 位置，否则测量不准。

4. TRIGGER 触发

㉑ SOURCE：内部触发源信号及外部触发输入信号选择钮。初始位为 CH1。

CH1——以 CH1 输入端的信号为内部触发源；CH2——以 CH2 输入端的信号为内部触发源；LINE——以 AC 电源线频率为触发源；EXT(exterior)——以从 EXT TRIG. IN 端子输入的信号为外部触发源。一般情况下，应将被测信号作为内部触发源信号。

㉒ EXT TRIG. IN：外部触发信号输入端子。

㉓ LEVEL：触发电平调整旋钮。调节此旋钮可以设定波形的起始点。将旋钮向“+”方向旋转，触发电平会向上移；将旋钮向“-”方向旋转，触发电平会向下移。初始位置位于中央。

注意：若触发电平超出波形范围，示波器会显示不稳定的波形，这时调节此旋钮能使显示波形稳定。

㉔ TRIGGER MODE：触发模式选择开关。初始位为 AUTO(automatic)。AUTO为自动触发模式。当没有触发信号或触发信号低到无法触发扫描时，将自动产生触发扫描。该模式一般用于直流测量及在信号振幅非常低的情况下使用。若触发信号能正常触发，应切回到 NORM 模式，因为 NORM 模式的灵敏度更好。NORM 模式为标准触发模式。当没有触发信号时，扫描将处于预备状态，屏幕上不会显示任何轨迹。当触发信号超过触发准位时，产生一次扫描线。TV-V 为电视垂直同步信号触发模式，用于观测电视信号的垂直画面信号。TV-H 为电视水平同步信号触发模式，用于观测电视信号的水平画面信号。

㉕ SLOPE：触发斜率选择按钮。初始位凸起。“+”凸起时为正斜率触发，当信号正向通过触发准位时进行触发；“—”压下时为负斜率触发，当信号负向通过触发准位时进行触发。

㉖ TRIG. ALT：触发源交替设定按钮。该按钮按下时为交替触发方式，适合于显示两个不同步信号，并且要求垂直通道交替/切割模式处于交替模式；该按钮凸起时为单触发方式。初始位凸起。

5. 校准信号输出

㉗ CAL (2Vp-p)：输出 2Vp-p、1 kHz 方波校准信号，用以校正探棒及检查垂直偏向的灵敏度。

2.3.2 操作说明

1. 探棒校正及垂直偏向灵敏度检查

(1) 将示波器自带的方波校准信号输入到 CH1。

(2) 将探棒上的衰减开关置于“×10”挡。

(3) 将 CH1 垂直衰减选择旋钮转至 50 mV 位置。

(4) 调整探棒上的补偿螺丝，使方波信号最平坦。

(5) 测量方波的 V_{p-p}(峰-峰值)是否为 2 V。

注意:测量电压时应将灵敏度微调控制旋钮压下并顺时针旋转此旋钮到底,否则测量不准。

2. 交/直流电压的测量方法

从信号源输出一带直流分量的正弦信号,测量其交、直流分量。操作步骤如下。

(1) 将垂直操作模式选择开关置于 CH1 位置。

(2) 将 CH1 输入信号耦合选择按钮置于 GND 位置。

(3) 将内部触发源信号及外部触发输入信号选择钮置于 CH1 位置。

(4) 将触发模式选择开关置于自动触发模式位置。等待显示屏上出现一直线轨迹,调节垂直位置调整旋钮使直线轨迹与中心刻度线重合。

(5) 将带直流分量的正弦信号输入到 CH1。

(6) 将 CH1 输入信号耦合选择按钮置于 AC 位置。

(7) 将触发模式选择开关置于 NORM 位置。若波形不稳,调节触发电平调整旋钮使波形稳定。

(8) 调整垂直衰减选择旋钮使波形高度大约为显示屏高度的 2/3。

(9) 调节扫描时间选择旋钮使显示屏显示 1～2 个周期的波形。

(10) 读正弦波幅值或峰-峰值:读波形的最高位置到中心刻度线或最高位置到最低位置的垂直格数,用该值乘以垂直衰减挡位值,其结果就是正弦波幅值或峰-峰值。

(11) 将 CH1 输入信号耦合选择按钮置于 DC 位置,读波形的最高位置到中心刻度线的垂直格数,用该值乘以垂直衰减挡位值,再减去正弦波幅值,结果即为直流分量。

3. 相位差的测量方法

测量 RC 移相电路输入、输出电压的相位差,电路图如图 2-9 所示(屏幕上显示此图)。操作步骤如下。

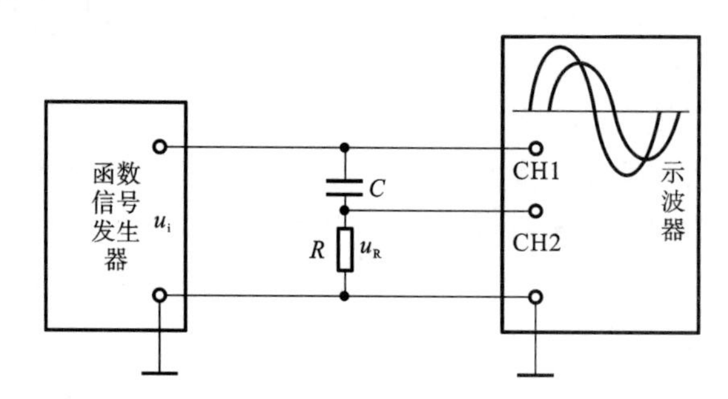

图 2-9 RC **移相测试电路图**

(1) 将垂直操作模式选择开关置于 DUAL 位置。

(2) 将 CH1、CH2 输入信号耦合选择按钮均置于 GND 位置。

(3) 将内部触发源信号及外部触发输入信号选择钮置于 CH1 位置。

(4) 将触发模式选择开关置于自动触发模式位置。等待显示屏上出现两条水平直线轨迹,调节两路垂直位置调整旋钮使两直线轨迹均与中心刻度线重合。

(5) 将 RC 电路正弦输入信号连接到 CH1,输出信号连接到 CH2。

(6) 将 CH1、CH2 输入信号耦合选择按钮置于 AC 位置。

(7) 将触发模式选择开关置于 NORM 位置。若波形不稳，调节触发电平调整旋钮使波形稳定。

(8) 调整垂直衰减选择旋钮使波形高度大约为显示屏高度的 2/3。

(9) 调节扫描时间选择旋钮使显示屏显示 1～2 个周期的波形。

(10) 读时间差：读取两信号相邻正向过零点水平格数，用该值乘以扫描时间挡位值，结果即为两信号时间差。

(11) 测周期：读取 CH1 信号的两相邻正向过零点水平格数，用该值乘以扫描时间挡位值，结果即为周期。

(12) 计算相位差：相位差等于时间差乘以 360°，再除以周期。

注意：测量周期时，按下扫描时间可变控制旋钮并顺时针旋转此旋钮到底，否则测量不准。

2.3.3　主要技术指标

(1) 垂直灵敏度：5 mV/div～5 V/div。

(2) 垂直灵敏准确度：≤3%。

(3) 频宽：DC～20 MHz (×5 MAG：DC～7 MHz)；AC 耦合，最低限制频率为 10 Hz (频响于—3 dB 时，参考频率为 100 kHz，8 div)。

(4) 上升时间：约 17.5 ns (×5 MAG：约 50 ns)。

(5) 输入阻抗：约 1 MΩ//约 25 pF。

(6) 线性度：当在刻度线中央 2 div 的波形垂直移动时，振幅变化幅度为±0.1 div。

(7) 最大输入电压：300 V (DC＋AC peak)，AC 为 1 kHz 或更低频率。

(8) 触发源灵敏度：20 Hz～2 MHz，0.5 div；TRIG-ALT，2 div；EXT，200 mV；2～20 MHz，1.5 div；TRIG-ALT，3 div；EXT，800 mV；TV，同步脉冲 1 div(EXT，1V)。

(9) 扫描时间：0.2 μs/div～0.5 s/div，共有 20 挡。

(10) 扫描时间准确度：3%。

(11) 可变扫描时间控制：面板显示值的 1/2.5。

(12) 扫描放大倍率：10 倍 (最高扫描时间为 100 ns/div)。

(13) 10MAG 扫描时间准确度：5%(20 ns & 50 ns 未校准)。

(14) 线性度：3%；×10MAG，5%(20 ns & 50 ns 未校准)。

(15) X-Y 模式灵敏度：与垂直轴相同。

(16) X-Y 模式频宽：DC～500 kHz。

(17) X-Y 轴相位差：DC～50 kHz 时不大于 3%。

(18) 电源电压：AC 230 V±15% ，频率为 50 Hz。

(19) 功率消耗：约 40 VA，35 W (Max)。

2.4　TDS1002 型数字存储示波器

这里以 TDS1002 型数字存储示波器为例，介绍数字存储示波器的主要功能和使用方法。TDSl002 型数字存储示波器具有 60 MHz 带宽；每个通道具有 1 GS/s 的采样率和 2500 点的记录长度；具有自动测量、自动设定、波形存储及调出、温度补偿等功能；是一种小巧、轻便的便携式数字双通道存储示波器。

2.4.1 仪器面板

TDS1002 型数字存储示波器面板如图 2-10 所示，面板可分为显示区、垂直控制区、水平控制区、触发区、菜单及控制功能区五个部分。另有五个选项按钮、三个输入连接端口及探头补偿部分。现说明如下。

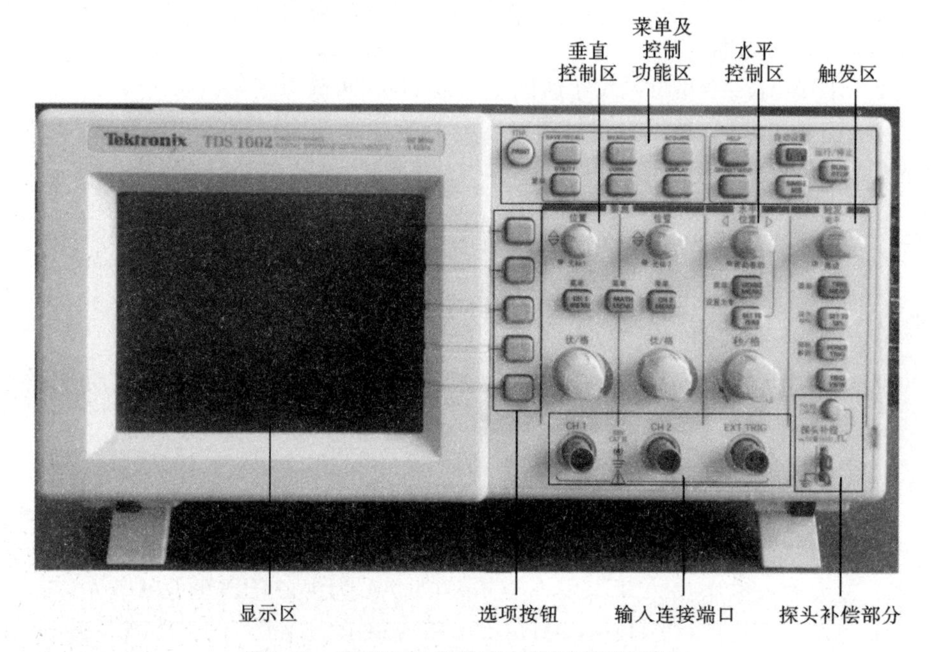

图 2-10 TDS1002 型数字存储示波器面板图

1. 显示区

显示屏除显示图像外，还显示许多有关波形和示波器控制设置的细节。显示区如图 2-11 所示。现说明如下。

图标 1：显示采集模式。按下功能按钮 ACQUIRE(采集)，可选择不同的采集模式。

图标 2：显示触发状态。触发状态有多种。

图标 3：显示水平触发位置。旋转水平位置调整旋钮可调整标记位置。

数字 4：显示中心刻度线的时间，以水平触发位置时间为零计算。

图标 5：显示边沿脉冲触发电平，旋转触发电平旋钮可调整触发电平。

图标 6：显示波形的接地参考点。若没有标记，则不会显示通道。

箭头 7：表示波形是反相的。

数字 8：显示通道的垂直刻度系数。

符号 9：表示对应通道是带宽限制的。

数字 10：显示主时基设置，表示水平单元格的扫描时间。

数字 11：显示视窗扩展时的窗口时基设置。

符号 12：显示触发所使用的触发源。

图标 13：显示触发类型，通过触发菜单来选择。

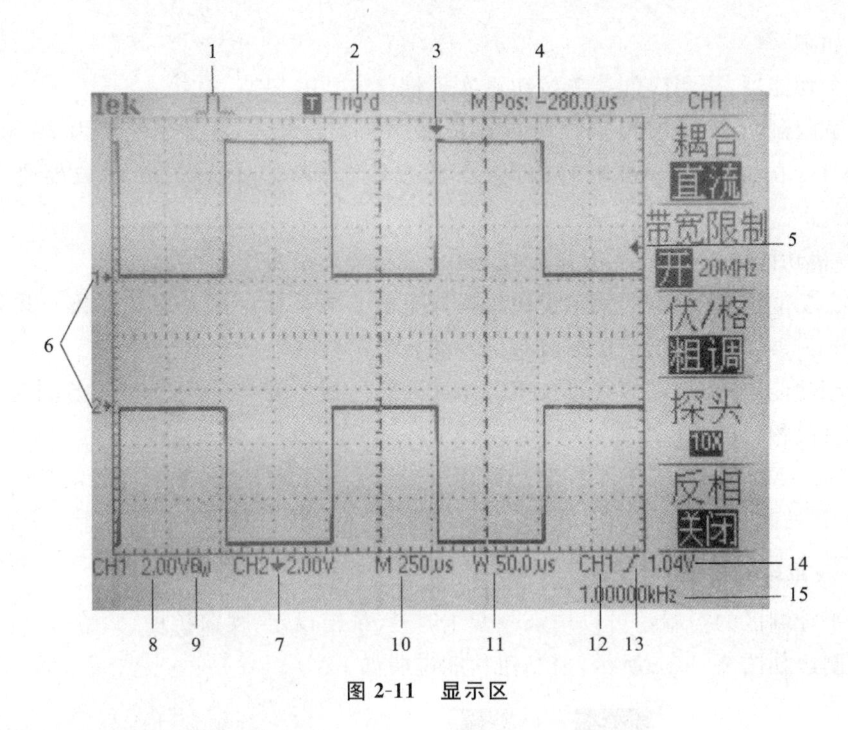

图 2-11　显示区

数字 14：显示“边沿”触发电平。

数字 15：显示触发频率。

2. 垂直控制区

垂直控制区的控制钮可以用来显示波形，调节垂直标尺和位置，以及设定输入参数。垂直控制区如图 2-12 所示，控制钮功能说明如下。

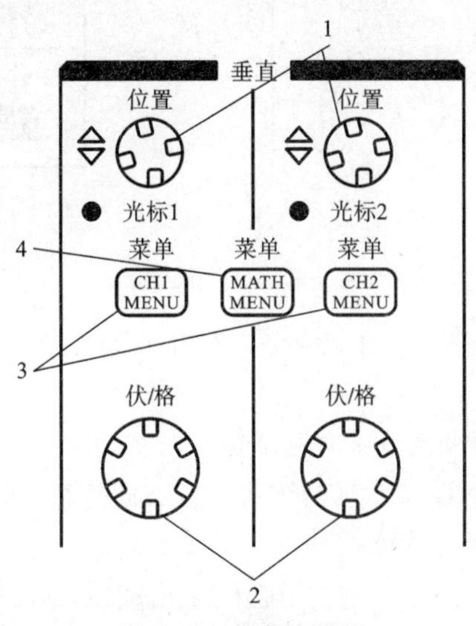

图 2-12　垂直控制区

旋钮 1：光标位置控制旋钮，调节光标或信号波形在垂直方向上的位置。

旋钮 2：伏/格旋钮，垂直刻度选择旋钮，调节范围为 2 mV/div～5 V/div。

按钮 3：CHl 和 CH2 菜单按钮，按下 CH1 菜单按钮，CH1 通道打开，再按下该按钮，CH1 通道关闭。通道打开后，显示屏右侧会显示垂直输入控制的功能列表，它包括的功能如下。

耦合功能项:按相应的菜单按钮可实现耦合方式的切换。

带宽限制功能项:按相应的菜单按钮,带宽限制打开,示波器带宽降为 20 MHz,高于 20 MHz 的高频噪音被限制;再按下此按钮时,带宽限制关闭,示波器带宽变为 60 MHz。

伏/格功能项:按相应的菜单按钮进行粗调、细调切换。

探头功能项:按相应的菜单按钮选择探头的衰减系数。探头衰减系数一共分 1×、10×、100×、1000×四挡。根据被测信号的幅值选取其中一个值。

反相功能项:按相应的菜单按钮关闭或开启反相功能,控制显示波形与对应实际波形同相或反相。

按钮 4:MATH MENU,数学运算菜单按钮。按下该按钮,显示屏显示数学运算操作指令,再按相应的菜单按钮,执行波形的数学运算,如加、减、FFT 等。

3. 水平控制区

水平控制区的控制钮可以用来改变主时基、视窗设定、视窗扩展、调整水平位置等。水平控制区如图 2-13(a)所示,控制钮功能说明如下。

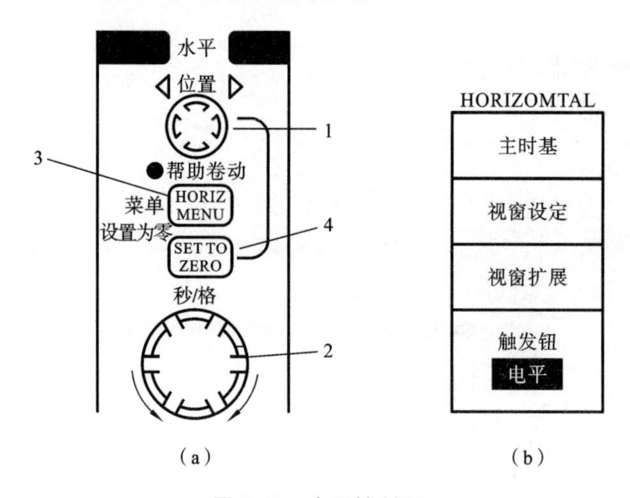

图 2-13　水平控制区

旋钮 1:水平位置调整旋钮,用来调整显示屏上所有光标或信号波形在水平方向上的位置。

旋钮 2:秒/格旋钮,用来调节主时基或窗口时基。

按钮 3:HORIZ MENU,水平菜单按钮。按下此按钮,显示水平功能表,如图 2-13(b)所示。水平功能表包括的功能项如下。

主时基功能项:按相应的菜单按钮,旋转秒/格旋钮,即可改变主时基。

视窗设定功能项:按相应的菜单按钮,转动水平位置调整旋钮,可确定两个光标的位置;转动秒/格旋钮,可确定两个光标的距离,完成视窗设定。

视窗扩展功能项:按相应的菜单按钮,观测视窗设定范围内的波形。

触发钮/电平功能项:按相应的菜单按钮,选择电平或释抑功能。

按钮 4:SET TO ZERO,设置为零按钮。按下该按钮,将水平位置设置于零位置。

4. 触发区

触发控制钮用于控制与触发有关的操作。触发区如图2-14所示，控制钮功能说明如下。

旋钮1：触发电平旋钮，旋转触发电平旋钮可调整触发电平值。

按钮2：TRIG MENU，触发菜单按钮。按下此按钮，再按类型按纽，可选择触发类型。

按钮3：SET TO 50%，50%设置按钮。按下此按钮，可将触发电平设置为触发信号峰值的垂直中点。

按钮4：FORCE TRIG，强制触发按钮。按下此按钮，不管触发信号是否适当，都可完成采集。

按钮5：TRIG VIEW，触发视图按钮。按下此按钮，显示触发波形而不显示通道波形。

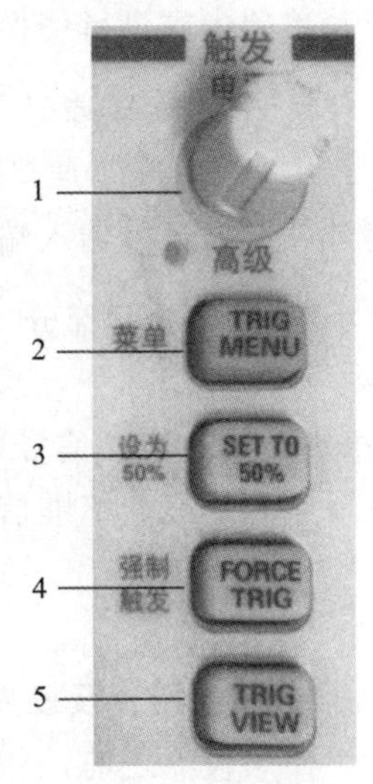

图 2-14 触发区

5. 菜单及控制功能区

菜单及控制功能区如图2-15所示，按钮功能说明如下。

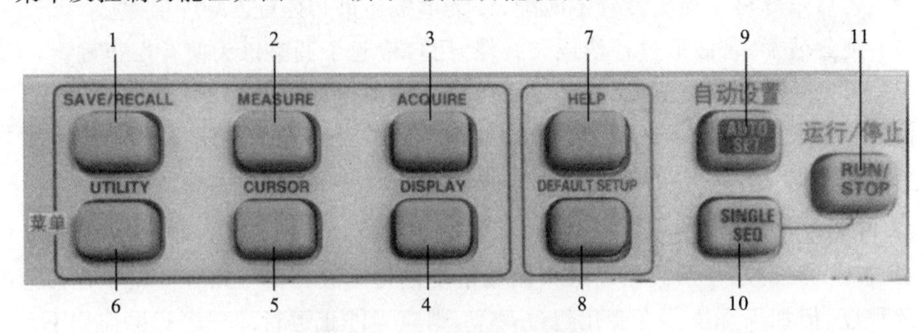

图 2-15 菜单及控制功能区

按钮1：SAVE/RECALL，存储/调出按钮。用于存储/调出仪器的设置和波形。

按钮2：MEASURE，测量按钮。按下此按钮，显示自动测量菜单。

按钮3：ACQUIRE，采集按钮。按下此按钮，显示采集菜单。

按钮4：DISPLAY，显示按钮。按下此按钮，显示显示菜单。

按钮5：CURSOR，光标按钮。按下此按钮，显示光标菜单，可进行电压和时间的测量。

按钮6：UTILITY，辅助功能按钮。按下此按钮，显示辅助功能菜单。

按钮7：HELP，帮助按钮。按下此按钮，显示帮助菜单。

按钮8：DEFAULT SETUP，默认设置按钮。按下此按钮，可调出厂家设置。

按钮9：AUTO SET，自动设置按钮。按下此按钮，示波器根据被测波形自动设置系统显示功能配置。

按钮10：SINGLE SEQ，单次序列按钮。按下此按钮，采集单个波形，然后停止。

按钮11：RUN/STOP，运行/停止按钮。按下此按钮，连续采集或停止采集波形。

6. 选项按钮

选项按钮是由5个未作标记的按钮组成的。通过按压选项按钮可对显示屏右侧对应菜单项内容进行切换或选择。

7. 输入连接端口

CH1 和 CH2 连接端口是被测信号输入端口,由连接探头接入。另一个连接端口是外部触发信号输入端口 EXT TRIG。

8. 探头补偿部分

探头补偿部分包括标准信号输出端子和探头检查按钮。其中标准信号输出端子由“探头元件~5 V”信号端子和“探头元件接地”端子组成,这两个输出端子分别接探头的信号线和地线。标准信号是峰-峰值为 5 V、频率为 1000 Hz 的方波信号。

2.4.2 操作说明

1. 探头检查及设置

使用仪器之前,一定要检查探头连接、补偿、设置是否正确,操作方法如下。

(1) 将 P2200 探头上的衰减开关拨到 10×挡并连接到 CH1,将探头另一端连到探头元件连接器上。按下自动设置按钮,再按下探头检查按钮,等待检查。

(2) 若显示屏显示探头设置不匹配,按菜单按钮进行匹配。

(3) 观察波形,若波形过补偿或欠补偿,用自带起子调整探头使补偿正确。

(4) 再按下探头检查按钮,直到显示屏显示探头检查合格。

注意:当将探头衰减开关设置为 10×挡时,示波器带宽为全带宽 60 MHz;而探头衰减开关设置为 1×挡时,示波器带宽将限制为 6 MHz。

2. 自校正

自校正的目的是使示波器以最大测量精度优化示波器信号路径。可以在任何时候运行此程序,但如果环境温度变化超过 5 ℃,则应当停止运行此程序。操作如下。

断开所有输入端口上的探头,按下辅助功能按钮,选择自校正,再按确定按钮,等待片刻,显示屏上会显示自校正合格。

3. 自动测量法

以测量某信号的周期和峰-峰值为例,自动测量法操作方法如下。

(1) 从探头元件连接器输出一方波信号到 CH1,按下自动设置按钮。

(2) 按下测量按钮。

(3) 按第一个选项按钮,出现信源和类型选择项。

(4) 按信源按钮,选中 CH1。

(5) 按类型按钮,选中周期,周期值显示在下方。

(6) 重复步骤(4)、(5),选择其他类型,如峰-峰值、有效值、平均值、上升时间、下降时间等,对应测量值显示在下方。

(7) 按返回按钮,完成选中参量值的自动测量。

4. 光标测量法

以测量某信号周期和峰-峰值为例,光标测量法操作方法如下。

(1) 从探头元件连接器输出一方波信号到 CH1,按下自动设置按钮。

(2) 按下光标按钮。

(3) 按类型按钮,选中电压条目,光标 1、光标 2 指示灯亮,表示光标测量功能激活。

(4) 按信源按钮,选择 CH1。

(5) 转动光标 1 位置控制旋钮,使水平光标 1 与波形最低点重合。

(6) 转动光标 2 位置控制旋钮,使水平光标 2 与波形最高点重合。

(7) 读取显示屏上的增量值,即为电压峰-峰值。

(8) 按类型按钮,选中时间条目。

(9) 转动光标 1 位置控制旋钮,使垂直光标 1 与被测波形正(负)过零点重合。

(10) 转动光标 2 位置控制旋钮,使垂直光标 2 与相邻周波正(负)过零点重合。

(11) 读取显示屏上的增量值,即为周期。

总结:自动测量法属于智能化测量;光标测量法属于手动测量,测量精度与人为因素有关,但更为灵活。

5. 采集模式的选择方法

数字存储示波器采集模式有三种:取样模式、峰值检测模式、平均值模式。波形显示与采集模式和时基设置有关,应根据输入信号的频率、噪声等情况选择采集模式。

现从测试板上输出一带高频毛刺的低频调幅信号到示波器 CH1 ,注意观察在不同的采集模式下波形的变化。

(1) 将 CH1 探头连接到测试板 10 Hz 调幅信号输出端。

(2) 按下采集按钮。

(3) 选择取样模式。

(4) 转动秒/格旋钮,调节主时基为 500 ms。观察波形,几乎看不出高频毛刺。

(5) 按下峰值检测按钮,观察波形,可以看到很多高频毛刺。

(6) 按下平均值按钮,观察波形,几乎看不出高频毛刺。

总结:取样模式在多数情况下可以精确表示信号,但是,此模式不能采集取样之间可能发生的快速信号的变化,可能会漏掉窄脉冲并导致假波现象,这时应采用峰值检测模式;峰值检测模式用以捕捉信号中可能的高频毛刺;平均值模式通常可以减少随机噪声,并且平均次数越多,波形细节越清楚。

6. 触发控制方法

比较简单的波形,如正弦波、方波、三角波等,它们的共同点是每个周期只有一个电平触发点,使用一般的触发功能即可,操作方法与模拟示波器的相似;而比较复杂的波形,如各种调制波、脉冲序列等,它们的共同点是每个周期有多个电平触发点,必须使用高级触发功能。下面介绍两种触发功能。

1) 脉冲触发控制方法

(1) 从测试板的 PN1 端子输出脉冲序列信号到 CH1。

(2) 按下自动设置按钮,波形出现混叠。

(3) 按下运行/停止按钮,停止示波器取样,估测最大正脉冲的宽度,再按下运行/停止按钮,示波器开始取样。

(4) 按下触发菜单按钮。

(5) 按下类型按钮,选择脉冲选项。

(6) 按下时基按钮,选择大于选项。

(7) 按下脉冲按钮,触发电平指示灯点亮。

(8) 以估计脉冲的宽度为目标,调节触发电平旋钮,使波形稳定,脉冲触发操作完成。

总结:脉冲触发方式非常适合于测量脉冲序列。

2) 释抑触发控制方法

(1) 从测试板的 PN1 端子输出脉冲序列信号到 CH1。

(2) 按下自动设置按钮,波形出现混叠。

(3) 按下运行/停止按钮,停止示波器取样,估计大周期,再按下运行/停止按钮,示波器开始取样。

(4) 按下水平菜单按钮。

(5) 按下触发菜单按钮,选择释抑选项,触发电平指示灯点亮。

(6) 以估计大周期为目标,调节触发电平旋钮,使波形稳定,释抑触发操作完成。

总结:释抑触发控制非常适合于测量调制波、脉冲序列等复杂波形,释抑时间应与信号的大周期相当。

7. 单次触发操作

(1) 连接信号源上的单次信号到 CH1。

(2) 调节 CH1 伏/格旋钮和秒/格旋钮到合适位置,以便查看信号。

(3) 按下采集按钮。

(4) 按下峰值检测按钮。

(5) 按下触发菜单按钮。

(6) 按下斜率按钮,选择上升。

(7) 按下单次序列按钮,开始采集。

(8) 从信号源上输出单次信号,观察波形。

总结:单次触发常用来捕捉转瞬即逝的单次信号。

8. 存储/调出

数字存储示波器可以存储或调出示波器设置或波形。双通道示波器可以存储 2 个波形。

1) 存储/调出示波器设置操作方法。

(1) 按下存储/调出按钮。

(2) 按下设置/波形按钮,选择设置。

(3) 按下设置记忆按钮,选择记忆号。

(4) 按下存储按钮,即将当前示波器设置存储到对应的记忆号中。

(5) 按下调出按钮,对应记忆号的示波器设置被调出。

2) 存储/调出示波器波形操作方法。

(1) 按下设置/波形按钮,选择波形。

(2) 按下信源按钮,选择 CH1。

(3) 按下目录按钮,选择 A。

(4) 按下存储按钮,即将当前示波器 CH1 波形存储到目录 A(REF A),并覆盖原来存储的波形。

(5) 按下目录 A(REF A)按钮,选择开启,刚存储的波形被调出。

(6) 按下目录 A(REF A)按钮,选择关闭,关闭调出的波形。

注意:关闭示波器电源前,如果在完成最后一次更改后等待 3 s,示波器就会存储当前设置。在下次接通电源时,示波器会调出此设置。

2.4.3 主要技术规格

(1) 输入阻抗,直流耦合:20 pF±3 pF 时为 1 MΩ±2%。

(2) 最大输入电压:300 V_{RMS}。

(3) 带宽(P2200 探头 10×挡,直流耦合):60 MHz。

(4) 记录长度:每个通道 2500 点记录长度。

(5) 采样率(点数/秒):1 GS/s。

(6) 显示屏分辨率:320×240。

(7) 背光亮度:65 cd/m^2。

(8) 电源电压:120~240 VAC_{RMS}(±10%),45~66 Hz。

(9) 功率消耗:<30 W。

2.5 TBS1102B-EDU 数字存储示波器

2.5.1 概述

TBS1102B-EDU 数字存储示波器是一款专为满足大专院校需求而设计的示波器。它是第一个使用创新的全新课件系统的示波器,教育工作者能够把教学材料无缝整合到 TBS1102B-EDU 示波器上。课件信息直接显示在示波器显示屏上,可以用来提供分步说明、背景理论、提示和技巧,或为学生编制实验文档提供一种高效的方式。TBS1102B-EDU 是面向教育行业的业内价值最高的入门级示波器。与前述 TDS1002 型数字存储示波器相比,两者的大部分功能相同,但在操作方面有些不同。

TBS1102B-EDU 数字存储示波器前面板图及背面板图分别如图 2-16 和图 2-17 所示。

1. 主要性能指标

(1) 100 MHz 带宽。

(2) 彩色 2 通道。

(3) 所有通道上高达 2 GS/s 的采样率。

(4) 所有通道上 2500 点记录长度。

(5) 具备高级触发(包括脉冲触发和视频触发)。

2. 主要特点

(1) 具有 7 英寸 WVGA (800×480) 有源 TFT 彩色显示屏。

(2) 具有简便易用的旋钮。

(3) 具有双窗口 FFT,可同时监测时域和频域。

(4) 具有集成课件功能。

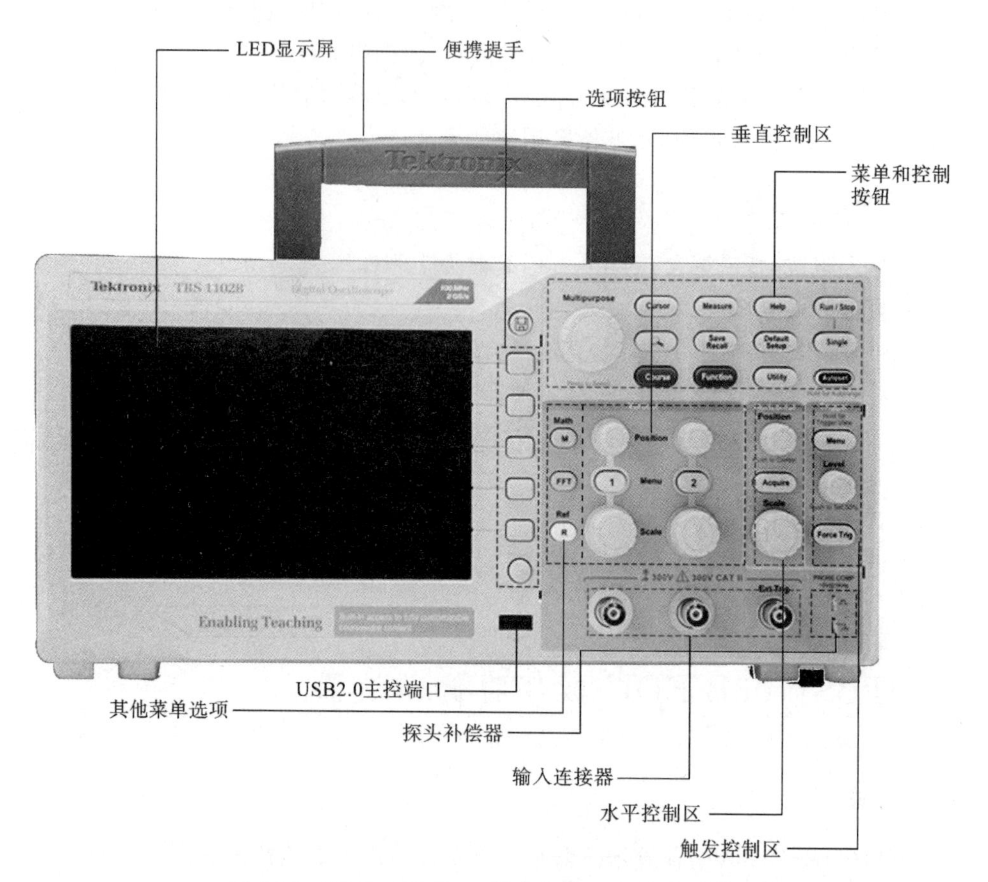

图 2-16　TBS1102B-EDU 数字存储示波器前面板图

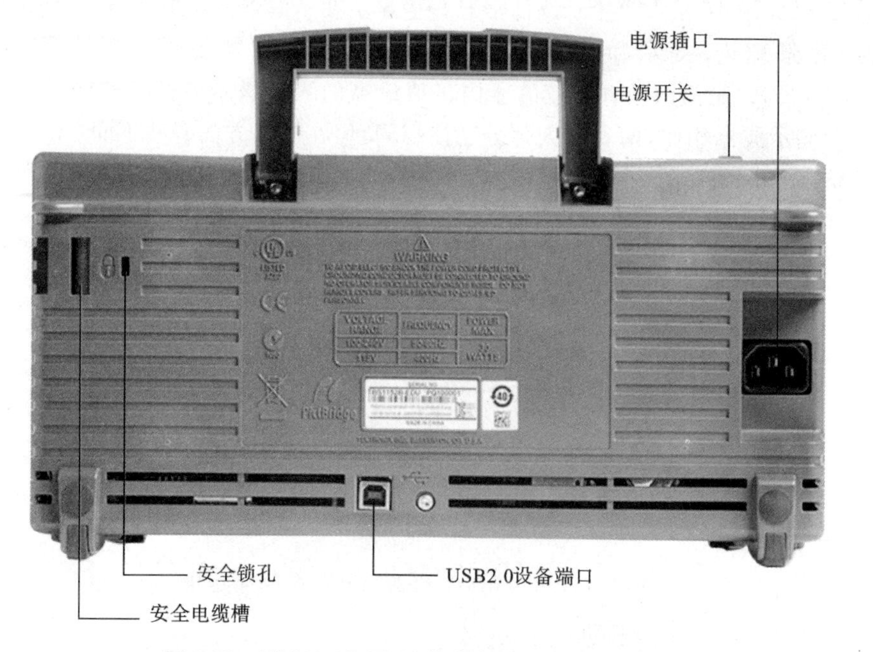

图 2-17　TBS1102B-EDU 数字存储示波器背面板图

(5) 具有双通道频率计数器。

(6) 具有缩放功能。

(7) 具有自动设置和自动量程功能(34 种自动测量)。

(8) 具有全新经济型 100 MHz TPP0101 无源探头。

(9) 具有支持多种语言的用户界面。

(10) 体积小、重量轻,深仅 4.9 英寸(约 124 mm),重仅 4.4 磅(约 2 kg)。

3. 连接能力

(1) 前面板上具有 USB 2.0 主控端口,可快速方便地存储数据。

(2) 后面板上具有 USB 2.0 设备端口,可方便地连接 PC。

4. 基本操作介绍

TBS1102B-EDU 数字存储示波器的前面板可分为若干功能区,下面对部分功能区进行介绍。

1) 显示区(LED 显示屏)

显示区除显示波形外,还显示很多关于波形和示波器控制设置的详细信息,如图 2-18所示。

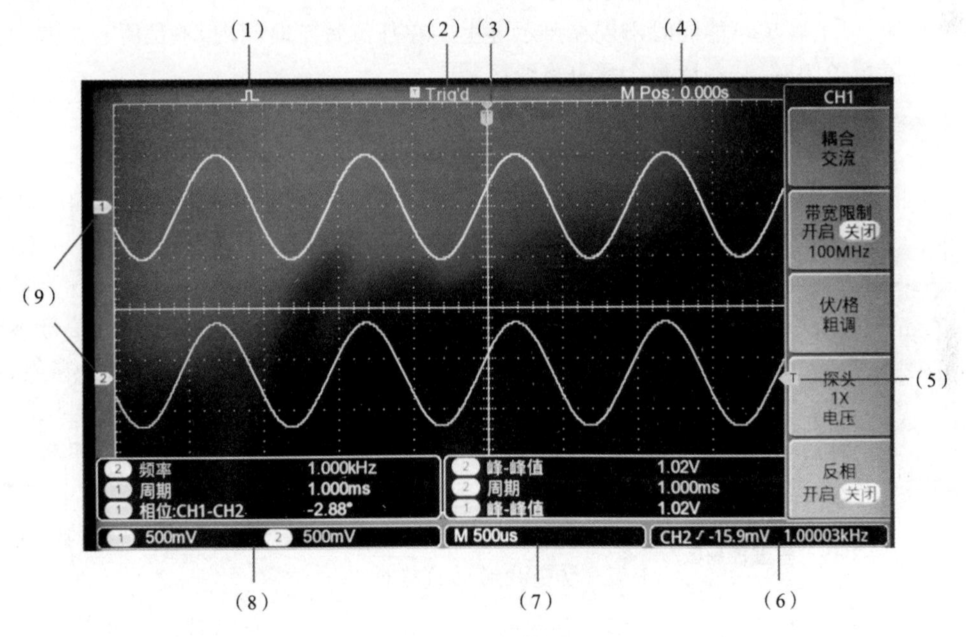

图 2-18 显示区

(1) 采集模式图标。

① 采样(默认):精确描述大多数波形。

② 峰值检测:检测毛刺并减少假波现象。

③ 平均:减少随机噪声,改善显示效果,与触发不相关。

(2) 触发状态图标。

① □ Armed.(已配备):示波器正在采集预触发数据。在此状态下忽略所有触发。

② [R] Ready.(就绪):示波器已采集所有预触发数据并准备接受触发。

③ [T] Trig'd.(已触发):示波器已发现一个触发,并正在采集触发后的数据。

④ ● Stop.(停止):示波器已停止采集波形数据。

⑤ ● Acq. Complete.(采集完成):示波器已经完成单次采集。

⑥ [R] Auto.(自动):示波器处于自动模式并在无触发的情况下采集波形。

⑦ □ Scan.(扫描):示波器在扫描模式下连续采集并显示波形数据。

(3) 触发位置图标。显示波形的起始触发位置。旋转水平位置旋钮时触发位置图标的位置也会改变。

(4) 显示中心刻度线的时间。

(5) 触发电平图标。显示波形的边沿或脉冲宽度触发电平。图标颜色与触发源颜色相对应。

(6) 触发源信息。显示触发源、触发类型、触发电平和触发频率等。

(7) 水平读数。显示主时基灵敏度系数。

(8) 垂直读数。显示各通道的垂直灵敏度系数。

(9) 波形基线指示图标。显示波形的接地参考点(零电平)。图标颜色与波形颜色相对应。如没有标记,则不会显示通道。

说明:以上各项可能同时出现在显示屏上。在任意特定时间内,不是所有这些项都可见。菜单关闭时,某些读数会移出格线区域。

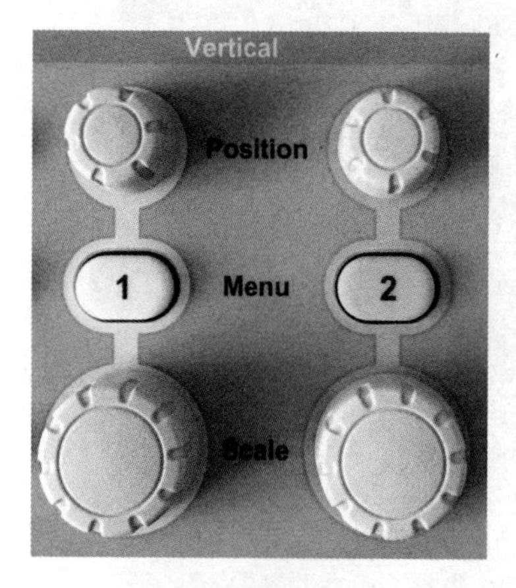

图 2-19　垂直控制区

2) 垂直控制区

垂直控制区如图 2-19 所示。

(1) Position(垂直位置):可用于在屏幕上垂直定位波形。

(2) Menu(CH1、CH2 菜单):显示垂直菜单选项并打开或关闭通道波形显示。可设置的信号参数包括输入耦合方式、带宽限制、分辨率、探头类型、反相和输入阻抗等。

(3) Scale(垂直刻度):选择垂直刻度系数。垂直刻度系数指的是垂直方向一大格代表的电压值,单位为 mV/div 或 V/div。调节垂直刻度系数,可以改变波形垂直方向的大小。

3) 水平控制区

水平控制区如图 2-20 所示。

(1) Position(水平位置):调整所有通道和数学波形的水平位置。

(2) Acquire(采集):选择示波器采集波形数据的方式。采集模式主要有三种:取样模式(默认)、峰值检测模式和平均值模式。

(3) Scale(水平刻度):选择水平刻度系数。水平刻度系数指的是水平方向一大格代表的时间,单位为 s/div、ms/div、μs/div 或 ns/div。

4)触发控制区

触发控制区如图 2-21 所示。

(1) Menu(触发菜单):按下一次此按钮,将显示触发菜单。按住超过 1.5 s 时,将显

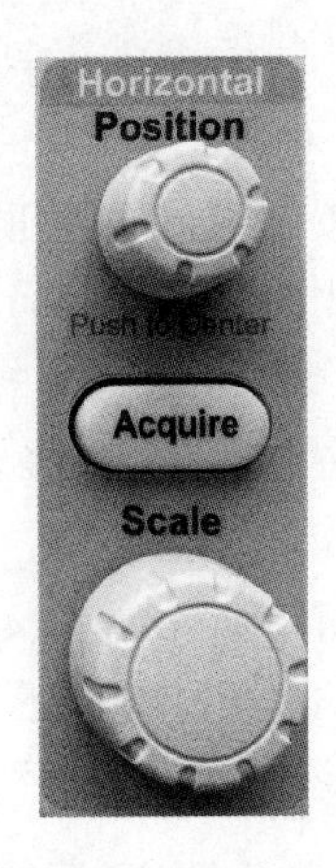

图 2-20　水平控制区

图 2-21　触发控制区

示触发视图，此时显示触发波形而不是通道波形。触发菜单选项包括触发类型、信源、斜率、模式、耦合及触发释抑。

(2) Level(触发电平)：设置触发电平。使用边沿触发或脉冲触发时，该旋钮用于设置采集波形时信号所必须越过的幅值电平。按下该旋钮可将触发电平设置为触发信号峰值的垂直中点(设置为 50%)。

(3) Force Trig(强制触发)：无论示波器是否检测到触发，都可以使用此按钮完成波形采集。此按钮可用于单次序列采集和正常触发模式。

5) 菜单和控制按钮

菜单和控制按钮如图 2-22 所示。

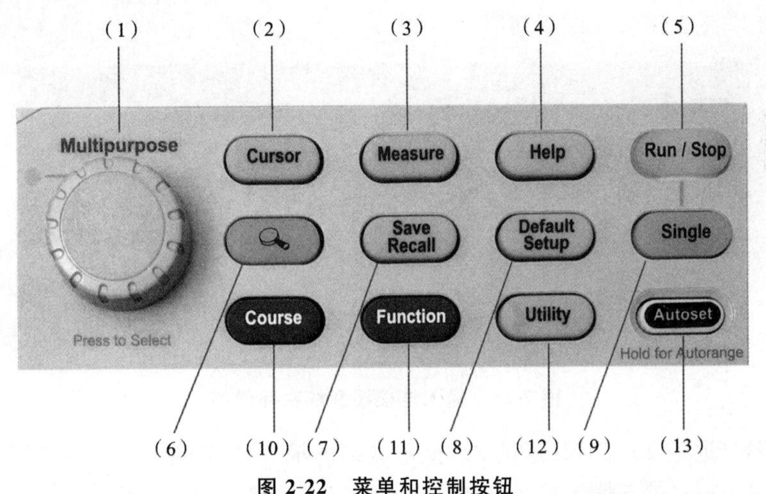

图 2-22　菜单和控制按钮

(1) Multipurpose(多用途旋钮)：通过显示的菜单或选定的菜单选项来确定功能。激活时，相邻的 LED 变亮。

(2) Cursor(光标)：显示光标菜单。当显示屏处于 YT(默认)模式时，使用水平光标条可以测量幅度和幅度差(增量)，使用垂直光标条可以测量时间间隔，包括周期、上升时间和下降时间。

(3) Measure(测量)：显示自动测量菜单，可用来设置自动测量时间和电压。自动测量信号的频率、周期、幅度、相位等一系列参数。

(4) Help(帮助):显示帮助菜单。

(5) Run/Stop(运行/停止):连续采集波形或停止采集。

(6) 缩放:用来访问缩放模式的功能。按下缩放按钮可在屏幕顶部大约 1/4 的区域内显示原始波形,在其余 3/4 区域内显示放大后的波形。如果同时打开两个通道,则放大后的波形显示在顶部窗口。

(7) Save Recall(保存/调出):用于保存/调出菜单,用于仪器设置或波形的保存/调出。

(8) Default Setup(默认设置):使用默认设置按钮可将示波器的大多数控制参数设定为出厂时的设置。

(9) Single(单次序列):用于采集单个波形,然后停止。

(10) Course(课程):使用课程菜单可访问 TBS1102B-EDU 示波器上加载的教育课程及相关实验。

(11) Function(功能):显示功能菜单。使用功能菜单中的计数器选项,可提供 CH1 和 CH2 中任意一个或两者的频率读数。

(12) Utility(辅助功能):显示辅助功能菜单。

(13) Autoset(自动设置):使用自动设置功能可自动调整控制以产生稳定波形。如果多个通道都有信号,示波器将使用具有最低频率的信号的通道作为触发源。如果在所有通道上都没有发现信号,当用自动设置作为触发源时,示波器将使用所显示编号最小的通道。

6) 输入连接器及探头补偿器

输入连接器及探头补偿器如图 2-23 所示。

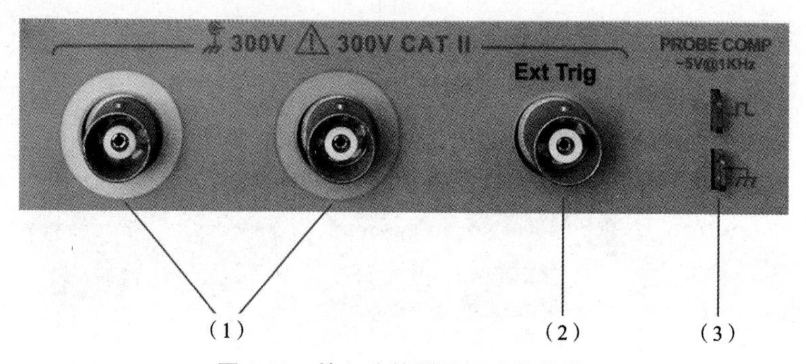

图 2-23 输入连接器及探头补偿器

(1) CH1(通道 1)、CH2(通道 2):显示波形的输入连接器。

(2) Ext Trig(外部触发):外部触发源的输入连接器。

(3) PROBE COMP(探头补偿器):用于补偿校准探头。

7) 其他菜单选项

其他菜单选项如图 2-24 所示。

(1) M。

按下该按钮可显示数学菜单。数学菜单可用于在两个通道波形上执行数学运算来创建实时数学波形,也可使用 M 按钮来切换显示数学波形与否。选项有加、减和乘。当示波器显示数学波形时,其接地电平通过刻度左边的 M 标记来指示。

(2) FFT。

按下该按钮可显示 FFT 菜单。使用快速傅里叶变换(FFT)模式可将时域(YT)信号转换为频率分量(频谱)。FFT 菜单可用于以下几个方面：

① 分析电源线中的谐波。

② 测量系统中的谐波含量和失真。

③ 鉴定直流电源中的噪声。

④ 测试滤波器和系统的脉冲响应。

⑤ 分析振动。

(3) R。

按下该按钮可显示参考波形菜单。参考波形菜单可显示或隐藏保存的波形。保存的波形也称为参考波形。参考波形的显示亮度比活动波形的低。

图 2-24　其他菜单选项

2.5.2　应用示例

本节主要介绍几个应用示例。这些简化示例重点说明了示波器的主要功能。

1. 简单测量

当需要查看电路中的某个信号,但又不了解该信号的幅值或频率,希望快速显示该信号,并测量其频率、周期和峰-峰值时,可使用“自动设置”功能快速显示某个信号,按如下步骤进行。

(1) 按下 1(CH1 菜单)按钮。

(2) 按下“探头”→“电压”→“衰减”→“10×”。

(3) 如果使用 P2220 探头,请将其开关设置到 10×。

(4) 将 CH1 的探头端部与信号连接,将探头公共端导线连接到电路参考点上(或连接到信号源)。

(5) 按 Autoset(自动设置)按钮。

示波器将自动设置垂直、水平和触发控制。如果要优化波形的显示,可手动调整上述控制。

说明：示波器根据检测到的信号类型在显示屏的波形区域中显示相应的自动测量结果。

2. 自动测量

示波器可自动测量并显示信号的多项参数。如要测量信号的频率、周期、峰-峰值、上升时间以及正频宽,按以下步骤进行操作。

(1) 按下 Measure(测量)按钮以查看“测量菜单”。

(2) 按下 CH1 或 CH2 菜单按钮,将在右侧显示测量菜单,如图 2-25 所示。

(3) 旋转多用途旋钮加亮显示所需测量的参数,对应的值将显示在显示屏下方,一次最多可以在显示屏上显示六种测量结果。

说明：如果读数中显示问号(?),则表明信号在测量范围之外。调节相应通道的垂直刻度旋钮可降低敏感度,也可调节水平刻度旋钮。

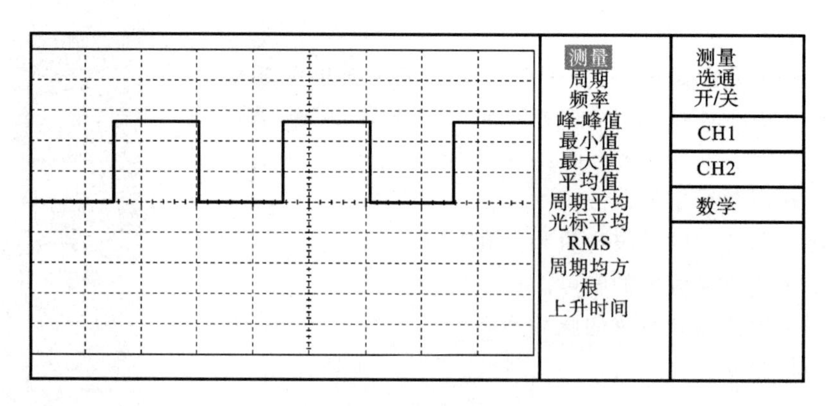

图 2-25 自动测量菜单界面

3. 光标测量

使用光标可快速对波形进行时间和幅度等的测量。如测量信号振荡的频率和幅度增量,按以下步骤进行操作。

(1) 按下 Cursor(光标)按钮查看光标菜单。

(2) 按下类型选项按钮,选择“时间”。

(3) 按下信源选项按钮,选择“时间”。

(4) 按下光标 1 选项按钮。

(5) 旋转多用途旋钮,将光标 1 置于振荡的第一个波峰上。

(6) 按下光标 2 选项按钮。

(7) 旋转多用途旋钮,将光标 2 置于振荡的第二个波峰上。

可在 Cursor (光标)菜单中查看频率增量如图 2-26 所示。

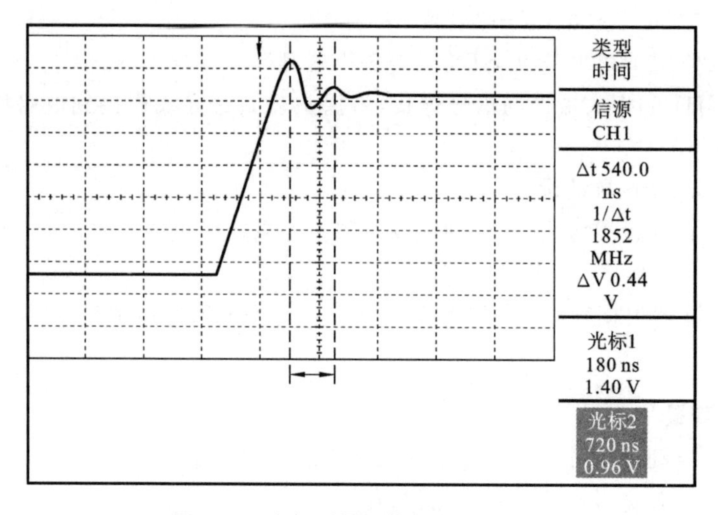

图 2-26 光标测量振荡频率增量界面

(8) 按下“类型”选项按钮,选择“幅度”。

(9) 按下光标 1 选项按钮。

(10) 旋转多用途旋钮,将光标 1 置于振荡的第一个波峰上。

(11) 按下光标 2 选项按钮。

(12) 旋转多用途旋钮,将光标 2 置于振荡的波谷上。

在 Cursor(光标)菜单中将显示振荡的幅度增量,如图 2-27 所示。

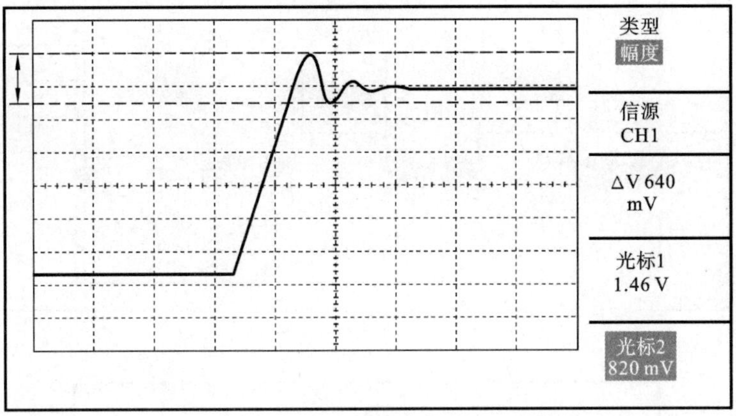

图 2-27 光标测量振荡幅度增量界面

4. 观察噪声信号

当信号中含有噪声时,如图 2-28 所示,怀疑此噪声会使电路出现问题。要更好地分析噪声,可按以下步骤进行操作。

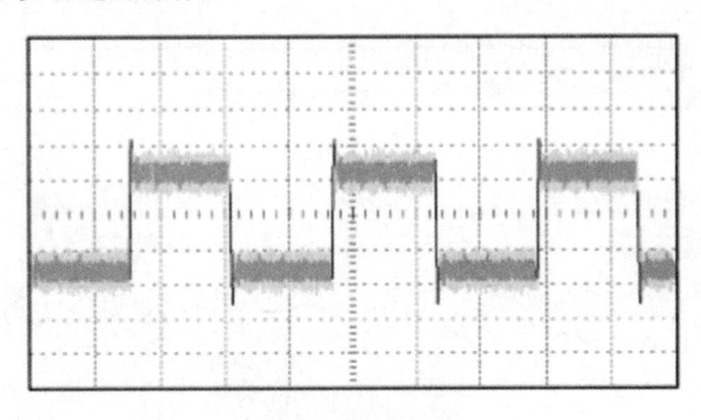

图 2-28 噪声信号

(1) 按下 Acquire(采集)按钮以查看“采集”菜单。

(2) 按下“峰值检测”选项按钮。

峰值检测结果如图 2-29 所示。

峰值测量侧重于观察信号中的噪声尖峰和干扰信号,特别是使用较慢的时基设置时。

要分析信号形状,将信号从噪声中分离出来,减少示波器显示屏中的随机噪声,按以下步骤进行操作。

(1) 按下 Acquire(采集)按钮查看采集菜单。

(2) 按下平均值选项按钮。

(3) 旋转多用途旋钮,加亮显示弹出菜单中的不同平均数。按下旋钮选择不同数字时,可查看改变运行平均操作的次数对显示波形的影响。

平均操作可减少随机噪声,并且使查看信号的详细信息更容易。图 2-30 所示的是去除噪声后信号上升边沿和下降边沿上的振荡。

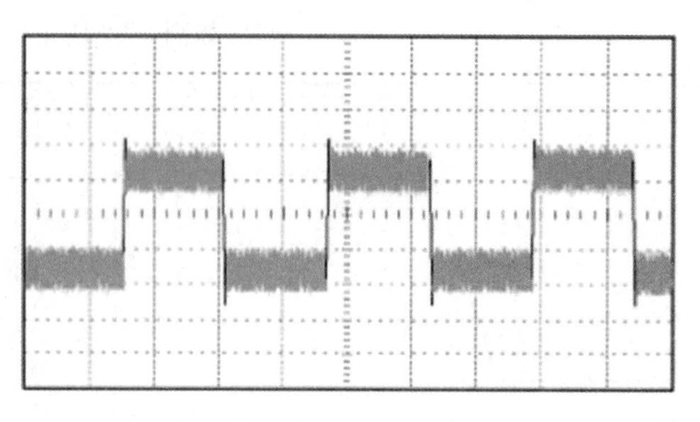

图 2-29 峰值检测结果

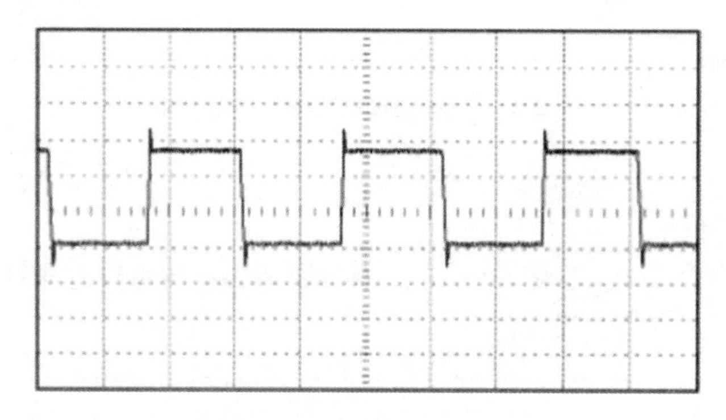

图 2-30 去除噪声后的信号

5. FFT

使用 FFT 的步骤如下。

(1) 设置时域波形。

使用 FFT 前,需要设置时域(YT)波形。要进行此操作,请执行以下步骤。

① 按下自动设置按钮以显示 YT 波形。

② 旋转垂直位置旋钮将 YT 波形从垂直方向移到中心(零格),这可确保 FFT 显示真实的直流值。

③ 旋转水平位置旋钮来定位要在显示屏中心的 8 个格中进行分析的部分 YT 波形。示波器将使用时域波形中心的 2048 个点来计算 FFT 光谱。

④ 旋转垂直刻度旋钮,确保整个视频信号都出现在屏幕上。如果看不到整个波形,示波器可能会显示错误的 FFT 结果。

⑤ 旋转水平刻度旋钮以提供 FFT 频谱中所需的分辨率。

⑥ 如果可能,将示波器设置为可显示多个信号周期。如果旋转水平刻度旋钮选择一个更快的设置(较少的周期),FFT 频谱将显示一个更大的频率范围,降低出现 FFT 假波现象的概率,但是,示波器也会显示较低的频率分辨率。

(2) 设置 FFT 显示图形。

① 按下 FFT 前面板按钮以查看 FFT 侧面菜单。

② 按下侧面菜单中的信源按钮。

③ 旋转多用途旋钮加亮显示信源通道。按下旋钮选择通道。

说明如下。

① 应尽可能靠近屏幕中心触发和定位瞬时波形和突发波形。

② 任何实时数字化示波器在不出现错误的条件下可以测量的最高频率是采样频率的一半，这个频率称为奈奎斯特频率。奈奎斯特频率以上的频率信息采样不足，这会产生 FFT 假波现象。数学函数可以将时域波形的 2048 个中心点转换为 FFT 谱。最终的 FFT 谱中含有从直流（0 Hz）到奈奎斯特频率的 1024 个点。通常，显示屏将 FFT 谱水平压缩到 250 点，但可以使用 FFT 缩放功能来扩展 FFT 谱以便更清晰地看到 FFT 谱中 1024 个数据点的频率分量。

③ 示波器垂直响应略微大于其带宽（50 MHz、70 MHz、100 MHz、150 MHz 或 200 MHz，这取决于型号，或当“带宽限制”选项设为“开”时，为 20 MHz）。因此，FFT 频谱可以显示高于示波器带宽的有效频率信息。然而，接近或高于带宽的幅度信息将会不精确。

（3）显示 FFT 谱。

按下 FFT 按钮以查看 FFT 侧面菜单。使用各选项来选择信源通道、窗口算法和 FFT 缩放系数。一次仅可显示一个 FFT 谱，如图 2-31 所示。

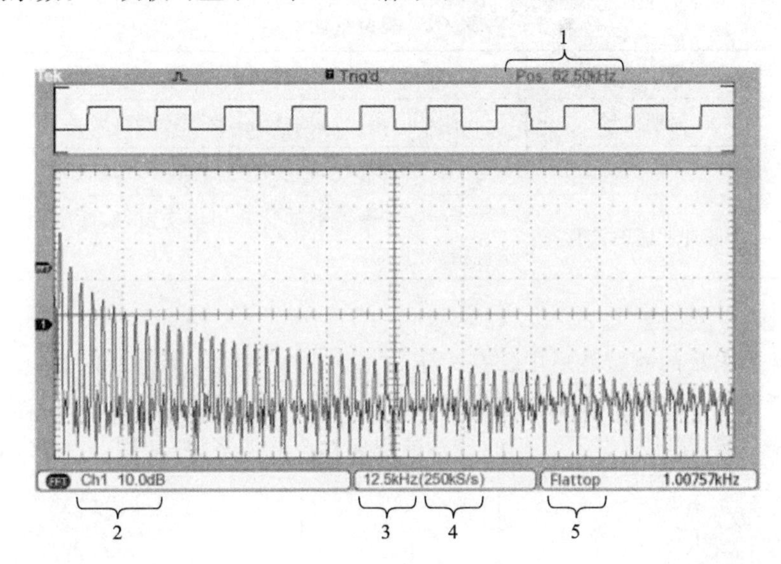

1——中心刻度线处的频率；2——垂直刻度：dB/分度（0 dB=1 V_{RMS}）；3——水平刻度：频率/分度；4——采样速率：采样数/秒；5——FFT 视窗类型

图 2-31 显示 FFT 谱

（4）选择 FFT 视窗。

使用视窗可减少 FFT 谱中的频谱遗漏。FFT 算法假设 YT 波形是不断重复的。当周期为整数（1，2，3，…）时，YT 波形在开始点与结束点的幅度相同，并且信号形状不中断。当 YT 波形的周期为非整数时，会使该信号开始点和结束点处的幅度不同。开始点和结束点间的跃变会使高频瞬态的信号产生中断，如图 2-32 所示。

在 YT 波形上采用视窗会改变该波形，从而使开始值和结束值彼此接近，以减少中断，如图 2-33 所示。

FFT 功能有三个 FFT 视窗选项。对于每种类型的视窗，在频率和幅度精度之间都会有所取舍。要测量的项目和源信号特性可用于确定要使用哪一种视窗，视窗特性见表 2-1。

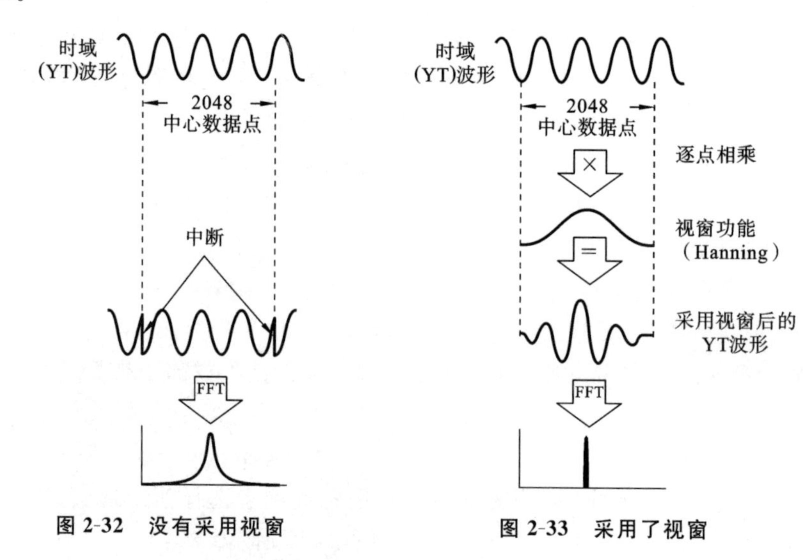

图 2-32 没有采用视窗　　图 2-33 采用了视窗

表 2-1 视窗特性

视　窗	测　量	特　性
Hanning	周期波形	与 Flattop 相比,频率较好,但幅度精度较差
Flattop	周期波形	与 Hanning 相比,幅度较好,但频率精度较差
矩形	脉冲或瞬时波形	适用于非中断波形的特殊用途视窗,实际上相当于没有采用视窗

(5)消除假波现象。

当示波器采集的时域波形中含有大于奈奎斯特频率的频率分量时就会出现问题。大于奈奎斯特频率的频率分量将出现采样不足现象,显示为从奈奎斯特频率"折回"的较低的频率分量,出现这些不正确的分量的现象称为假波现象,如图 2-34 所示。

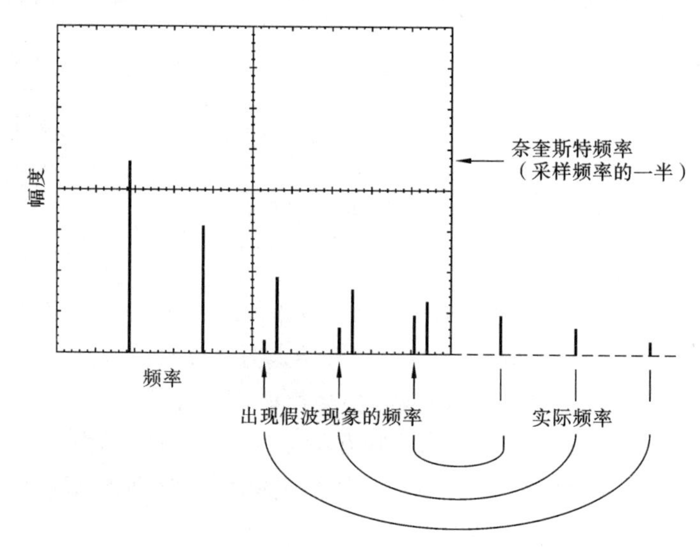

图 2-34 假波现象

要消除假波现象,可采用以下方法。

① 旋转水平刻度旋钮将采样频率设置为更快的值。因为增加采样频率将会增加奈奎斯特频率,所以出现假波现象的频率分量将显示为正确的频率。如果在显示屏上出现太多频率分量,可以使用 FFT 缩放功能来放大 FFT 谱。

② 如果不需要观察 20 MHz 以上的频率分量,可将“带宽限制”选项设置为“开”。将一个外部过滤器放置到源信号上,将信源波形的带宽限制到低于奈奎斯特频率的频率。

③ 识别并忽略产生假波现象的频率。

(6) 放大并定位 FFT 谱。

示波器有一个可进行水平放大的“FFT 缩放”选项。使用“FFT 缩放”选项可以将 FFT 谱水平放大而不改变采样频率。缩放系数有×1(默认)、×2、×5 和×10。当缩放系数为×1 且波形位于刻度中心时,左边的刻度线处为 0 Hz,右边的刻度线处为奈奎斯特频率。

改变缩放系数时,FFT 谱相对于中心刻度线放大。也就是说,水平放大轴为中心刻度线。

顺时针旋转水平位置旋钮可以向右移动 FFT 谱。按下旋钮可将频谱的中心定位在刻度的中心。

垂直缩放和定位:显示 FFT 谱时,垂直控制区旋钮将成为与各自通道相对应的垂直缩放和位置控件。

顺时针旋转垂直位置旋钮可以向上移动信源通道的频谱。

(7) 使用光标测量 FFT 谱。

可以对 FFT 谱进行两项测量:幅度(以 dB 为单位)和频率(以 Hz 为单位)。幅度基准点为 0dB,这里 0dB 等于 $1V_{RMS}$(RMS:有效值)。

可以使用光标以任一缩放系数进行测量。要进行此操作,可按如下步骤进行。

① 按下 Cursor(光标)按钮以查看光标侧面菜单。

② 按下信源选项按钮,选择“FFT”。

③ 按下类型选项按钮,使用多用途旋钮选择“幅度”或“频率”。

④ 选择“光标 1”、“光标 2”。

⑤ 使用多用途旋钮移动所选光标。

说明:使用水平光标可测量幅度,如图 2-35 所示;使用垂直光标可测量频率,如图 2-36 所示。通过以上选项可显示两个光标间的增量及光标 1 位置处的值和光标 2 位置

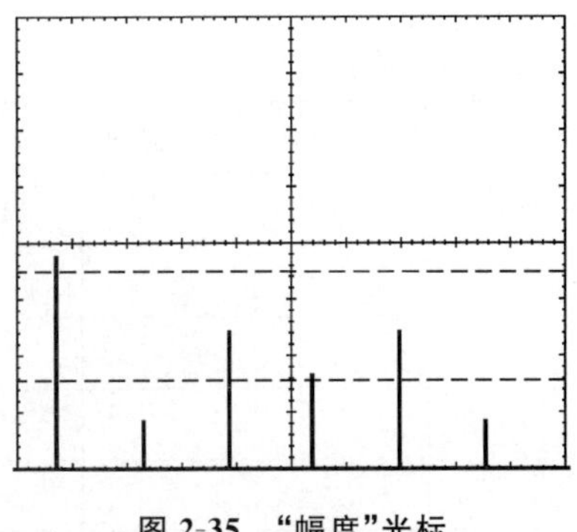

图 2-35 “幅度”光标

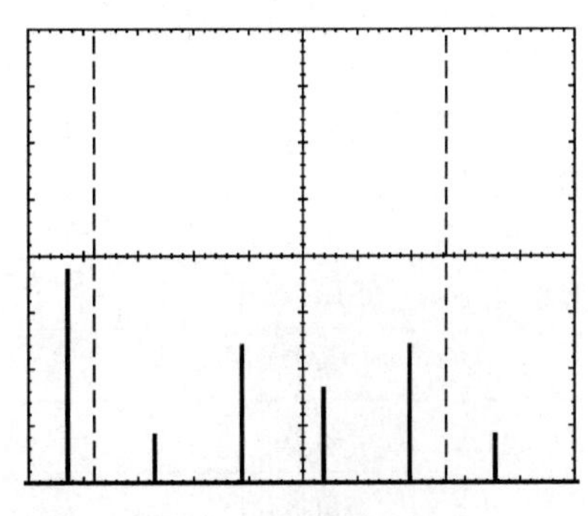

图 2-36 “频率”光标

处的值。增量是光标1的值减去光标2的值的绝对值。也可以不使用光标来进行频率测量,可旋转水平位置旋钮将频率分量定位在中心刻度线上,然后读取显示屏右上方的频率值。

2.6 常用电子仪器操作实习

2.6.1 实习目的

(1) 了解稳压电源、函数信号发生器、示波器的功能和特性。

(2) 熟悉稳压电源、函数信号发生器、示波器的操作方法。

2.6.2 预备知识

复习稳压电源、函数信号发生器、示波器的操作方法。

2.6.3 实习设备与元器件

稳压电源、函数信号发生器、模拟示波器、数字示波器、数字万用表、模拟电路实验箱(含元器件)。

2.6.4 实习内容

1. 用模拟示波器和数字万用表测量直流电压

从稳压电源上输出4种电压值,分别用数字万用表、模拟示波器测量该电压。将测量结果分别填入表2-2中。

表 2-2 数字万用表、模拟示波器测量电压记录表

电源输出电压	3 V	5 V	10 V	15 V
万用表测量值				
示波器测量值				

2. 数字存储示波器测量法练习

从函数信号发生器输出 $f=100$ Hz,$U_{p-p}=5$ V;$f=1000$ Hz,$U_{p-p}=300$ mV的两种信号,分别用自动测量和光标测量两种方法,测量其峰-峰值、周期、频率,将测量结果分别填入表2-3中。

表 2-3 数字存储示波器测量法练习记录表

函数信号发生器输出		自动测量			光标测量		
		峰-峰值	周期	频率	峰-峰值	周期	频率
$f=100$ Hz, $U_{p-p}=5$ V	正弦波						
	三角波						
$f=1000$ Hz, $U_{p-p}=300$ mV	正弦波						
	三角波						

3. 用示波器测相位差

测量电路如图 2-37 所示。设输入信号为 $f=1000$ Hz，$U_{p\text{-}p}=5$ V 的正弦交流信号。改变 R、C 的值，用直接测量法测量输出信号 u_o 与输入信号 u_i 的相位差，将测量结果填入表 2-4 中。

表 2-4 示波器直接测量法测相位差记录表

次序	R	C	相位差测量值	相位差理论计算值	相位差相对误差/(%)
1					
2					

提示：采用直接测量法，用示波器双通道显示输入与输出信号，在 X 轴上读取信号周期 x 和两信号过零点时间差 Δx，如图 2-38 所示，用式 $\varphi=\frac{\Delta x}{x}\times 360°$ 计算相位差，相位差理论计算值为 $\varphi=\arctan(\omega CR)$。

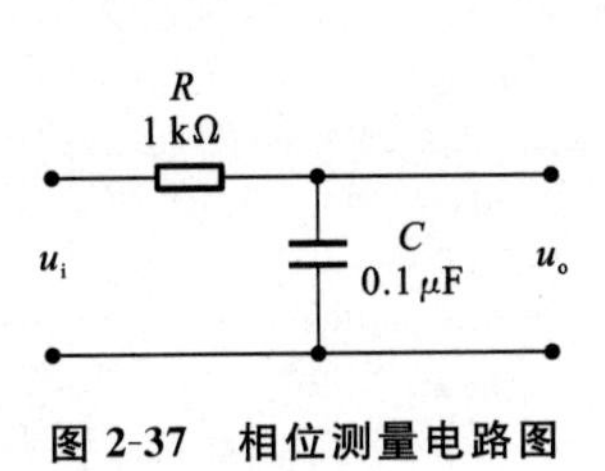

图 2-37 相位测量电路图

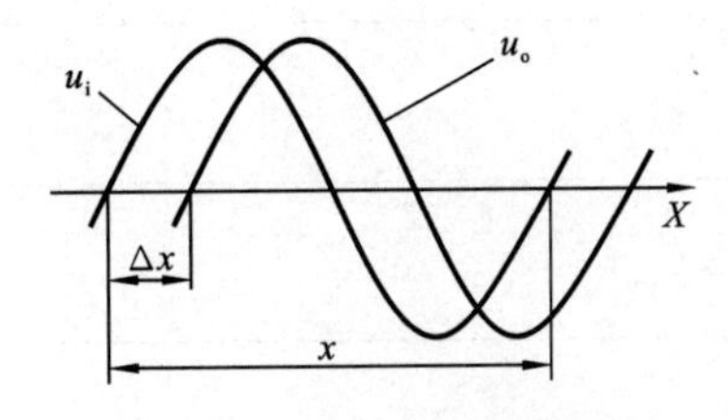

图 2-38 直接测量法示意图

2.6.5 思考题

(1) 函数信号发生器有哪些功能？

(2) 模拟示波器触发系统有哪些功能开关？如何操作？在测量信号大小及周期时应注意什么？

(3) 数字示波器与模拟示波器有哪些主要区别？

(4) 数字示波器有哪几种信号采集方式？如何使用？

2.6.6 实习报告

3

照明电路的安装与安全用电

电能是一种方便的能源,它的广泛应用促进了人类近代史上的第二次技术革命,有力地推动了人类社会的发展,给人类创造了巨大的财富,改善了人类的生活。本章主要介绍三相交流电的基本结构、安全用电常识和简单照明电路的安装方法。

3.1 三相交流电

由三个频率相同、电势幅值相等、相位互差120°的交流电源组成的电力系统称为三相交流电。

三相交流电较单相交流电有很多优点,它在发电、输配电以及将电能转换为机械能方面都有明显的优越性。例如,制造三相发电机、变压器都较制造单相发电机、变压器省材料,且成品构造简单、性能优良。又如,用同样材料所制造的三相电机,其容量比单相电机的大50%;在输送同样功率的情况下,三相输电线较单相输电线可节省25%的有色金属,而且电能损耗较单相输电时的少。由于三相交流电具有上述优点,所以获得了广泛应用。

为了使交流电有很方便的动力转换功能,通常电力传输采取三相四线的方式,三相交流电的三根首端引线称为相线,三根尾端引线连接在一起称中性线,也称为零线。

在三相交流电路中,负载有星形和三角形两种连接方法,这取决于电源电压与负载的额定电压。目前我国低压配电大多数为380 V三相四线制系统,通常电灯(单相负载)的额定电压为220 V,因此要接在火线与零线之间,并尽可能使电源各相负载均匀、对称,所以从总体看将负载连接成星形。由于有中性线,可以保证当负载不对称时,负载各相电压仍是对称的。三相异步电动机、三相电炉等为三相对称负载,当其为星形连接时,中性线电流等于零,去掉中性线,则变成三相三线制。

三相电路中的三相负载是由三个负载连接成星形或三角形而构成的,分别称为星形负载和三角形负载,如图3-1所示。由首端A、B、C向外引出三相负载的端线。每一个负载称为一相,对星形负载分别称为A相、B相和C相负载,记为Z_A、Z_B和Z_C,对三角形负载分别称为AB相、BC相和CA相负载,记为Z_{AB}、Z_{BC}和Z_{CA}。如果三个负载都一样,即$Z_A=Z_B=Z_C$,或$Z_{AB}=Z_{BC}=Z_{CA}$,则称为对称三相负载;否则,就称为不对称三相负载。

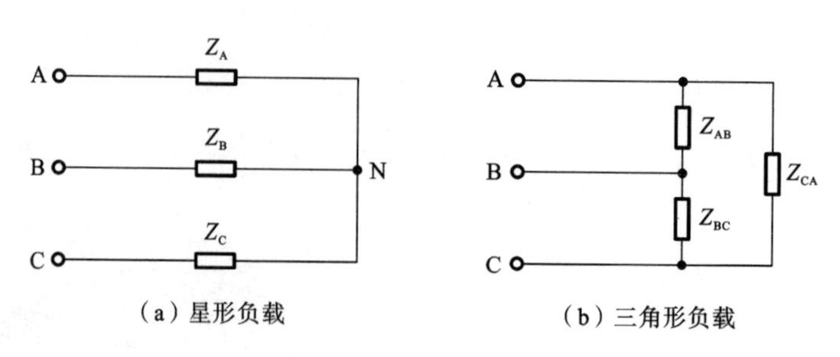

图 3-1 三相负载的接法

3.2 安全用电常识

为了防止触电事故发生，在实验前，应该熟悉安全用电常识，在实验过程中，必须严格遵守安全用电制度和操作规程。

3.2.1 触电的危害

人体是导体，当人体不慎触及电源或带电导体时，电流流过人体，会破坏人的心脏、神经系统、肺部等，对人体造成伤害，这就是电击。电击对人的伤害程度与通过人体电流的大小、通电时间的长短、电流流过人体的途径、电流的频率，以及触电者的健康状况等有关。各种形式的短路都会产生很大的电弧，而且电弧的危害是很严重的。电弧的温度可高达数千摄氏度，能烧坏触头，甚至导致触头熔焊。如果电弧不立即熄灭，就可能烧伤操作人员，烧毁设备，甚至酿成火灾。电弧对人体的灼伤，称为电伤。

工频交流电是比较危险的，当人体内有 1 mA 的工频电流流过时人就会产生不舒服的感觉；有 50 mA 的电流流过时就可能发生痉挛、心脏麻痹；电流流入人体时间过长会使人有生命危险。

3.2.2 触电的方式

1. 直接触电

人体直接接触或过分靠近电气设备及线路的带电导体而发生的触电现象称为直接触电。直接触电的形式有单相触电、两相触电、电弧伤害等。

1）单相触电

当人站在地面上或其他接地体上，人体的某一部位触及一相带电体时，电流通过人体流入大地(或中性线)，称为单相触电，图 3-2 所示的为单相触电电流途径。

一般情况下，接地电网中的单相触电比不接地电网中的单相触电危险性大。单相触电的防护方法主要是为带电导体加绝缘物质、对变电所的带电设备加隔离栅栏或防护罩等。

2）两相触电

两相触电时，作用于人体的电压为线电压，电流将从一相导线经人体流入另一相导线，这是很危险的。设线电压为 380 V，人体电阻为 1700 Ω，则流过人体的电流将达到 224 mA，这足以导致人死亡。所以两相触电比单相触电要严重得多。图 3-3 所示的为两相触电电流途径。

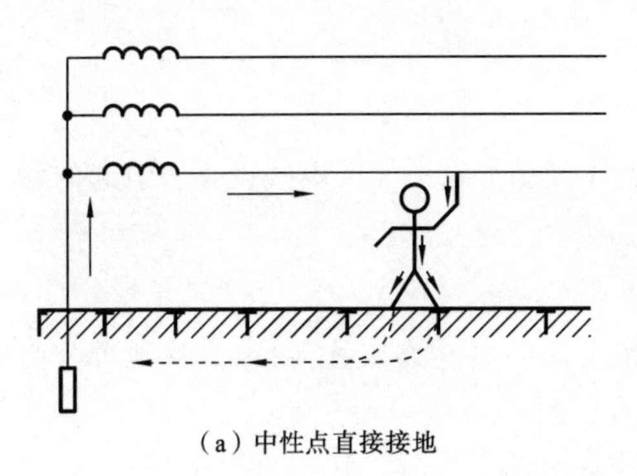

(a) 中性点直接接地

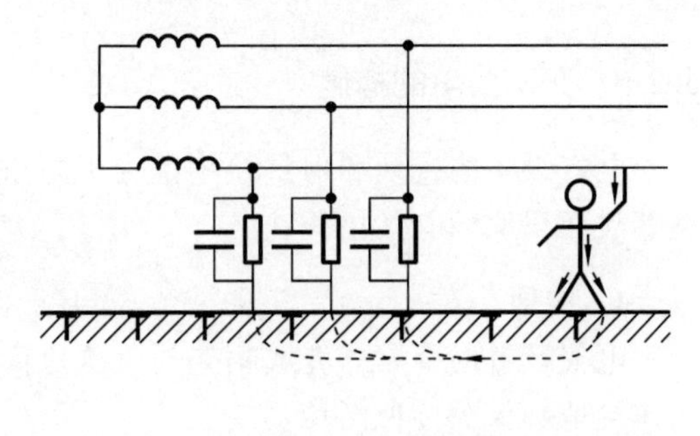

(b) 中性点不直接接地

图 3-2　单相触电电流途径

3）电弧伤害

电弧伤害是由弧光放电造成的伤害，分为直接电弧烧伤和间接电弧烧伤。前者是带电体与人体之间发生电弧，有电流流过人体的烧伤；后者是电弧发生在人体附近对人体的烧伤，包含熔化了的炽热金属溅出造成的烫伤。

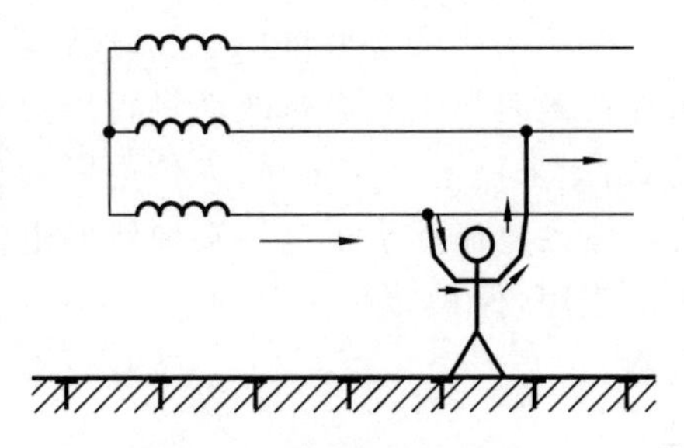

图 3-3　两相触电电流途径

2. 间接触电

间接触电分为跨步电压触电和接触电压触电。虽然危险程度不如直接触电的情况，但也应尽量避免。防护的方法是将设备正常时不带电的外露可导电部分接地，并装设接地保护等。

1）跨步电压触电

电气设备碰壳或电力系统一相接地短路时，电流从接地极四散流出，在地面上形成不同的电位分布，人在走近短路地点时，两脚之间的电位差称为跨步电压，由跨步电压产生的触电称为跨步电压触电。例如，当架空线路的一根带电导线断落在地上时，落地点与带电导线的电势相同，电流就会从导线的落地点向大地流散，于是地面上以导线落地点为中心，会形成一个圆形电势分布区域，电势沿径向方向递减，带电导线落地点处电势最高，离带电导线落地点越远，电流越分散，地面电势越低。跨步电压触电示意图如图 3-4 所示。如果人或牲畜站在距离电线落地点 8～10 m 范围内，就可能发生触电事故。

2）接触电压触电

人体与带电设备的外壳接触而引起的触电称为接触电压触电。图 3-5 所示的为人体接触到一漏电变压器而发生的接触电压触电示意图。

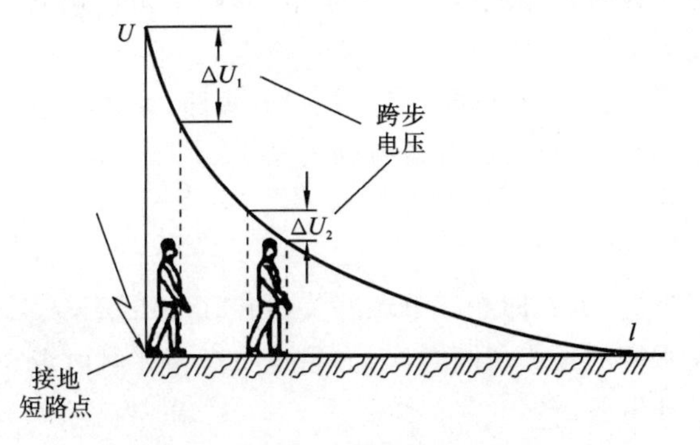

图 3-4　跨步电压触电示意图

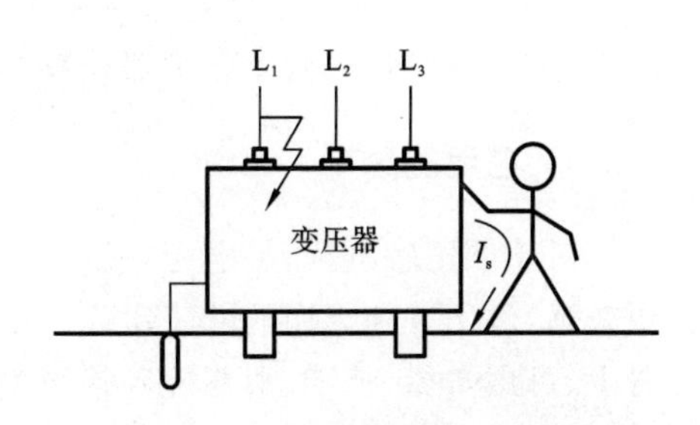

图 3-5　接触电压触电示意图

3.2.3 预防触电的措施

电气设备的接地和保护接零是为了防止人体接触绝缘损坏的电气设备所引起的触电事故而采取的有效措施。

1. 接地

电气设备的金属外壳或构架与土壤之间作良好的电气连接称为接地，接地可分为工作接地和保护接地两种。

工作接地是为了保证电气设备在正常及事故情况下可靠工作而进行的接地，如三相四线制电源中性点的接地。

保护接地是为了防止电气设备正常运行时，不带电的金属外壳或框架因漏电使人体接触时发生触电事故而进行的接地。当电气设备绝缘损坏，人体触及带电外壳时，由于采用了保护接地，人体电阻与接地电阻并联，人体电阻远大于接地电阻，故流经人体的电流远小于流经接地体的电流，并在安全范围内，这样就起到了保护人身安全的作用，保护接地作用如图 3-6(a)所示。保护接地适用于中性点不接地的低压电网。

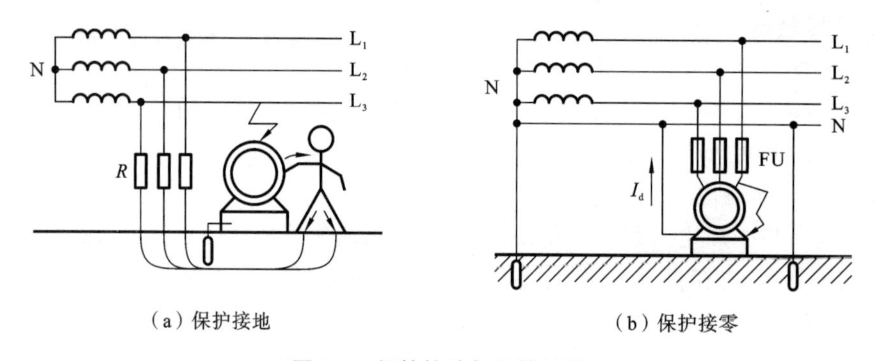

(a) 保护接地　　(b) 保护接零

图 3-6 保护接地与保护接零

2. 保护接零

在 1 kV 以下变压器中性点直接接地的电网中，单相对地电流较大，保护接地不能完全避免人体触电的危险，此时要采用保护接零。将电气设备的金属外壳或构架与电网的零线相连接的保护方式称为保护接零。如果电气设备的绝缘性能下降或遭到破坏，由于中性线的电阻很小，所以短路电流很大，短路电流将使电路中的保护装置(如电流继电器、保险丝等)发生动作，切断电源。这时外壳或构架不再带电，起到了防止触电的作用，保护接零作用如图 3-6(b)所示。

漏电保护器的作用主要是对人体及电气设备进行保护，当出现设备短路、人体触电或设备漏电的情况，漏电保护器会自动断开，以保障人体及设备的安全。

3.2.4 触电的急救

对于低压触电，如果电源在触电地点附近，可立即断开电源开关，切断电源；如果电源较远，可用有绝缘柄的电工钳或有干燥木柄的斧头切断电线；如果电线搭接在触电者身上，可用木棒、竹竿、塑料棍等绝缘物拨开电线。

对于高压触电，应立即电话通知有关部门断电。

3.2.5 安全用电注意事项

为防止触电事故发生，在日常生活及工作学习中要了解以下基本的安全用电常识。

(1) 任何电气设备在确认无电以前应一律认为有电。不要随便接触电气设备，不要盲目信赖开关或控制装置。

(2) 尽量避免带电操作，手湿时更应禁止带电操作。在必须进行带电操作时，应尽量用一只手操作，并应有人监护。

(3) 若发现电源插头损坏，则应立即更换，禁止乱拉临时电线。如需拉接临时电线，应用橡皮绝缘线，且高于地面 2.5 m 以上，用后及时拆除。

(4) 不要移动带电的电气设备。将带有金属外壳的电气设备接好地线。

(5) 当电线落在地上时，不可走近。对于落地的高压线，人应距落地点 8 m 以上，以免发生跨步电压触电，更不能用手去捡电线。应立即禁止他人通行，通知供电部门处理。

(6) 当电气设备起火时，应立即切断电源，并用干砂或二氧化碳灭火器灭火，同时打开窗户通风。决不能用水灭火，否则有触电危险。

(7) 在实验室做实验(特别是强电实验)时，同组人员必须默契配合，否则也容易造成触电事故。如一人手持导线待接，而另一人又去接通电源，这样就很容易触电。

(8) 实验开始后，在接线前，应先断电。实验线路接好后，经检查无短路和错误后才能接通电源。实验完毕，在拆线前，应先断开电源开关，然后拆开电源线，再拆开实验设备和仪表间的连线。

3.3 照明电路的安装

3.3.1 照明电器

1. 功率表

电动式单相功率表是多量程的，一般有三挡或四挡电压量程，两挡电流量程。使用时应根据被测电路中电流及电压的大小，分别选用合适的电流、电压量程，不能根据功率大小来选择。

由于功率表是多量程的，所以它的标度尺上只有分格数。当选用不同的电流和电压量程时，每一分格代表不同的瓦特数。为此，在使用功率表时，要注意被测量的实际值与指针示值之间的换算关系。假定测量时功率表指针读数为 X(格)，则被测实际功率的数值(单位为 W)为

$$P=cX \tag{3-1}$$

其中，c 为功率表的分格常数，单位是 W/格。c 的计算方式为

$$c=\frac{U_m \cdot I_m}{X_m} \tag{3-2}$$

其中，X_m 为功率表标度尺的满刻度格数；U_m 为所使用的电压线圈的额定值(此值常标注在电压线圈的接线端钮旁)；I_m 为所使用的电流线圈的额定值(此值常标注在表盒盖内)。

功率表电流及电压端钮上标有符号＊(或±)的端子是同名端(或称对应端),即为两个线圈的始端,接线时应连接在电源的同一端,其正确接法如图 3-7(a)和(b)所示;错误接法如图 3-7(c)所示,该图中有一个线圈接反,指针将反向偏转。

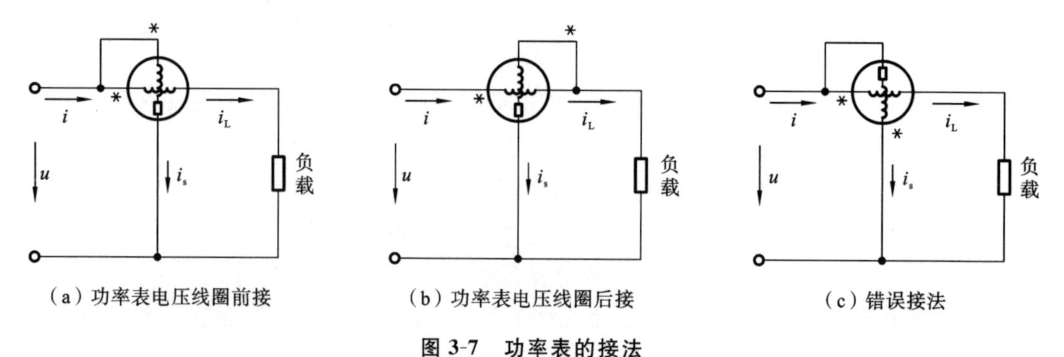

图 3-7　功率表的接法

用功率表测量功率时,相当于同时在电路中接入电压表和电流表,因此它们的内阻会影响测量的准确度。功率表的电压线圈一般要取几十毫安的电流。为了减小测量误差,对于高阻抗负载,电压线圈支路分流影响大,因此,电压线圈应接在电流线圈之前,称前接,如图 3-7(a)所示。对于低阻抗负载,电流线圈上的压降影响大,电压线圈应后接,如图 3-7(b)所示。

根据电动系单相功率表的基本原理,在测量交流电路中负载所消耗的功率时,其示值 P 由下式决定:

$$P=UI\cos\phi \tag{3-3}$$

其中,U 为功率表电压线圈所跨接的电压;I 为流过功率表电流线圈的电流;ϕ 为 U 和 I 之间的相位差。

2. 日光灯

1) 日光灯的构造

日光灯电路由灯管、镇流器和起辉器三部分组成,如图 3-8 所示。灯管是一根内壁均匀涂有荧光物质的细长玻璃管,在灯管的两端装有灯丝电极,灯丝上涂有受热后易于发射电子的氧化物,灯管内充有稀薄的惰性气体和水银蒸气。镇流器是一个带有铁芯的电感线圈。起辉器由一个辉光管和一个小容量的电容器组成,它们装在一个圆柱形的外壳内,如图 3-9 所示。

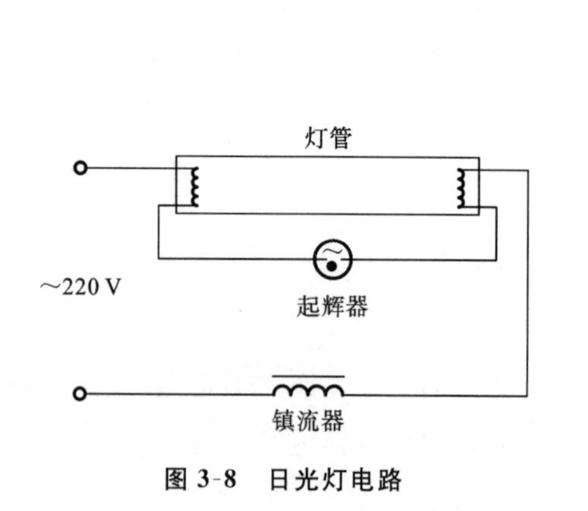

图 3-8　日光灯电路

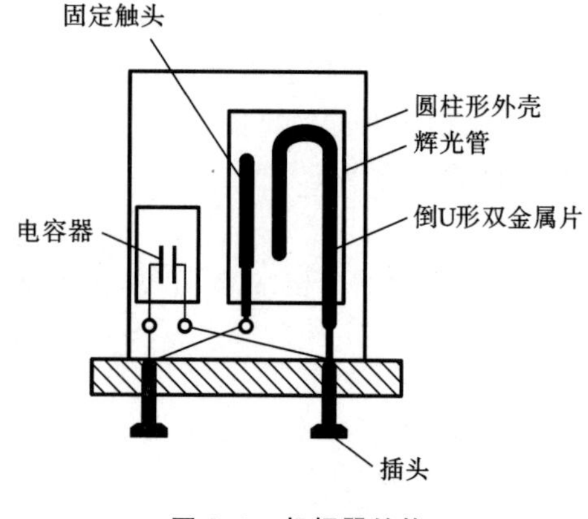

图 3-9　起辉器结构

2）日光灯工作原理

当接通电源时，由于日光灯没有点亮，电源电压全部加在辉光管的两个电极之间，使辉光管放电，放电产生的热量使倒U形双金属片受热趋于伸直，两电极接触，这时灯丝与电极、镇流器、电源构成一个回路，灯丝因有电流（称为起动电流或预热电流）通过而发热，从而使氧化物发射电子。同时，当辉光管两个电极接通时，电极间电压为零，辉光管放电停止，倒U形双金属片因温度下降而复原，两电极脱开，回路中的电流突然被切断，于是在镇流器两端产生一个比电源电压高得多的感应电压。这个感应电压连同电源电压一起加在灯管的两端，使灯管内的惰性气体电离而产生弧光放电。随着灯管内温度的逐渐升高，水银蒸气游离，并猛烈地碰撞惰性气体分子而放电。水银蒸气弧光放电时，辐射不可见的紫外线，紫外线激发灯管内壁的荧光物质后发出可见光。

正常工作时，灯管两端的电压较低，此电压不足以使起辉器再次产生辉光放电。因此，起辉器仅在起动过程中起作用。

普通镇流器的体积大、效率低；而电子镇流器的体积小、效率高，故现在电子镇流器的应用越来越普及。

日光灯具有发光效率高（是普通灯的5倍）、节能效果明显、寿命长（是普通灯的8倍）、光线好等优点。

节能灯又称为紧凑型日光灯，即将小型日光灯管与电子镇流器封装在一起，可直接代替普通白炽灯。节能灯（如实验箱上的4个节能灯）的价格大约是普通白炽灯的3倍，但其寿命是普通白炽灯的8倍，其效率是普通白炽灯的5倍。

3.3.2 电路安装方法

1. 一般照明电路

一般照明电路接线图如图3-10所示，照明电路主要由开关、仪表、插座、灯具、连接线等组成。接线前，将刀闸开关断开，用导线将漏电保护器、电度表、电压表、电流表、带开关的插座、日光灯连接起来。接线时，应按先串联后并联的顺序接线，注意开关只能串接在火线上。接好线后，仔细检查电路，确认无误后就可以将刀闸开关合上。

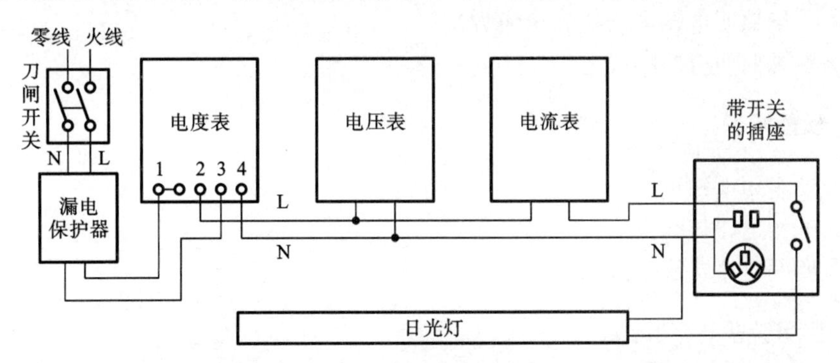

图3-10 照明电路接线图

单相电度表接线图如图3-11所示，其中，1、3为进线，2、4为出线。

2. 楼梯照明灯电路和电子程控开关电路

图3-12所示的为楼梯照明灯电路图，L为白炽灯泡，K1、K2为单刀双掷开关，分别

安装在两个楼梯口。从电路上看,当开关K1、K2拨动的方向一致时,灯泡L点亮;反之,灯泡L熄灭。不难分析,在任意楼梯口拨动开关一次,灯泡L就会由灭变亮或由亮变灭,从而达到两地控制一灯的目的。

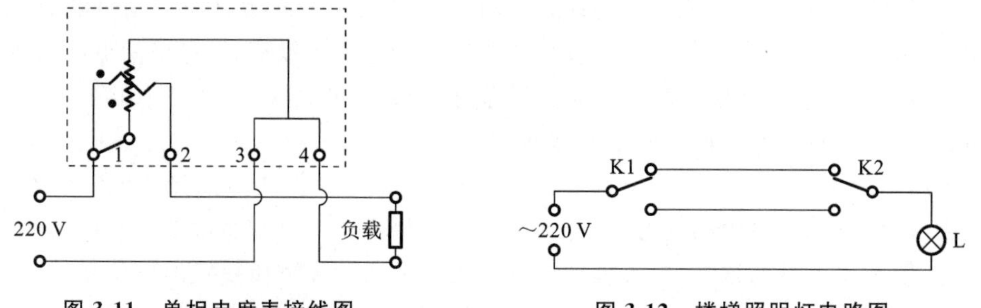

图3-11 单相电度表接线图

图3-12 楼梯照明灯电路图

电子程控开关常用于控制有多个灯泡的吊灯,其接线图如图3-13所示。L1、L2、L3为灯泡或灯泡组(包括节能灯),K为单刀单掷开关。第一次合上开关K时,L1亮;第二次合上开关K时,L1与L2亮;第三次合上开关K时,L1与L3亮;第四次合上开关K时,L1、L2、L3全亮,然后循环。

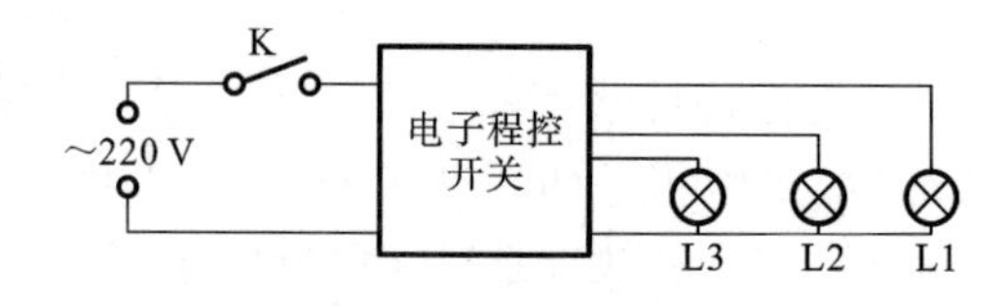

图3-13 电子程控开关电路图

3.4 照明电路安装实习

3.4.1 实习目的

(1) 了解安全用电和节能知识。

(2) 了解照明电器的功能和接线方法。

(3) 熟悉照明电路接线方法。

3.4.2 预备知识

(1) 安全用电知识。

(2) 三相电路接线方法。

(3) 照明电路接线方法。

3.4.3 实习设备与元器件

万用表、试电笔、照明电路实验箱、连接导线。

3.4.4 实习内容

(1) 一般照明电路安装,请参考图3-10。

(2) 楼梯照明灯电路安装,请参考图3-12。

(3) 电子程控开关电路安装，请参考图 3-13。

照明电路实验箱实物图如图 3-14 所示。

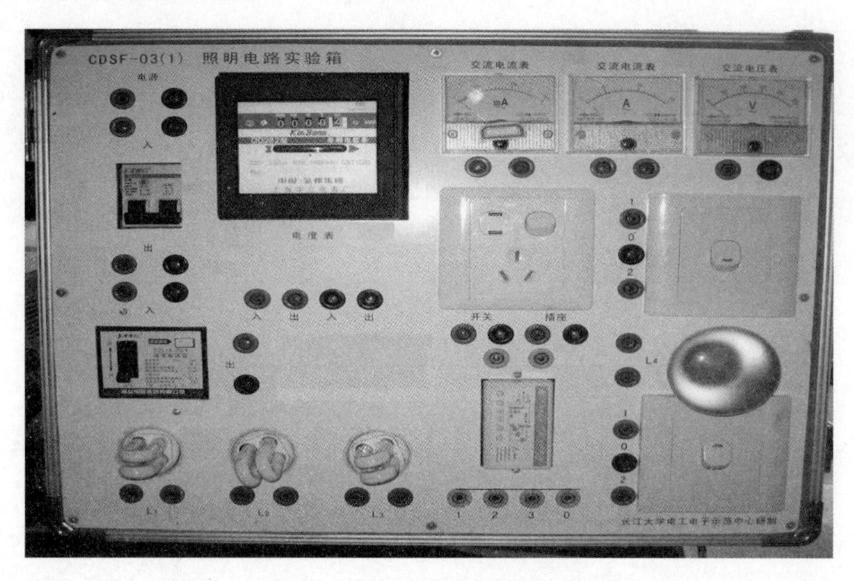

图 3-14 照明电路实验箱实物图

3.4.5 思考题

(1) 三相电路有哪几种接线方式?

(2) 简述触电的方式、预防触电的措施、安全用电常识。

(3) 简述一般照明电路的接线方法。

3.4.6 实习报告

____

____

____

____

____

____

____

____

Protel 基本操作方法

4.1 Protel 简介

随着现代科学日新月异的发展，现代电子工业也取得了长足的进步，大规模、超大规模集成电路的使用使印制电路板(PCB)的走线越来越精密和复杂。在这种情况下，传统手工方式设计和制作的电路板已显得越来越难以适应形势了。

幸运的是，计算机的飞速发展有效地解决了这个问题。精明的软件厂商针对广大电子界人士的需求及时推出了自己的电子线路CAD软件。这些软件有一些共同的特点：能够协助用户完成电子产品线路的设计工作，不仅可以绘制电路原理图和设计印制电路板，而且还可以进行电路仿真。

Protel软件能使设计人员很方便地利用计算机来完成电子线路的设计，如电气原理图编辑、电路功能仿真、印制电路板设计(自动布局、自动布线)、报表文件生成等。现今的Protel已发展到DXP 2004版本。2005年年底，Protel软件的开发商Altium公司推出了Protel系列的高端版本Altium Designer 6.0。这款高端版本软件除了全面继承包括Protel 99 SE软件等在内的先前一系列版本软件的功能和优点以外，还做了许多改进，并增加了很多高端功能。

Protel 99 SE软件功能强大、人机界面友好、易学易用，仍然是大中专院校电学专业必学软件，同时也是业界人士首选的电路板设计工具。

Protel 99 SE软件主要由两大部分组成：原理图设计系统(Schematic 99)和印制电路板设计系统(PCB 99)。

1. 电路原理图的设计

电路原理图设计的任务是将电路设计人员的设计思想用规范的电路语言描述出来，为电路板的设计提供元件封装和网络表连接，包括原理图的规划、绘制和电路元件的编辑，为印制电路板的设计打下基础。

2. 印制电路板的设计

几乎在每一种电子设备中都有印制电路板，电子设备中的电子元件都是镶在大小各异的PCB上的。除了固定各种元件外，PCB的主要功能还有提供各种元件之间的电气连接。

4.2 电路设计步骤

4.2.1 电路原理图设计步骤

电路原理图实际上是指用导线将器件的引脚连接起来，组成的可以让人理解的示意图。设计电路原理图是设计印制电路板的第一步，也是很重要的一步。电路原理图的好坏将直接影响到后面的工作。首先，电路原理图的正确性是最基本的要求，因为在错误的基础上所进行的工作是没有意义的；其次，电路原理图应该布局合理，这样不仅可以尽量避免错误，也便于读图、查找。电路原理图的设计一般包括如下步骤。

(1) 起动电路原理图设计服务器，设置原理图设计环境。

(2) 载入所需的元件库，设置元件属性并放置元件。

(3) 进行电路原理图布线。

(4) 进行电气规则检查并生成网络表。

4.2.2 印制电路板设计步骤

设计印制电路板是进行电子产品设计工作的一个重要步骤，其质量将直接影响到成品的质量与稳定性。因此，在整个设计工作过程中，印制电路板的设计工作是一个不容忽视的环节。

(1) 规划电路板图。

(2) 载入元件封装库及网络表。

(3) 进行元件布局。

(4) 自动布线。

(5) 保存与输出文件。

4.3 PCB 制作过程

以单管放大电路的设计来说明 Protel 99 SE 在电路设计中的应用。

4.3.1 单管放大电路原理图设计

1. 起动电路原理图设计服务器，设置原理图设计环境

(1) 新建数据库文件。如图 4-1 所示，执行菜单命令 File→New，建立一个新的设计数据库，命名为 MyDesign. ddb。

(2) 所有新建的文件一般放置在主文件夹 Document 中，如图 4-2 所示，双击该文件夹，建立 SCH 文件。

(3) 设置原理图环境参数。执行菜单命令 Design→Options 和 Tools→Preferences，在打开的 Preferences 对话框中，设置图纸大小为 A4，选择捕捉栅格、电气栅格等，如图 4-3 所示。网格的设置主要在 Preferences 对话框中进行。

2. 载入所需的元件库，设置元件属性并放置元件

(1) 载入元件库。在设计文件管理器中单击 Browse Sch 标签，在 Browse 选项区

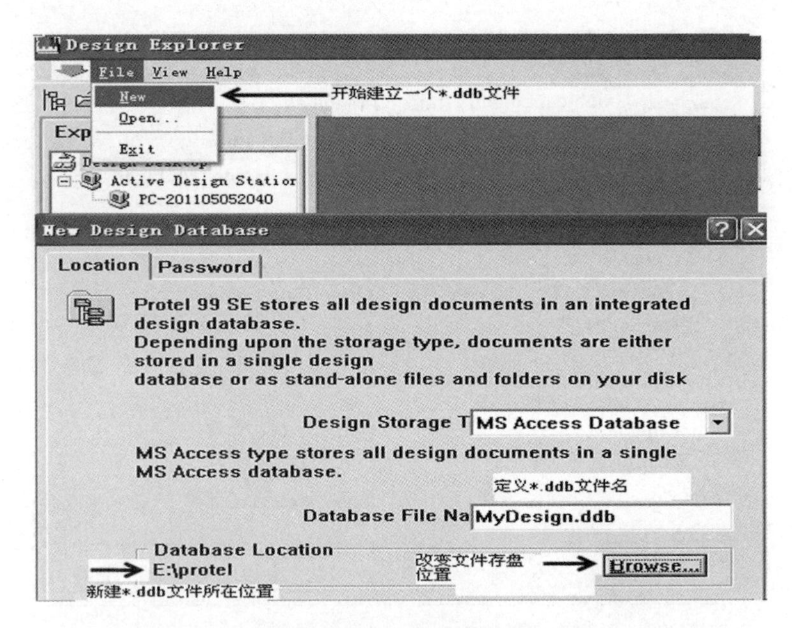

图 4-1 创建一个数据库文件

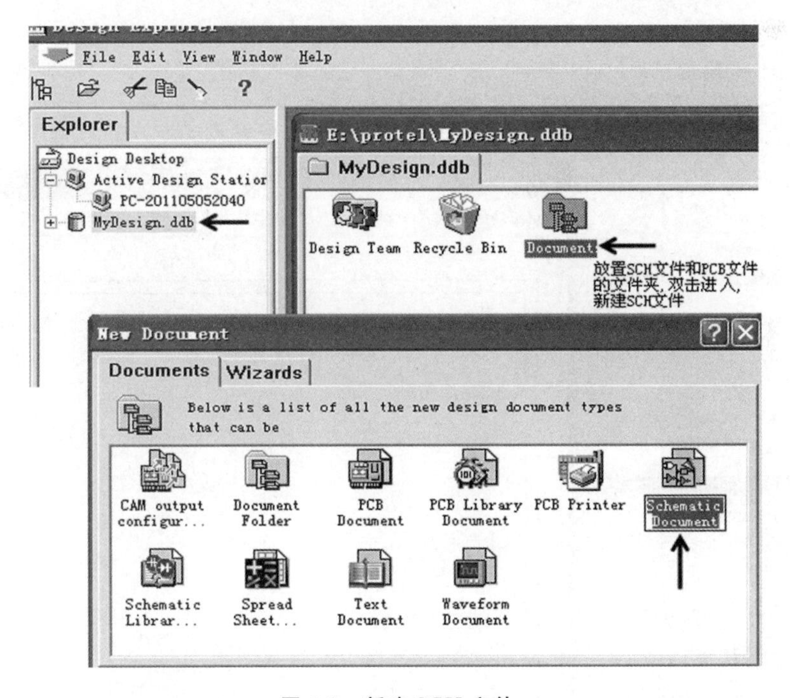

图 4-2 新建 SCH 文件

域的下拉列表框中选择 Libraries，然后单击 Add/Remove 按钮（见图 4-4），在弹出的 Change Library File List 对话框中寻找 Protel 99 SE 子目录，在该目录中选择 Library\Sch 路径，在元件库列表中选择所需的元件库。

（2）设置元件属性。欲将元件放至工作区域时，可选中元件名进行拖曳；也可以双击元件名，然后在工作区域单击鼠标左键进行放置。当元件处于浮动状态时，按 Tab 键；或当元件已放置时，双击元件，弹出元件属性设置对话框，如图 4-5 所示。

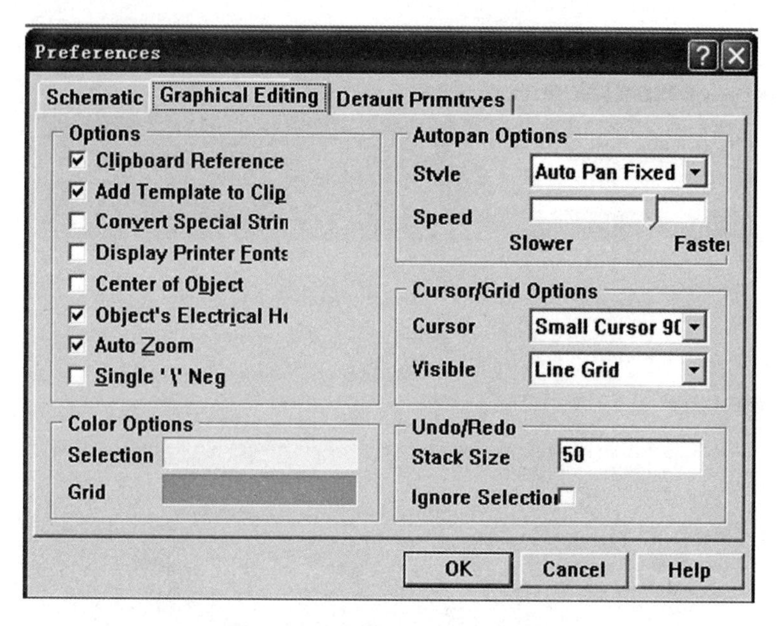

图 4-3 设置电路原理图环境参数

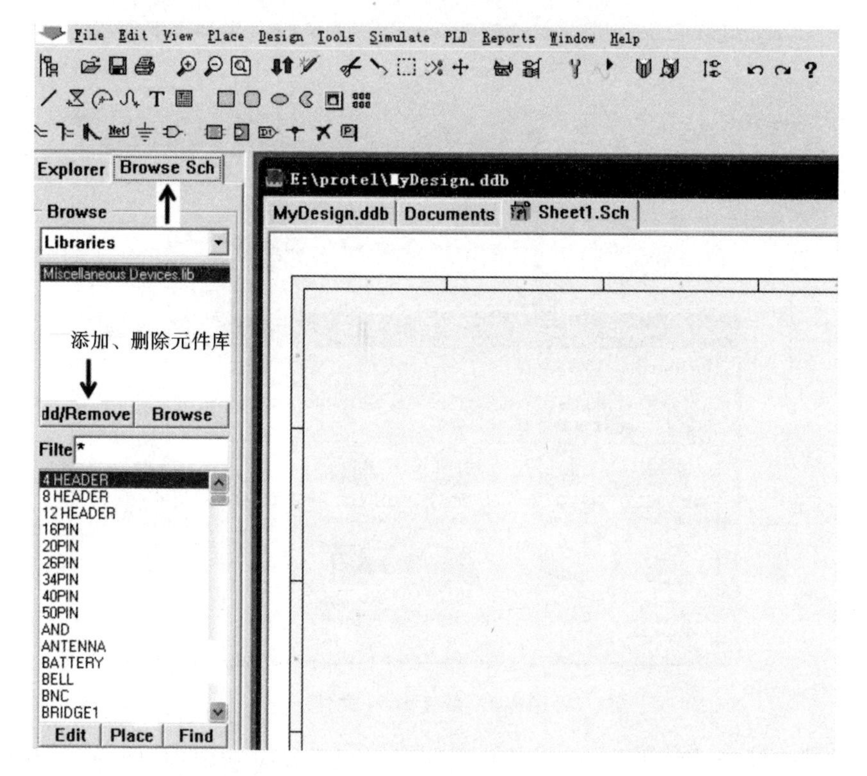

图 4-4 加载元件库

下面简要说明元件属性设置对话框。

Attributes 选项卡(或称页面):主要用来确定元件的电气属性。

Lib Ref:设置元件在元件库中的名称。

Footprint:设置元件的封装形式。

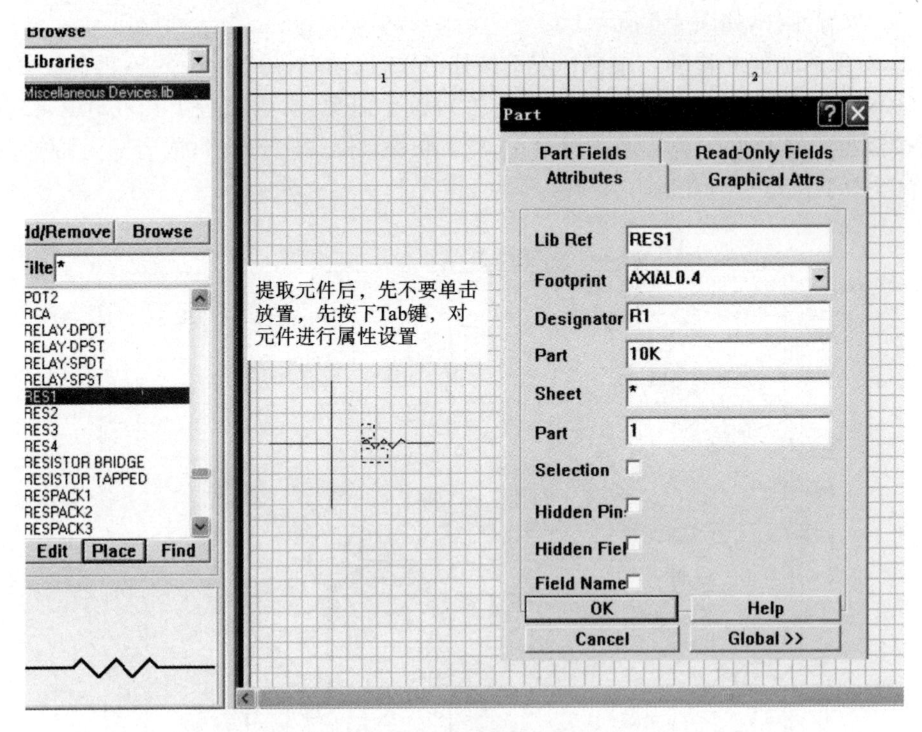

图 4-5　元件属性设置

Designator：设置元件的编号，以便在电路原理图中显示。

Part：设置元件显示名称，以便在电路原理图中显示。

Sheet：设置元件的内部电路文件的名称。

Part：设置元件的单元号，此选项是对有多个单元的集成电路设置的。

Selection 复选框：确定元件是否处于选中状态。

Hidden Pins 复选框：确定是否显示隐藏引脚。

Hidden Fields 复选框：确定是否显示标注区域的内容。

常用元件封装信息如表 4-1 所示。

表 4-1　常用元件封装信息表

元　　件	封　　装
电阻	AXIAL0.3～AXIAL0.7(AXIAL0.4)
无极性电容	RAD0.1～ RAD0.4(RAD0.1)
电解电容	RB.1/.2，RB.2/.4，RB.3/.6(RB.1/.2)
电位器	VR1～VR5
二极管	DIODE0.4，DIODE0.7
发光二极管	RB.1/.2
三极管	TO-3，TO-220，TO-66，TO-5(TO-220)
石英晶体振荡器	XTAL1
集成元件	DIP-8(后面数字表示元件的引脚数)

(3)放置元件,如图 4-6 所示。

① 对象的选择和移动。用鼠标左键按住对象,拖动鼠标到指定位置,再释放鼠标。

② 对象的删除。单个对象:单击鼠标左键选中对象,然后执行 Edit→Delete,或者直接按键盘上的 Delete 键。多个对象:选择 Edit→Clear 进行删除,或者通过按键盘上的 Ctrl+Delete 键进行删除。

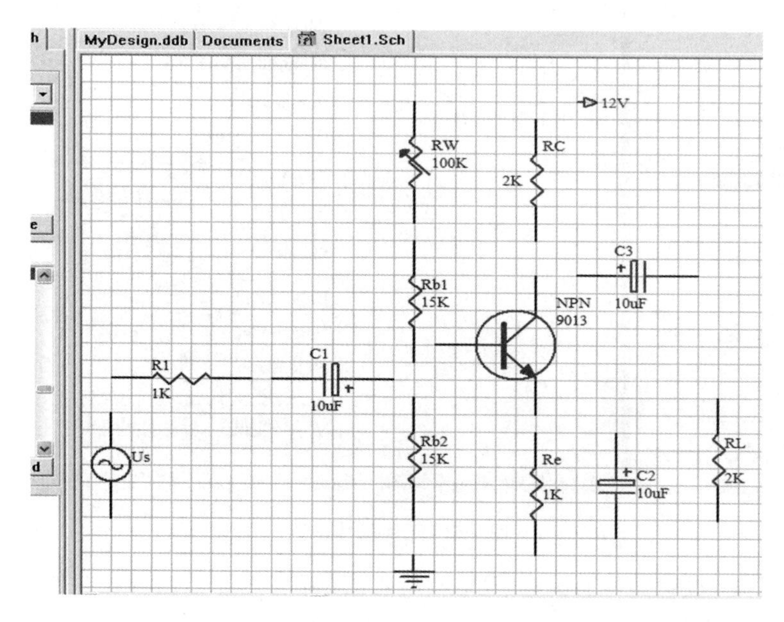

图 4-6 放置元件

3. 进行电路原理图布线

对于分立元件或非平行的单个导线用 Place→Wire 菜单命令来进行绘制;对于多条并行导线,可以用总线、总线分支、网络标号来实现元件引脚之间的电气连接,也可以只用网络标号表示元件引脚之间的电气连接关系。连接完导线后的电路原理图如图 4-7 所示。

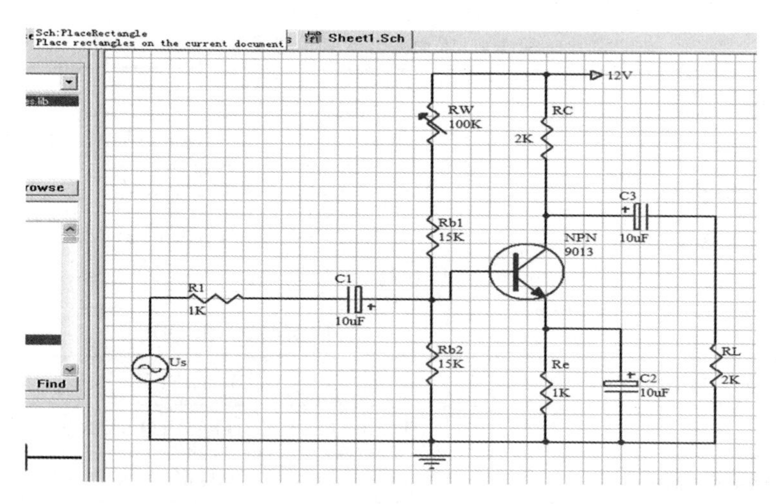

图 4-7 完整的原理图

绘制电路原理图常用的技巧如下。

(1) 显示SCH图纸中的所有有效零件:单击View→Fit All Objects。

(2) 旋转元件:用鼠标左键按住元件然后敲击键盘上的空格键。

(3) Page Up:放大绘图区域。

(4) Page Down:缩小绘图区域。

(5) Home:图样从光标处的位置移位到工作区中心位置显示。

(6) End:对绘图区域的图样进行更新,恢复正常的显示状态。

4. 进行电气规则检查并生成网络表

1) 进行电气规则检查

使用Protel 99 SE的电气规则,即执行菜单命令Tools→ERC,对画好的电路原理图进行电气规则检查(ERC)。若有错误,请根据错误情况进行改正。

2) 生成网络表

网络表是电路板自动布线的灵魂,也是电路原理图和印制电路板之间的接口。在原理图界面执行菜单命令Design→Create Netlist,可以生成具有元件名、元件封装、参数及元件之间连接关系的网络表,生成与电路原理图文件同名的网络表文件。工作窗口和设计管理窗口也将自动切换到文本文件编辑器工作窗口和文本浏览器工作窗口,生成的网络表也将显示在当前的工作窗口中。

经过以上步骤,初步完成了单管放大电路原理图的设计工作。

4.3.2 单管放大电路印制电路板设计

1. 规划电路板图

起动印制电路板设计服务器,执行菜单命令File→New,从打开的New Document对话框中单击Wizards选项卡,如图4-8所示。

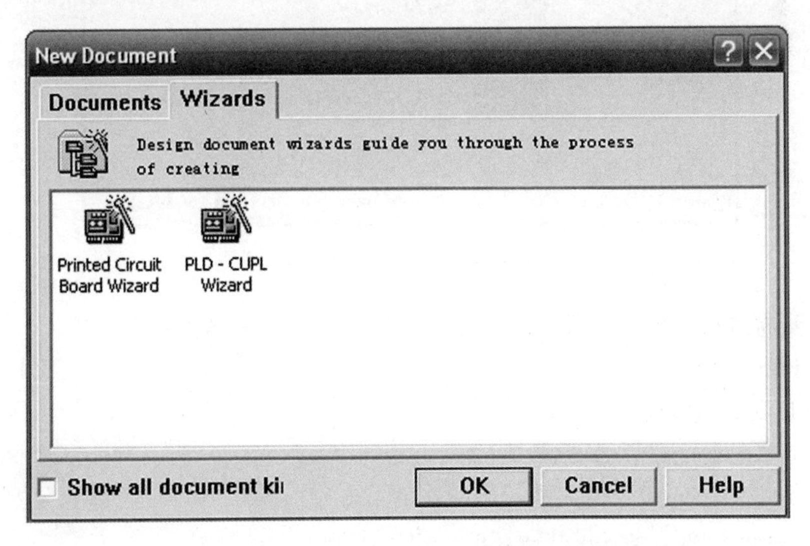

图4-8 New Document **对话框**

双击对话框中的Printed Circuit Board Wizard,再单击OK按钮,进入PCB文件创建向导的第一步。

在弹出的对话框中,单击 Next 按钮进入向导的下一步,如图 4-9 所示。

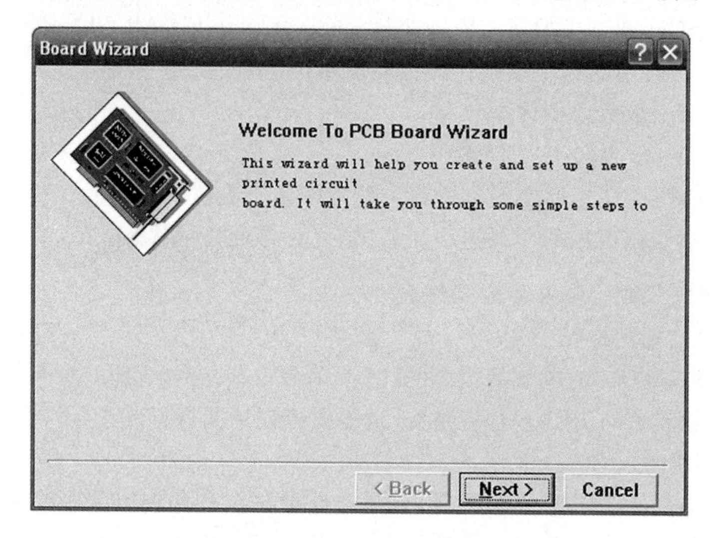

图 4-9　建立 PCB 文件

这时会弹出如图 4-10 所示的板式选择对话框,在其中选择一个适合需要的类型,本例中选择 Custom Made Board,单击 Next 按钮。

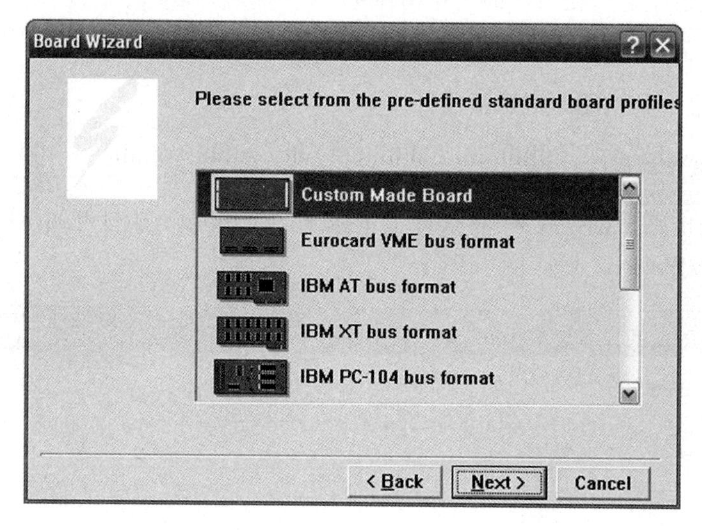

图 4-10　板式选择对话框

下一步将进行电路板参数的设置,如图 4-11 所示,具体说明如下。

Rectangu:设置矩形板。

Circul:设置圆形板。

Custo:自定义电路板的形状。

Boundary Layer:设置电路板边界所在的工作层面。

Dimension Layer:设置尺寸所在的工作层面。

Track Width:设置导线或布线的宽度。

Dimension Line Width :设置尺寸线的宽度。

Keep Out Distance From Board:设置禁止布线层中的电气边界距离电路板边缘的

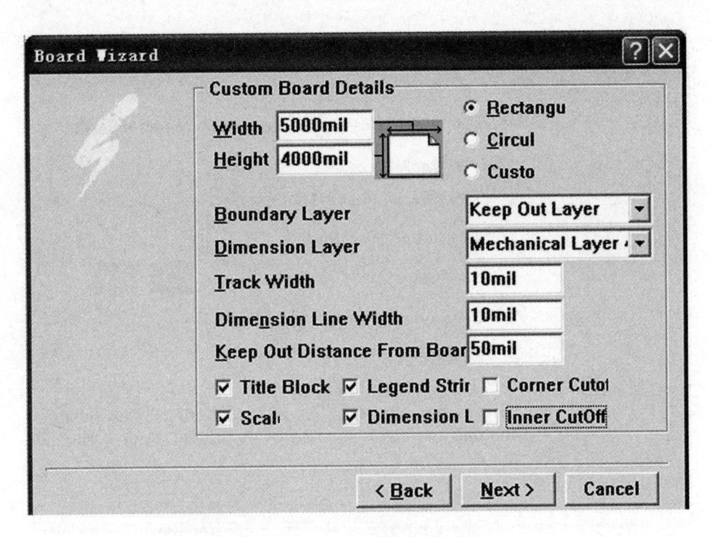

图 4-11 设置电路板参数

长度。

设置完毕后的参数如图 4-11 所示，选择矩形板，并且不做切角和中心切除，单击 Next 按钮，进入向导的下一步。

这时会弹出电路板图轮廓线设置对话框，在对话框中，只要将鼠标指向某个尺寸，就会出现输入栏，可以在其中输入电路板图的尺寸，重新定义电路板的大小，如图4-12 所示，设置好后单击 Next 按钮，进入向导的下一步。

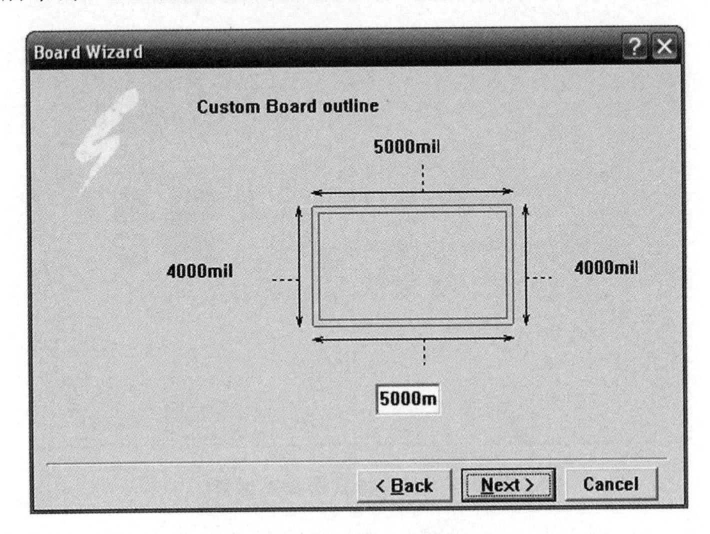

图 4-12 设置电路板图尺寸

接下来在信号设定对话框中设置信号层的数目与方式，如图 4-13 所示。在这个对话框中，可以选择的信号层数有以下几种。

Two Layer-Plated Through Hole：带穿透孔镀锡的两个信号层。

Two Layer-Non Plated：带穿透孔不镀锡的两个信号层。

Four Layer：4 个信号层。

下面的依此类推。当选择 Two Layer-Plated Through Hole、Four Layer 或 Six Layer 时，在图 4-13 所示的对话框下方将出现 Power/Ground planes（电源/接地层）数

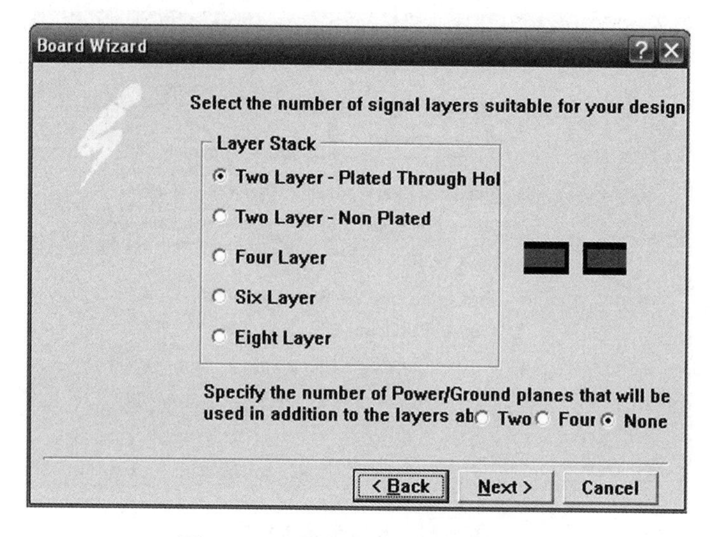

图 4-13　设置信号层的数目与方式

目指定项，这里所创建的是普通的双面板，所以不特别指定电源/接地层。

单击 Next 按钮，进入 Via(过孔)形式选择对话框，如图 4-14 所示。在这个对话框中，可以选择的过孔形式有 Thruhole Vias only(穿透式过孔)和 Blind and Buried Vias on(半盲孔和盲孔)两种。

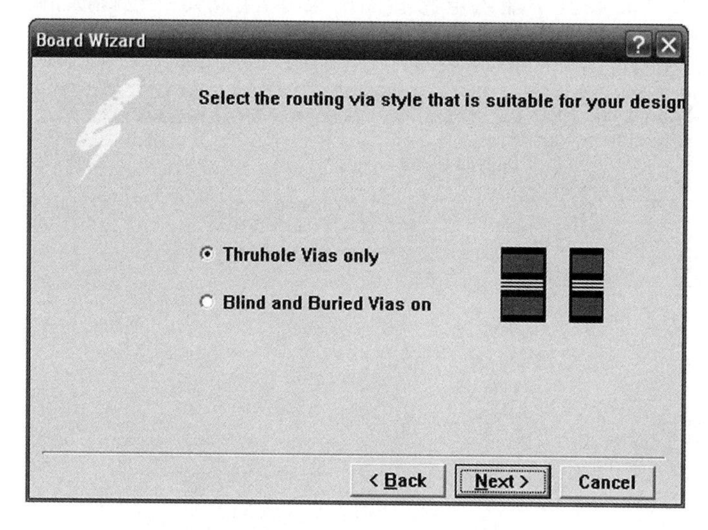

图 4-14　过孔形式选择对话框

选择穿透式过孔，并单击 Next 按钮，进入安装元件的类型和相关走线方式的指定对话框，如图 4-15 所示。

设定电路板图上的大多数元件是传统的穿插式元件，选中后，在对话框的下方有一个设定项目——相邻焊盘之间的走线数目。选择电路板上的安装元件为穿插式元件，并设定相邻焊盘间允许通过一条导线，单击 Next 按钮，进行布线参数的设置，如图4-16 所示。

在这个对话框中，可以对最小导线宽度、过孔最小外径和过孔最小内径，以及导线之间最小安全距离进行设定。设定完毕后，单击 Next 按钮，这时会弹出一个对话框，询

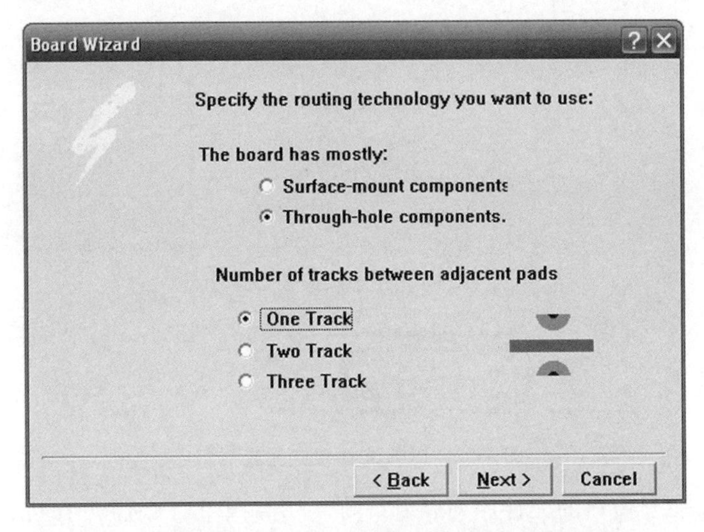

图 4-15 安装元件的类型和相关走线方式的指定对话框

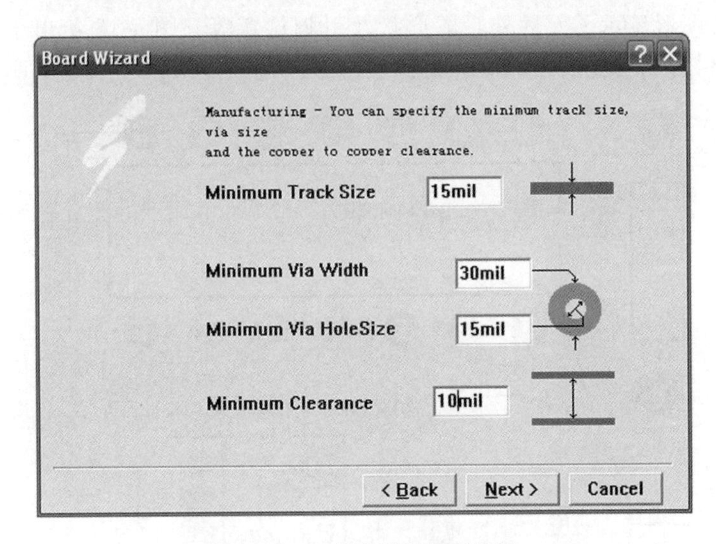

图 4-16 布线参数设置对话框

问是否将前面所设置的电路板文件作为一个模板文件保存起来。这里我们不将它作为模板文件进行保存，再单击 Next 按钮，进入创建向导的最后一步，在弹出的对话框中单击 Finish 按钮，完成一个新的 PCB 文件的创建，如图 4-17 所示。

创建完毕后，需要为这个 PCB 文件重新进行命名并将其保存。

2. 载入元件封装库及网络表

1）载入元件封装库

执行菜单命令 Design→Add→Remove Library，在添加/删除元件库对话框中选取所有元件所对应的元件封装库，如 PCB Footprint、Transistor、General IC、International Rectifiers。PCB 99 元件封装库存放在 Design Explorer 99、Library、PCB 文件夹内三个不同的子目录内，其中 Generic Footprints 文件夹中存放通用元件封装图，Connectors 文件夹中存放连接类元件封装图，IPC Footprints 文件夹中存放元件 IPC 封装图。

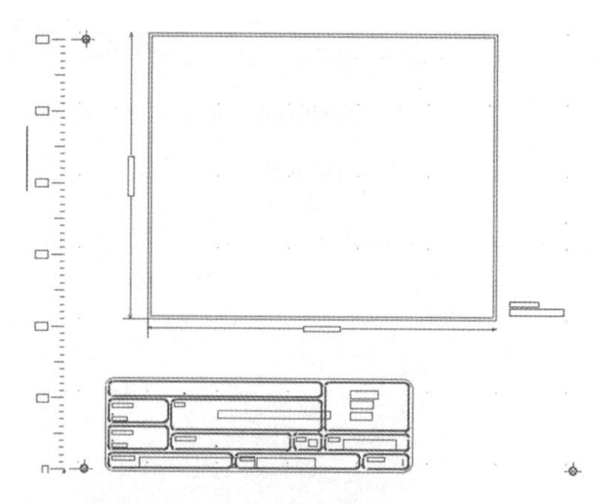

图 4-17 PCB 文件建立完成框图

在 PCB 编辑器窗口的元件库列表窗口内，找出并单击 PCB Footprints. lib，将它作为当前元件封装库，库内的元件封装图形即显示在 Components(元件列表)窗口内。

元件封装图形显示了元件外轮廓形状及引脚位置等。图 4-18 给出了电阻、电容、三极管和 14 引脚双列直插式 DIP14 的封装图形。

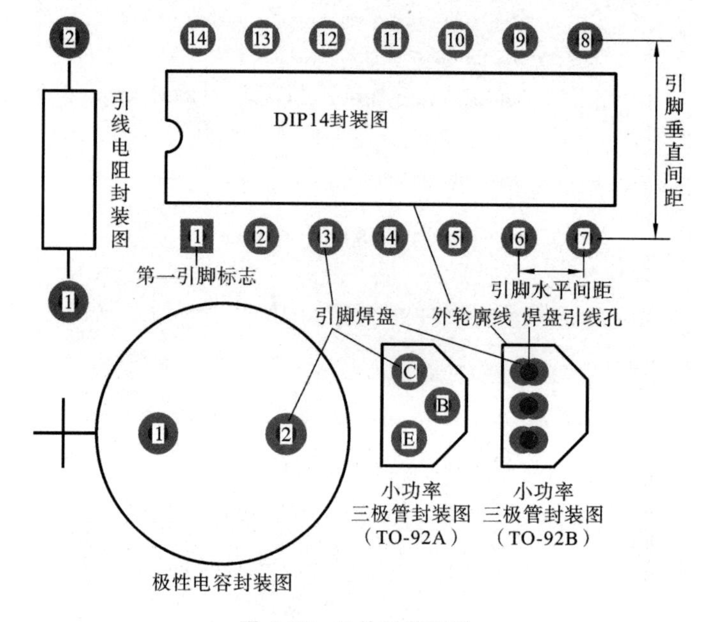

图 4-18 元件封装图形

2) 载入网络表

网络表的载入是 PCB 工作开始的重要环节，也是 PCB 布线的灵魂所在。网络表是由原理图设计切换到 PCB 图设计的纽带。在网络表中，最重要的内容是元件封装，即元件外形和引脚排列方式的确定，只有载入正确的网络表格式，PCB 图设计才能开始布局和布线。方法如下。

执行菜单命令 Design→Netlist，在打开的管理器中单击 Browse 按钮，再在弹出的调入网络对话框中选择设计电路原理图时生成的网络表文件(如 1111. NET)，从表中可以查看错误，如果没有错误，单击 Execute 按钮，如图 4-19 所示。

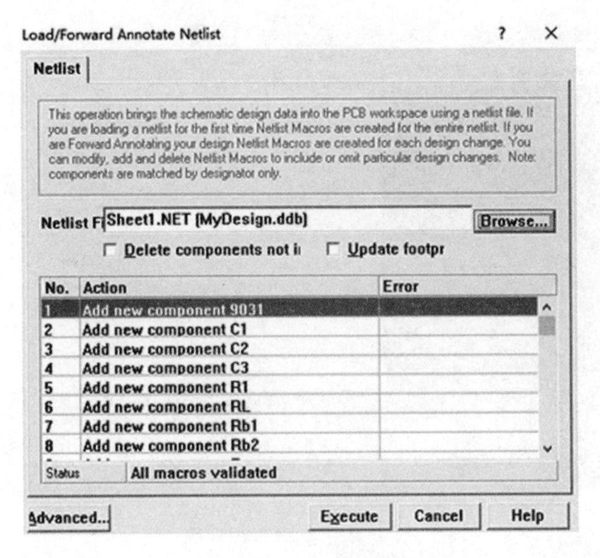

图 4-19　装入网络表

3. 进行元件布局

载入网络表后，系统自动载入电路原理图中指定的元件封装，Protel 99 SE 提供了元件布局工具。一般来说，自动布局的效果是不理想的，需要手动调整每个元件的位置。元件布局是否合理，将直接影响自动布线的成败。因此，元件布局是印制电路板设计过程中需要仔细斟酌的过程。元件布局图如图 4-20 所示。

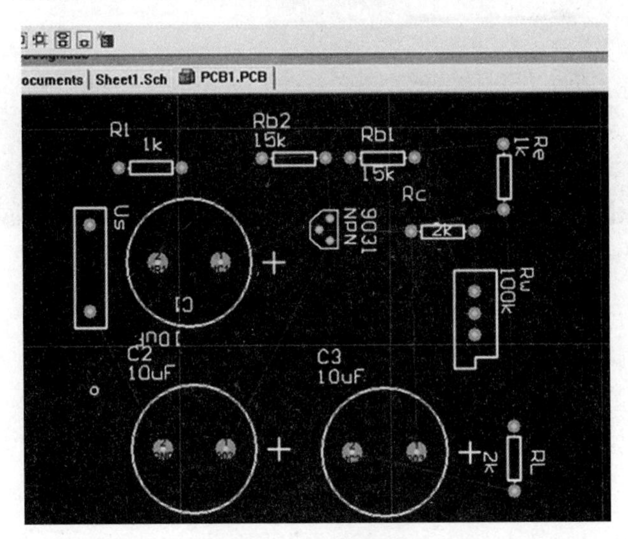

图 4-20　元件布局图

4. 自动布线

执行菜单命令 Auto Routing→All，并在打开的自动布线设置对话框中单击 Route All 按钮，如图 4-21 所示，程序即对印制电路板进行自动布线。只要设置好有关参数，元件布局合理，自动布线的成功率几乎是 100%。布线完成框图如图 4-22 所示。

5. 保存与输出文件

完成布线后，保存完成的电路布线图文件，然后利用各种图形输出设备，如打印机

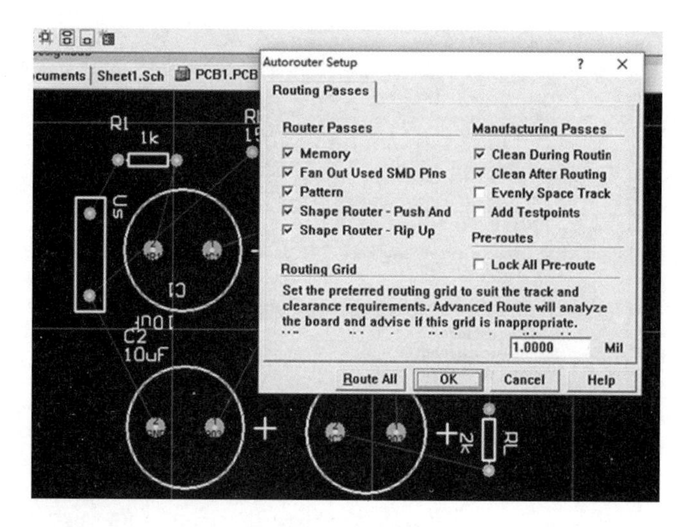

图 4-21 自动布线框图

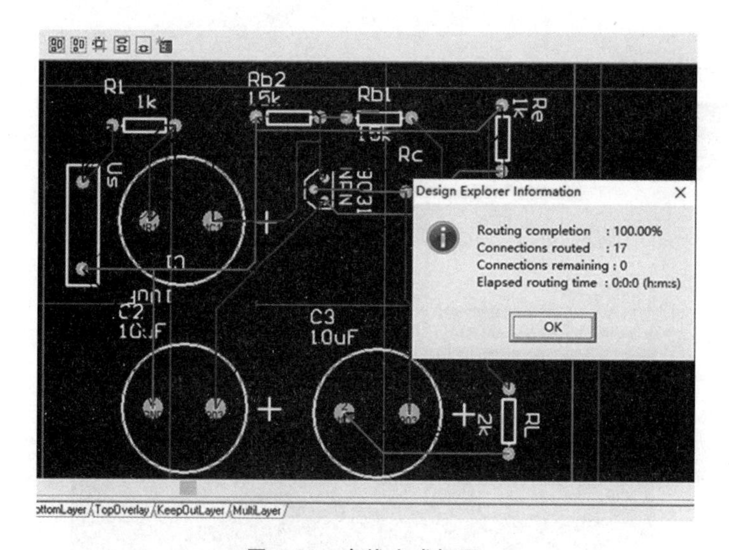

图 4-22 布线完成框图

或绘图仪输出电路板的布线图。

4.4 功率放大器 PCB 的制作实习

4.4.1 实习目的

(1) 了解 Protel 99 SE 的基本功能。

(2) 能够用 Protel 99 SE 进行简单的原理图设计。

(3) 能够用 Protel 99 SE 进行简单的印制电路板设计。

4.4.2 预备知识

(1) 了解 Protel 99 SE 的起动方式、绘图环境、各个功能模块。

(2) 掌握电路原理图设计、PCB 设计的流程。

(3) 掌握载入元件库的方法,学会放置、编辑和调整元件,并能绘制简单的电路原理图和电路板图。

4.4.3 实习设备与元器件

PC、Protel 99 SE 软件。

4.4.4 实习内容

(1) 绘制单声道功放电路原理图,如图 4-23 所示。

(2) 制作元件 TDA2003 的封装文件。

(3) 将所画电路原理图做成印制电路板。

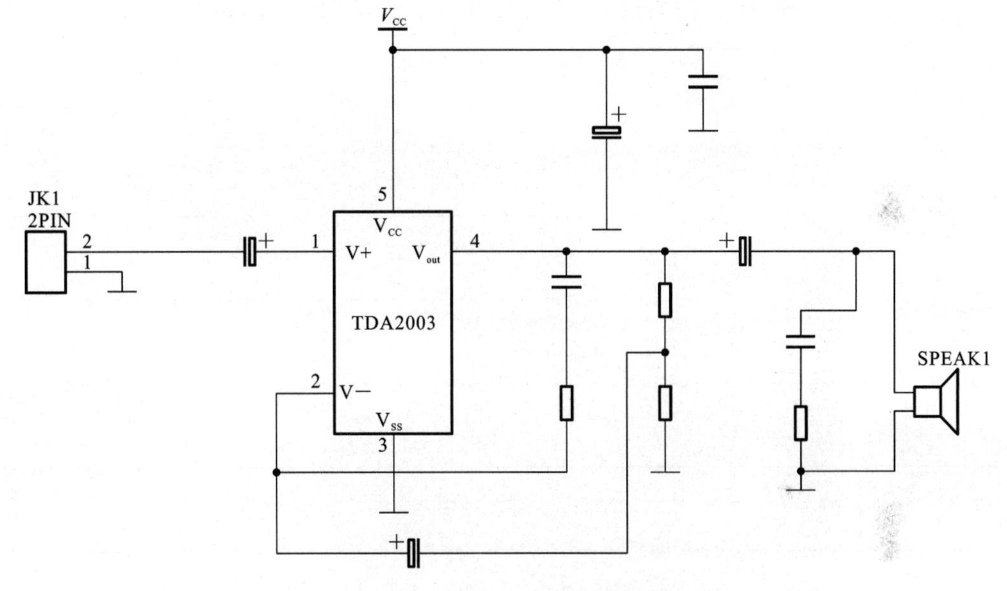

图 4-23 单声道功放电路原理图

4.4.5 思考题

(1) 进行 TDA2003 封装设计时,其引脚方向对整个电路连接有何影响?

(2) 单声道功放电路 PCB 设计过程中,如何有效布线以减少干扰,保证音响效果?

4.4.6 实习报告

5

实用电子电路的制作

5.1 手工锡焊技术

电子产品的质量取决于原理电路设计情况、元件质量和锡焊的工艺水平。在电子产品制作中，锡焊工艺是非常重要的。锡焊分浸焊、波峰焊接和回流焊接三种，而手工烙铁锡焊是锡焊技术的基础。

5.1.1 锡焊的特点和机理

采用锡铅焊料进行焊接的过程称为锡铅焊，简称锡焊。其机理是：在锡焊热的作用下，焊脚与铜箔不熔化，焊锡熔化并浸润焊面，在焊脚与铜箔之间形成合金结合层，这个过程为物理化学作用过程。

5.1.2 锡焊条件

（1）焊件的可焊性：金属表面被焊料熔融润湿的特性称为可焊性，只有能被焊锡浸润的金属才具有可焊性。

（2）焊脚表面必须保持清洁：为了使焊锡和焊脚达到原子间相互作用的目的，应清除焊脚表面的任何污垢、杂质。

（3）合适的助焊剂：助焊剂（松香）的作用是除去氧化膜和防止氧化。助焊剂在熔化后，漂浮在焊件表面上形成隔离层，因而可防止锡焊点表面层的氧化。

（4）合适的焊料：焊料是易熔金属，它的熔点低于被焊金属。焊料分为锡铅焊料、银焊料、铜焊料。电子产品主要使用锡铅焊料，也称为焊锡。常用的焊料是带焊剂芯的焊锡丝。它的腔体内充有焊剂。焊剂在常温下是固态的，但当焊锡丝熔化时，焊剂以液态形式流出，起到清洗氧化层的作用，并在锡焊点表面固化。

（5）适当的加热温度：只有在足够的温度下，焊料才能充分浸润，并充分扩散形成合金结合层，但温度不宜过高。

（6）适当的焊接时间：焊接时间过长易损坏焊接部位及元件性能，过短易出现虚焊。

5.1.3 锡焊工具

1. 电烙铁的结构

电烙铁是进行电子制作不可缺少的工具之一，它有外热式和内热式两种，内热式电烙铁外形如图5-1所示。在电子制作中选择20～40 W的内热式电烙铁比较合适。

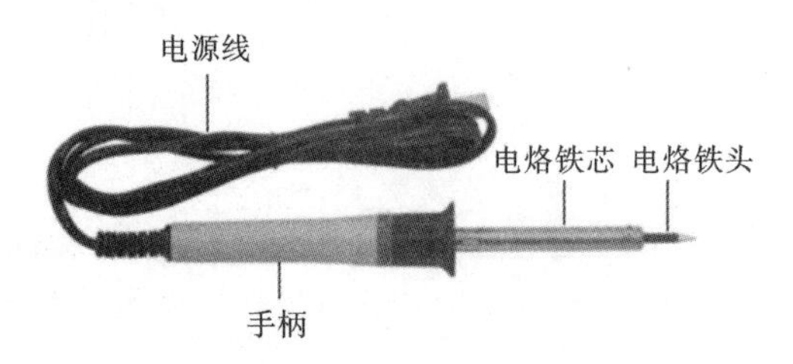

图5-1 内热式电烙铁外形图

2. 电烙铁的使用方法

电烙铁的功率大小应根据焊件的要求进行选择。焊接面积大时，所需热量也大，选用的电烙铁的功率也要大一些。焊接印制电路板使用20～45 W的电烙铁已经足够。

使用电烙铁要注意安全。使用前要检查电烙铁是否漏电，插头与外壳之间的电阻大于5 MΩ才可以使用。检查电烙铁的电源连接线是否因破皮而露出铜线，若露出铜线，则要用绝缘胶布对其进行包裹。使用时要防止电烙铁头接触到电源连接线。

在加热使用新电烙铁前，要先轻轻锉刮干净电烙铁头，然后接通电源。在温度渐渐上升的过程中，先在电烙铁头涂上少许助焊剂，待加热到焊锡的熔点时，用电烙铁蘸取少许焊锡，电烙铁头会很容易地沾附上一层光亮的焊锡，此时便可使用电烙铁。电烙铁经长期使用后，电烙铁头将逐渐被氧化，氧化部分就沾不上锡。当电烙铁头完全被氧化(烧死)时，可用锉刀将电烙铁头表面氧化物锉去，然后像使用新电烙铁一样重新为其涂上助焊剂，上焊锡后即可使用。为了延长电烙铁头的寿命，每次使用完电烙铁后，应用小刀将电烙铁头上的残渣刮干净，使电烙铁头上有一层薄焊锡。

5.1.4 手工锡焊方法

1. 锡焊前的准备工作

首先用砂纸或小刀将焊脚表面的氧化物及污垢清理干净，使焊脚露出金色光泽，再用烧热的电烙铁为处理好的焊脚涂上焊锡，为下一步焊接做准备。如果焊脚是新的，则可以省去这一步。

2. 手工锡焊步骤

手工锡焊一般分五步，操作示意图如图5-2所示。

(1) 准备。电烙铁烧热后，一手拿电烙铁，一手拿焊锡丝，处于可焊状态。

(2) 加热锡焊点。将电烙铁头置于焊脚与焊盘形成的直角处，使锡焊点升温，时间不宜过长。

(3) 送入焊锡丝。当锡焊点上升到适当温度时，及时将焊锡丝放置在电烙铁头与焊脚接触处，焊锡丝会浸润焊盘和焊脚。

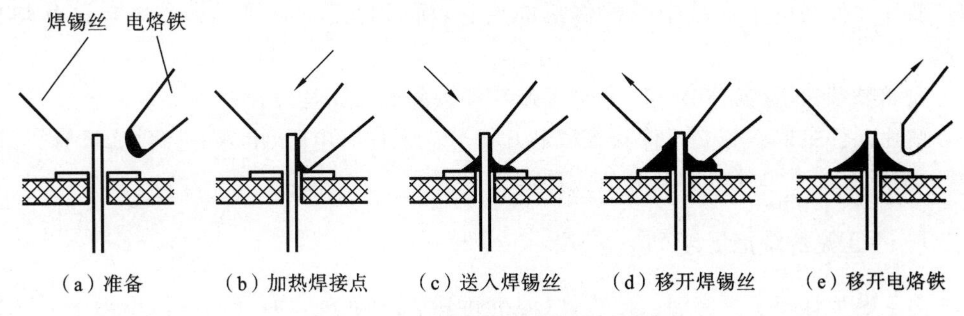

图 5-2 手工锡焊五步操作示意图

(4) 移开焊锡丝。在焊盘和焊脚上浸润了适量焊锡后,应迅速移开焊锡丝。

(5) 移开电烙铁。当焊点上的焊锡已光亮圆满时,应迅速移开电烙铁,整个焊接时间为 3～5 s。

3. 锡焊点的技术要求

(1) 接触良好。锡焊点要通过一定的电流,要保证接触良好,以减小接触电阻。

(2) 有足够的机械强度。锡焊点要有足够的机械强度以防止焊脚松动而导致接触不良。影响锡焊点机械强度的因素有锡焊质量和焊料性能等。

(3) 外观整洁。质量良好的锡焊点,焊锡适当,锡焊点表面无裂纹,外表平整光滑,焊料与焊脚交界处过渡平滑,接触角小。合格锡焊点的外观如图 5-3 所示,图中 a 表示焊盘半径,h 表示锡焊点的高度,a 与 h 的关系为 $a=(1\sim1.2)h$。

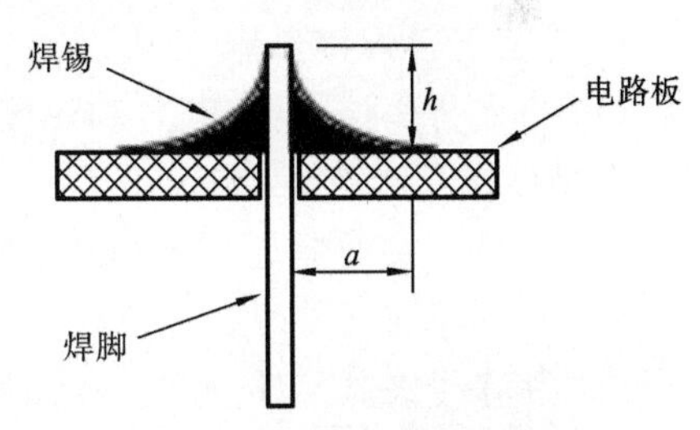

图 5-3 合格锡焊点的外观

(4) 不合格的锡焊点类型有多种,最典型的有虚焊、假焊、存在气泡、内疏松等,外观如图 5-4 所示。虚焊从外表上看,焊脚与焊锡间有细小的间隙,焊脚易松动;假焊从外表上看没有明显的特征,但锡焊点内部有空缺,焊脚不牢固。气泡和内疏松从外表上可看出,前者的锡焊点有裂缝,后者的锡焊点呈不规则的片状。造成虚焊、假焊、存在气泡、内疏松等的主要原因有焊脚表面或焊盘不够干净、加热焊锡的温度不够、焊接方法不当等。

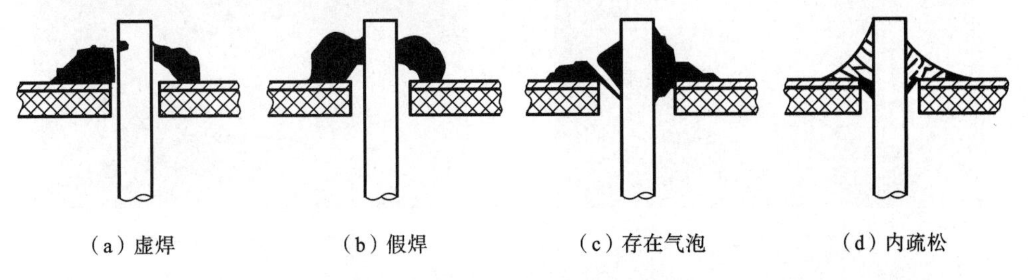

图 5-4 几种不合格的锡焊点类型

5.2 表面贴装技术

随着科技的发展,电子产品微型化要求电子元件微型化,因此逐渐出现了贴片元件。贴片元件在电子产品中的比例不断增长,所以我们有必要了解和掌握贴片焊接技术。

表面贴装技术,简称SMT,有手工贴片焊接和机器贴片焊接两种形式。

贴片元件主要有分立元件和集成芯片。分立元件有电阻、电容、电感、二极管、三极管等;集成芯片有单片机和运算放大器等。

5.2.1 手工贴片焊接工艺

手工贴片焊接工具有温控电烙铁(温度可达350 ℃)、剪刀、斜口钳、小镊子、焊锡、松香焊膏及焊膏笔(备用)、湿焊接海绵、细砂纸、去焊丝、清洗用酒精及刷子、放大镜等。电烙铁最好是斜口的扁平电烙铁,若有防静电要求,则应在焊台上进行操作。

电子元件的焊接顺序如下:

(1) 电阻、电容、二极管等两引脚贴片元件,由小到大,由低到高;

(2) 晶体管、集成电路等多引脚的贴片元件,由小到大,由低到高;

(3) 蜂鸣器、电解电容等其他通孔直插元件,由小到大,由低到高;

(4) 单排插针等接插件,可不分次序,便于焊接即可。

对于分立元件可采用点焊方式焊接,对于集成芯片可采用拖焊方式焊接。

1. 分立元件焊接步骤

(1) 准备好焊接工具、PCB和焊接元件。电烙铁头、焊盘、元件必须清洁光亮,必要时可借助砂纸及锉刀。

(2) 在待焊接的焊盘上熔上很少量的焊锡,如图5-5所示。

(3) 用镊子将元件焊脚定位到PCB的2个焊盘上。

(4) 用镊子夹紧元件,用电烙铁加热上了锡的焊盘,焊锡熔化,将元件推到焊盘上,移开电烙铁,将元件一端固定,如图5-6所示。

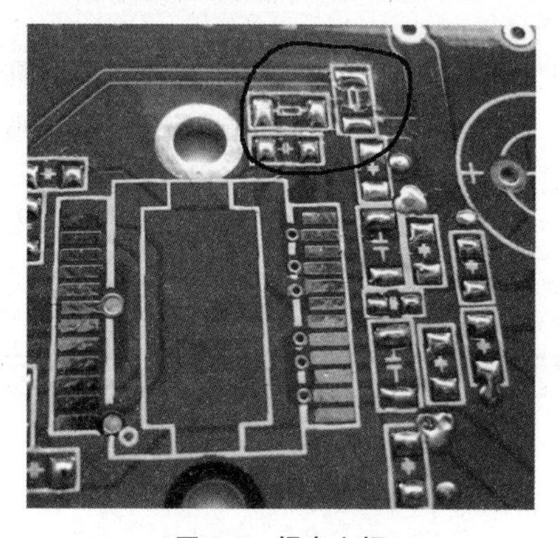

图5-5 焊盘上锡

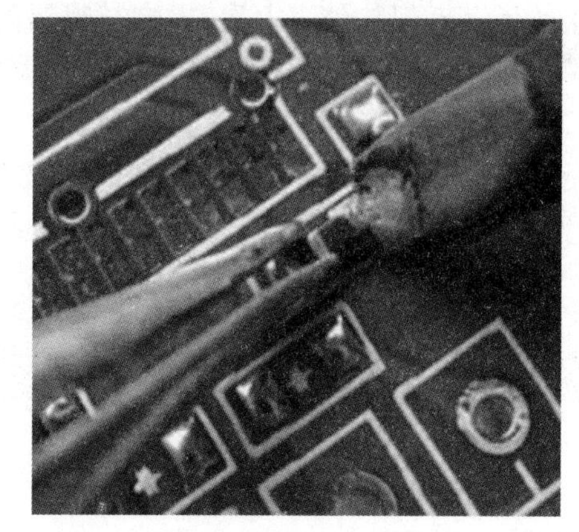

图5-6 焊接一个引脚

(5) 电烙铁触及另一个焊盘和元件引脚,加锡,焊好。

(6) 检查焊接结果:若焊锡太多,用去锡丝清除一点;若焊锡太少;则加一点焊锡。

2. 集成芯片焊接步骤

(1) 准备好焊接工具、PCB和焊接元件。

(2) 在PCB上容易焊接的一个焊盘上(如某个角)点上少许焊锡。

（3）将待焊接芯片按方向和位置准确放置在PCB上，如图5-7所示。

（4）用电烙铁加热已点锡的焊盘和焊脚，焊好后移去电烙铁。

（5）再焊好芯片对角上的另一个引脚，使芯片固定。

（6）四周全部上好焊锡，准备拖焊，如图5-8所示。

图5-7　对位放置芯片

图5-8　四周上锡

（7）把PCB斜放45°，为电烙铁头点上松香，去掉电烙铁头上多余的焊锡。

（8）把沾有松香的电烙铁头放到芯片上锡部位，熔化焊锡，如图5-9所示。

（9）沿着芯片引脚的方向迅速拖动电烙铁，根据焊接情况，可能要重复一次。电烙铁移动轨迹如图5-10所示。

图5-9　熔化焊锡

图5-10　电烙铁移动轨迹

（10）仔细检测焊接结果，必要时可使用放大镜看是否有虚焊或存在短路。去掉多余的焊锡（必要时可用去锡丝），不够的地方再补点锡。最后用酒精清洗焊脚上的松香。

3. 贴片元件的拆焊

对于电路板上的贴片元件，一般使用热风枪进行拆焊。拆焊分立元件简单一些，拆焊集成芯片要复杂一些。

1）拆焊分立元件的步骤

（1）仔细观察欲拆焊的元件的位置，用小刷子将元件周围的杂质清理干净，加注少许松香水。

（2）调节热风枪温度至约270 ℃，风速调为1～2挡。

（3）距离元件2～3 cm，对元件进行均匀加热。

（4）待元件周围焊锡融化后用镊子将元件取下。

2) 拆焊集成芯片的步骤

(1) 仔细观察欲拆焊芯片的位置,并做好记录。用小刷子将芯片周围的杂质清理干净,在芯片周围加注少许松香水。

(2) 调节热风枪温度至 300~350 ℃,风速调为 2~3 挡。

(3) 使风枪喷头与芯片保持垂直,并沿芯片引脚慢速旋转,均匀加热,待芯片引脚焊锡全部熔化后,用医用针头或镊子将芯片掀起,且不可用力,以免损坏集成电路板的锡箔。

5.2.2 机器贴片焊接工艺

在电子信息产业快速发展的推动下,SMT 和生产线也得到了迅猛的发展,大规模批量电路板必须采用机器焊接,机器焊接电路速度快、精度高,与手工焊接原理一样,上锡、摆元件、加热,只不过机器的速度比手工的速度快多了,机器一秒钟可以摆好几个元件。机器贴片焊接工艺分为三步:上锡膏、贴装元件、回流焊接。

1. 上锡膏

上锡膏的作用是将锡膏漏印到 PCB 的焊盘上,为元件的放置、贴装做准备。所用设备为印刷机(锡膏印刷机),如图 5-11 所示,位于 SMT 生产线的最前端。

图 5-11 锡膏印刷机

在上锡膏之前,先准备一张薄薄的钢网,厚度为 0.1 mm 左右,上面有与电路板焊盘相对应的镂空的孔,如图 5-12 所示。把钢网盖在电路板上,对齐,这时焊盘就露出来了。钢网就是锡膏的模板。在钢网上来回刷锡膏,有孔的地方就涂上锡膏,没孔的地方就没有锡膏,这样锡膏就涂在了焊盘上,锡膏的厚度正好是钢网的厚度。把电路板拿下来,接下来贴装元件。

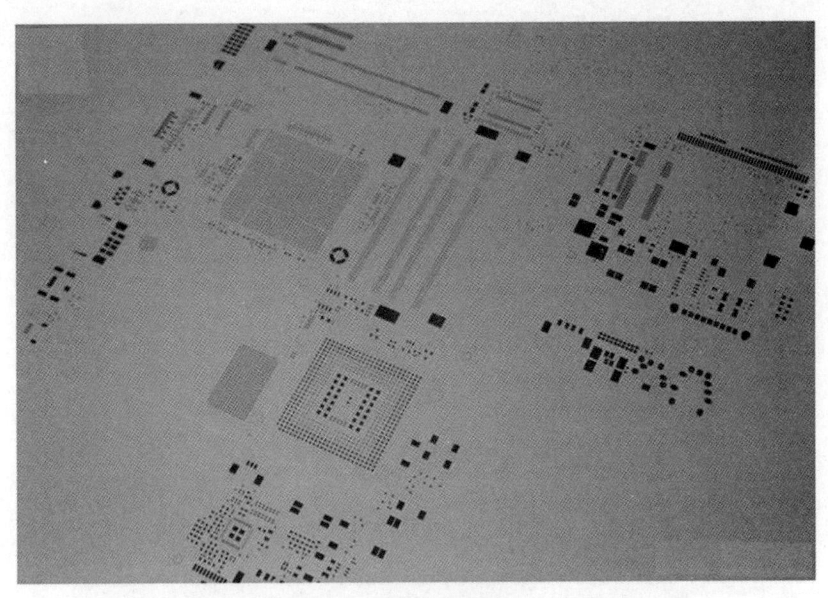

图 5-12　钢网(锡膏模版)

2. 贴装元件

完成贴装元件的设备是贴片机,如图 5-13 所示。

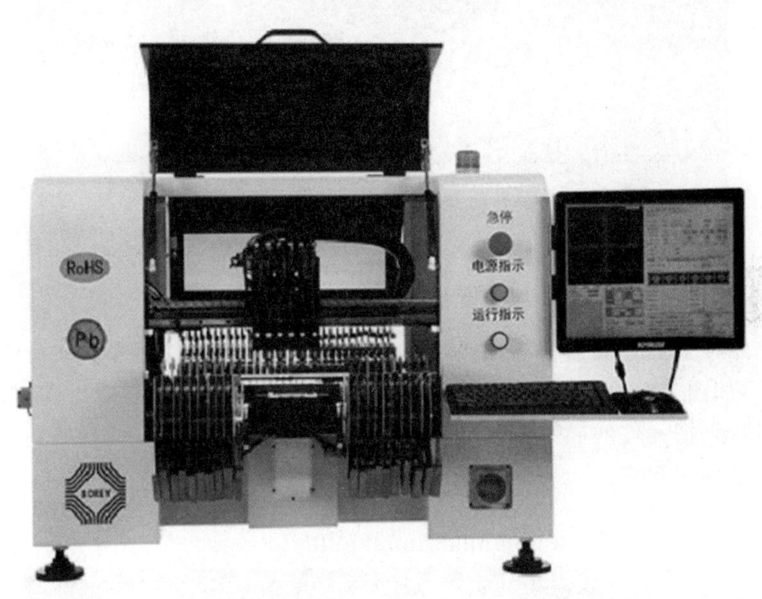

图 5-13　贴片机

利用电路板上锡膏的黏性,把元件贴装在电路板的表面。贴片机用机械手(见图 5-14)夹住元件并将其放在电路板上,完成贴装。

3. 回流焊接

完成回流焊接的设备是回流焊机,如图 5-15 所示。焊接电路板之前,还需人工检查(或由 AOI 机器检查)是否有元件贴歪了或贴错了,如果没有问题,就可以把电路板送入回流焊机进行焊接。回流焊机通过热风把电路板逐步加热,直至锡膏熔化,然后再逐步降温,整个过程一般会持续 8 min 左右。

图 5-14 贴片机机械手

图 5-15 回流焊机

对于电路板上插针式引脚的焊接,可以采取波峰焊接方式。完成波峰焊接的设备是波峰焊机,如图 5-16 所示。通过波峰焊机的喷头把熔化的焊锡喷出来,像小喷泉一样,形成波浪形,把元件的插针插入波峰中,就可以粘上焊锡,并在焊锡吸附力的作用下把焊盘和插针焊接起来。

图 5-16 波峰焊机

5.3　双声道功放电路板制作实习

5.3.1　实习目的

(1) 学习用万用表测量电阻、电容的方法。

(2) 了解电路原理图与印制电路板图的对应关系。

(3) 学习手工焊接工艺。

5.3.2　预备知识

(1) 了解手工焊接前的准备工作。

(2) 了解手工锡焊的工艺要求。

(3) 基本了解功放电路的工作原理。

5.3.3　实验设备与元器件

万用表、直流稳压电源、电烙铁、印制电路板、焊锡丝、松香、元件。

5.3.4　实习内容

功放电路由集成功放芯片 TDA2003、若干电阻器和电容器组成。双声道功放电路由两个相同的单声道功放电路组成，其电路原理图及元件参数如图 5-17 所示。

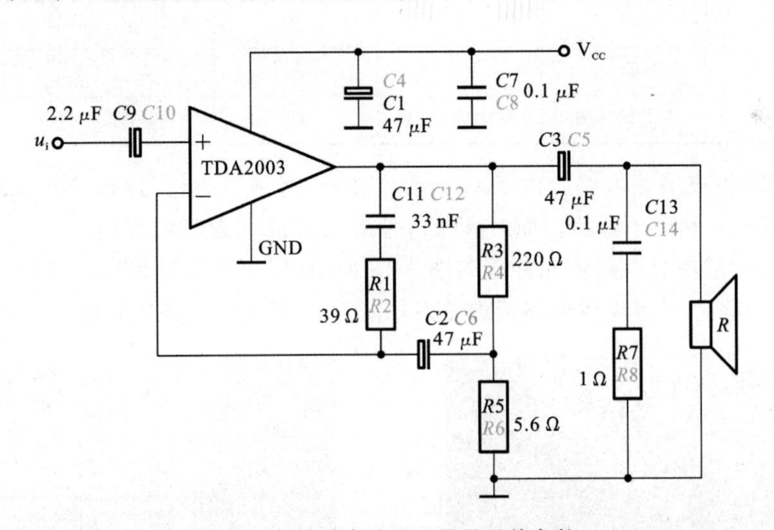

图 5-17　功放电路原理图及元件参数

双声道功放电路元件清单如下：集成功放 TDA2003 ×2；双排插座×2；电阻×8，其中，1 Ω×2，5.6 Ω×2，39 Ω×2，220 Ω×2；电容×14，其中，33 nF(333)×2，0.1 μF(104)×4，2.2 μF×2，47 μF×6。

集成功放芯片 TDA2003 外形图如图 5-18 所示。TDA2003 极限参数如表 5-1 所示，TDA2003 引脚功能定义如表 5-2 所示。

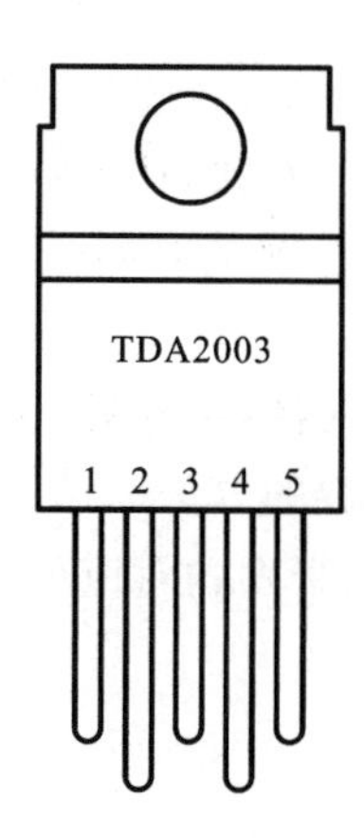

1——V+；2——V－；3——V_{ss}(GRD)；4——V_{out}；5——V_{cc}

图 5-18　TDA2003 外形图

表 5-1　TDA2003 极限参数

参数名称	符号	参数值	单位	备　　注
电源电压	V_{cc}	8～18	V	—
输出电压	V_{out}	6.1～7.7	V	静态
输出峰值电流	I_o	3.5	A	可重复
输出功率	P_o	10	W	输入信号频率为 1 kHz，负载 $R_L=2\ \Omega$

表 5-2　TDA2003 引脚功能定义

引脚序号	1	2	3	4	5
引脚符号	V+	V－	V_{ss}	V_{out}	V_{cc}
引脚名称	正向输入端	反向输入端	地	输出端	电源端

$C11$、$R1$ 构成消振电路。由于 $C11$ 取值很小，对于音频信号(20 Hz～20 kHz)来说，其容抗很大，相当于开路。而对高频信号来说，$C11$ 可起抑制作用。

实际双声道功放电路板元件面如图 5-19 所示，图中的方形焊盘是 TDA2003 引脚 1 的焊盘。实际双声道功放电路板焊接面如图 5-20 所示。电路板制作步骤如下。

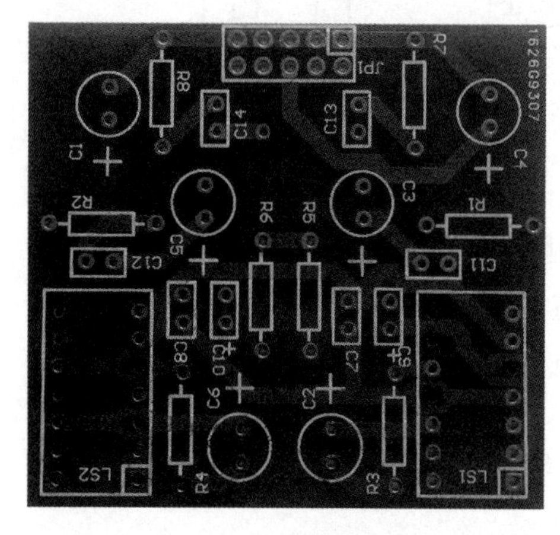

图 5-19　双声道功放电路板元件面

图 5-20　双声道功放电路板焊接面

(1) 领到元件以后,清点数量与规格,测量元件参数。

(2) 检查电路板,与电路原理图作对比,在电路板上找到元件的物理位置,特别注意有方位要求和极性要求的元件,如电解电容器的极性、集成功放的引脚方向、芯片座的方向等,不能搞错。

(3) 焊接顺序:先焊接高度低的元件,如电阻、插座、电容、插针等,再焊接高度高的元件;先焊接集成芯片,再焊接分立元件。

(4) 检查焊接质量。用万用表检查是否有虚焊、短路等情况,排除电路故障后才能通电测试。

5.3.5 思考题

(1) 出现虚焊、假焊的原因有哪些?

(2) 元件焊接的一般顺序是什么?

5.3.6 实习报告

5.4 直流稳压电源的制作

5.4.1 实习目的

(1) 学习用万用表测量电阻、电容、二极管的方法。
(2) 学习手工制作简单的印制电路板。
(3) 学习手工焊接工艺。
(4) 了解集成稳压器的应用。

5.4.2 预备知识

(1) 了解手工焊接前的准备工作。
(2) 了解手工焊接的工艺要求。
(3) 基本了解直流稳压电源的工作原理。

5.4.3 实习设备与元器件

万用表、直流稳压电源、电烙铁、敷铜板、电阻器、电容器、集成稳压器、二极管。

5.4.4 实习内容

直流稳压电源电路原理图如图 5-21 所示,制作步骤如下。

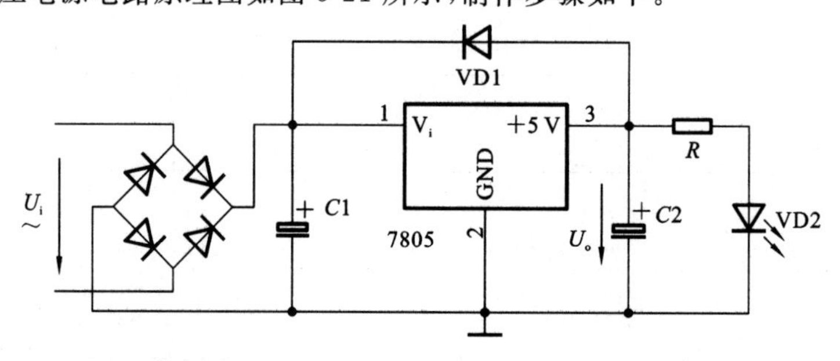

(R=200~470 Ω,$C1$=$C2$=10 μF,VD2为发光二极管)

图 5-21 直流稳压电源电路原理图

（1）设计、制作印制电路板。制作印制电路板最简单的方法是用小刀或钢锯条在敷铜板上把铜箔分割成相互绝缘的几块。由图 5-21 可知，本实验应将铜箔分割成 6 块。

（2）焊接。要先除去锡焊点的氧化层再涂上松香上锡，然后才能焊接元件，否则很容易形成虚焊。

（3）检查焊接质量。用万用表检查锡焊点是否有虚焊、短路等情况，排除电路故障后才能通电测试。

（4）测试。将测试结果填入表 5-3 中。

表 5-3 测试结果（U_i 可用直流电源（极性任意）代替）

U_i/V	U_o/V	$\Delta U_o/\Delta U_i$（单位：%）	U_{R1}/V	U_{VD2}/V
9.0				
12.0				

5.4.5 思考题

（1）焊接前应做好哪些准备工作？

（2）直流稳压电源在电路中起什么作用？

5.4.6 实习报告

5.5 单片机声光控贴片线路板制作

5.5.1 实习目的

(1) 学习用万用表测量贴片元件参数的方法。
(2) 了解电路原理图与印制电路板图的对应关系。
(3) 学习手工贴片锡焊工艺。
(4) 了解单片机的应用。

5.5.2 预备知识

(1) 了解手工贴片锡焊工艺流程。
(2) 简单了解单片机声光控电路的工作原理。

5.5.3 实验设备与元器件

万用表、直流稳压电源、印制电路板、单片机(STC11F04E)、电阻、电容器、集成功放、插座等。

5.5.4 实习内容

单片机声光控电路原理图如图 5-22 所示,电路由单片机(STC11F04E)、复位电路、下载接口、蜂鸣器驱动、发光二极管等组成,其 PCB 元件面及焊接面图片分别如图 5-23 和图 5-24 所示。

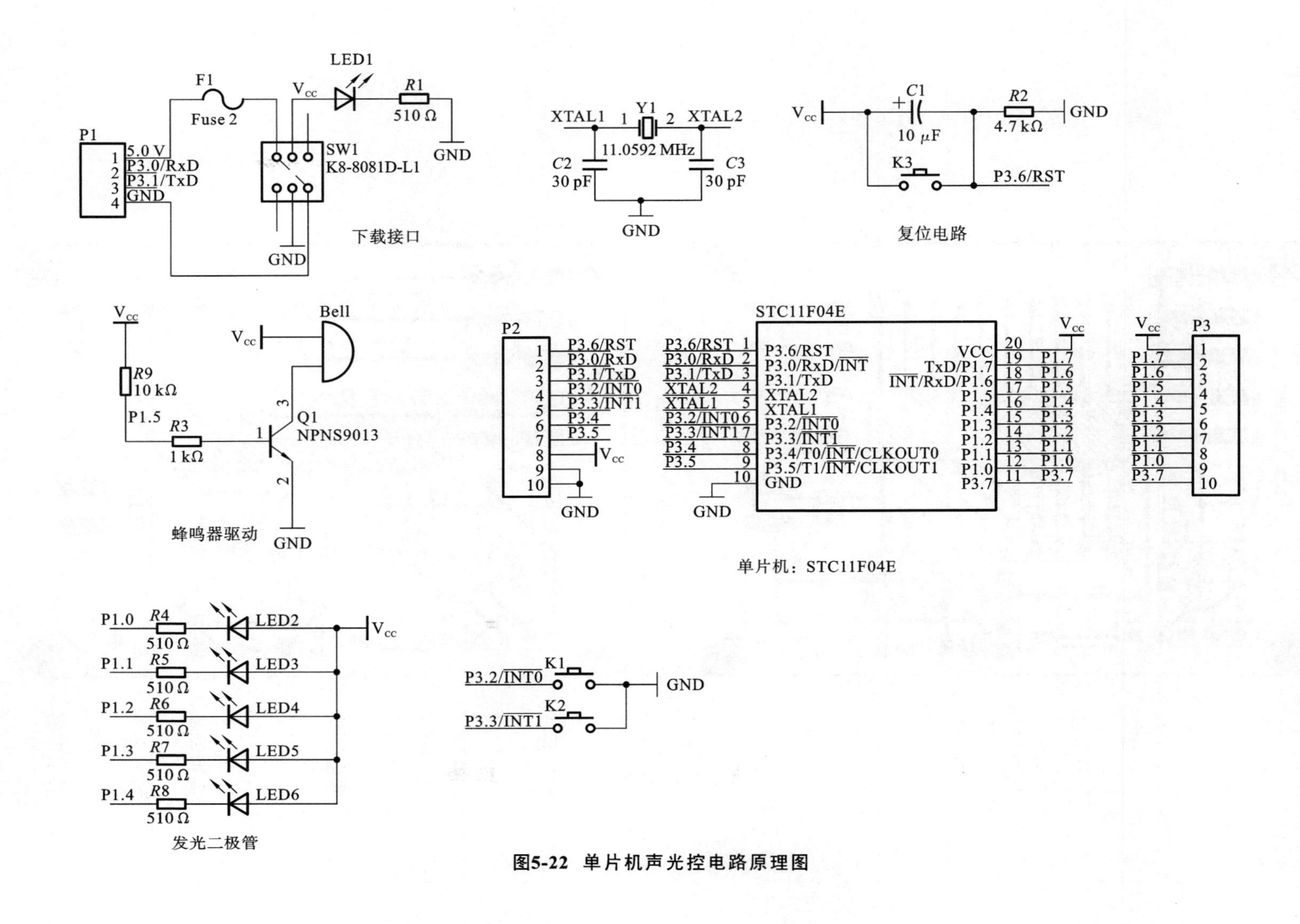

图5-22 单片机声光控电路原理图

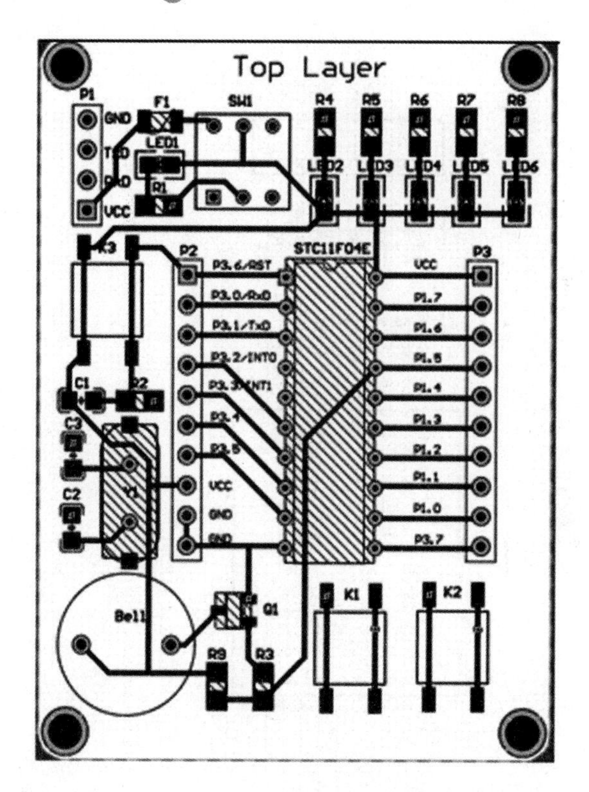

图 5-23 单片机声光控电路 PCB 元件面

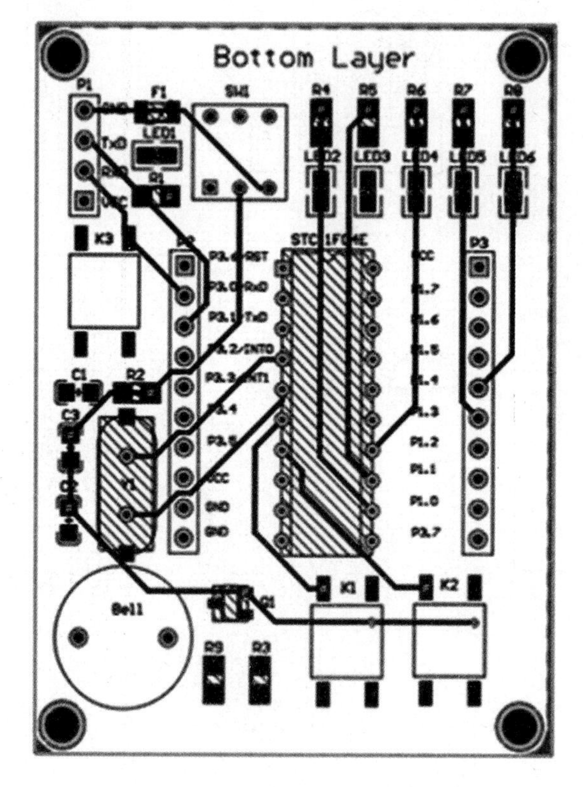

图 5-24 单片机声光控电路 PCB 焊接面

焊接材料清单如表 5-4 所示。

表 5-4 焊接材料清单

名　称	符　号	参数	封装	数量
蜂鸣器	—	—	直插	1
电解电容	C1	10 μF	0805	1
无极性电容	C2、C3	30 pF	0805	2
保险丝	F1	1 A	1206	1
LED 灯	LED1、LED2、LED3、LED4、LED5、LED6	—	0805	6
Header4	P1	—	HDR1X4	1
Header10	P2、P3	—	HDR1X10	2
三极管	Q1	—	SOT-23-3	1
电阻	R1、R4、R5、R6、R7、R8	510 Ω	0805	6
	R2	4.7 kΩ	0805	1
	R3	1 kΩ	0805	1
	R9	10 kΩ	0805	1
单片机	U1	STC11F04E	DIP20	1
开关	K1、K2、K3	—	K8-8081D-L1	1
晶振	Y1	11.0592 MHz	X-HC49S	1

5.5.5 思考题

(1) 简述手工贴片锡焊的步骤。

(2) 简述手工贴片锡焊元件的顺序。

(3) 简述贴片锡焊元件的拆卸方法。

5.5.6 实习报告

6

西门子可编程逻辑控制器 S7-200 的应用

西门子可编程逻辑控制器(PLC)S7-200 是紧凑型可编程控制器。S7-200 的硬件构架由多种型号的 CPU 模块和扩展模块组成,能够满足各种设备的自动化控制需求。S7-200 除具有 PLC 基本的控制功能外,更具有功能强大的指令集、丰富强大的通信功能和易用的编程软件。本章将从 PLC 的基本结构入手,结合 S7-200 讲述 PLC 的安装等,介绍编程软件 STEP 7-Micro/WIN,最后借助应用实例让读者掌握 S7-200 的使用。

6.1 PLC 的组织与接口

6.1.1 PLC 的组织

从结构上分,PLC 分为固定式 PLC 和组合式(模块式)PLC 两种。固定式 PLC 包括 CPU 模块、I/O 模块、显示面板、内存块、电源模块等,这些单元组合成一个不可拆卸的整体。模块式 PLC 包括 CPU 模块、I/O 模块、内存块、电源模块、底板或机架等,这些模块可以按照一定的规则组合配置。

CPU 是 PLC 的核心,起着神经中枢的作用,每套 PLC 至少有一个 CPU,它按 PLC 的系统程序赋予的功能接收并存储用户程序和数据,用扫描的方式采集由现场输入装置送来的状态或数据,并存入规定的寄存器中,同时诊断电源和 PLC 内部电路的工作状态和编程过程中的语法错误等。运行开始后,从用户程序存储器中逐条读取指令,经分析后再按指令规定的任务产生相应的控制信号,去指挥有关的控制电路。

CPU 主要由运算器、控制器、寄存器及实现它们之间联系的数据、控制及状态总线构成,CPU 单元还包括外围芯片、总线接口及有关电路。内存主要用于存储程序及数据,是 CPU 不可缺少的组成单元。在使用者看来,不必详细分析 CPU 的内部电路,但对各部分的工作机制还是应有足够的理解。CPU 的控制器控制 CPU 工作,由它读取指令、解释指令及执行指令。工作节奏由时钟信号控制。运算器用于进行数字或逻辑运算,在控制器的指挥下工作。寄存器参与运算,并存储运算的中间结果,它也在控制器的指挥下工作。

CPU 的速度和内存是 PLC 的重要参数,它们决定着 PLC 的工作速度、I/O 数量及软件容量等,因此限制着控制规模。

PLC 与电气回路的接口是通过输入/输出(I/O)模块完成的。I/O 模块集成了

PLC 的 I/O 电路,其输入暂存器反映输入信号状态,输出点反映输出锁存器状态。输入模块将电信号变换成数字信号输入 PLC 系统,输出模块则相反。I/O 模块分为开关量输入(DI)、开关量输出(DO)、模拟量输入(AI)、模拟量输出(AO)等模块。

常用的 I/O 分类如下。

开关量:按电压水平分,有 220 V AC、110 V AC、24 V DC;按隔离方式分,有继电器隔离和晶体管隔离。

模拟量:按信号类型分,有电流型(4～20 mA,0～20 mA)、电压型(0～10 V,0～5 V,－10～10 V)等;按精度分,有 12 bit、14 bit、16 bit 等。

除了上述通用 I/O 模块外,还有特殊的 I/O 模块,如热电阻、热电偶、脉冲等模块。按 I/O 点数确定模块规格及数量,I/O 模块可多可少,但其最大数量受 CPU 所能管理的基本配置限制,即受最大的底板或机架槽数限制。

PLC 电源模块为 PLC 各模块的集成电路提供工作电源。同时,有的还为输入电路提供 24 V 的工作电源。电源输入类型有交流电源(220 V AC 或 110 V AC)、直流电源(常用的为 24 V DC)。

大多数模块式 PLC 使用底板或机架,其作用是在电气上实现各模块间的联系,使 CPU 能访问底板上的所有模块,在机械上实现各模块间的连接,使各模块构成一个整体。

6.1.2 CPU 和扩展模块供电

S7-200 的 CPU 有两种供电形式:24 V 直流和 110/220 V 交流。需要供电的扩展模块,除了 CP243-2 模块之外,都是 24 V 直流供电。CPU 供电如图 6-1 和图 6-2 所示。

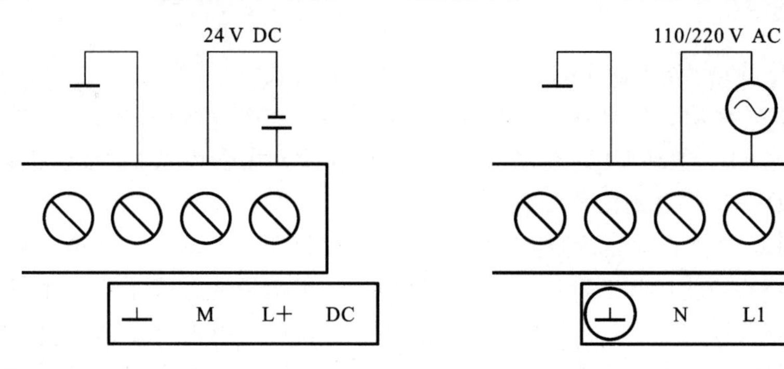

图 6-1 直流供电 CPU　　图 6-2 交流供电 CPU

1. CPU 电源接线

每个 CPU 的右下角都有一个 24 V 直流输出电源,称为传感器电源。它可以用于为 CPU 自身等供电,也可以用于为扩展模块供电。为扩展模块供电时,要把传感器电源的 L＋/M 端子对应连接到扩展模块的 L＋/M 端子。如果电源容量不够,则需要外接 24 V 直流电源,外接电源的正极不能与传感器电源的 L＋端子连接,而负极要和传感器电源的 M 端子连接。传感器电源输出位置如图6-3所示。

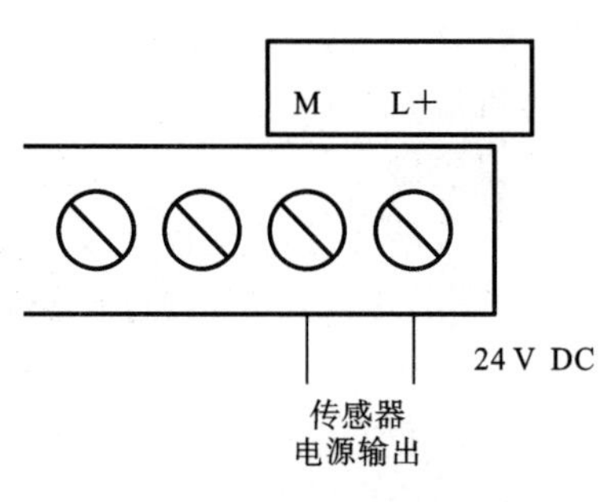

图 6-3 传感器电源输出

2. 扩展模块供电

扩展模块所需的 5 V 直流电源从扩展模块总线取得。部分模块需要从 L＋和 M 端子上获得 20 V 直流电源。可以直接使用上述 CPU 传感器电源作为扩展模块电源，也可以使用符合标准的其他电源。

6.1.3 数字量 I/O 接线

输入/输出信号接线的关键是要构成闭合电路。为了便于连接不同设备，或者使用不同的电源，数字量 I/O 的几个点组成一组，每组共享一个电源公共端子。

1. 输入点接线

数字量输入都是 24 V 直流，支持源型(信号电流从模块内向输入器件流出)和漏型(信号电流从输入器件流入)，电源公共端 1M 接 24 V 直流电源的负极(漏型)，或者正极(源型)，分别如图 6-4 和图 6-5 所示。

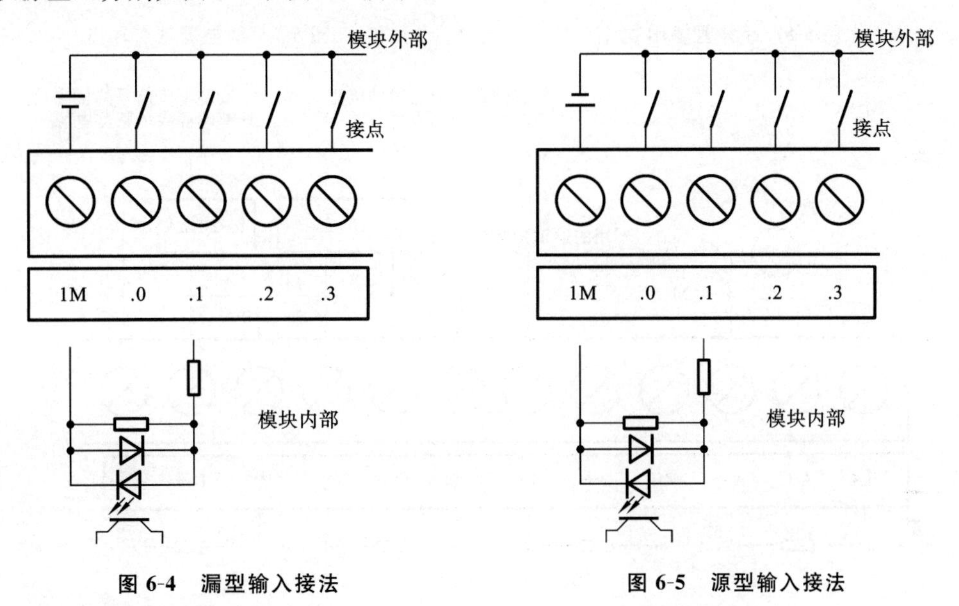

图 6-4 漏型输入接法　　图 6-5 源型输入接法

2. 输出点接线

S7-200 的数字量输出有两种类型：24 V 直流(晶体管)和继电器触点。对于 CPU 上的输出点来说，24 V 直流供电的 CPU 都是晶体管输出(见图 6-6)，220 V 交流供电的 CPU 都是继电器触点输出(见图 6-7)。

6.1.4 模拟量 I/O 接线

S7-200 的模拟量模块用于输入和输出电压、电流信号。信号的量程(信号的变化范围，如－10～＋10 V，0～20 mA 等)用模块上的 DIP 开关拨到不同的位置(ON 或 OFF)设定。模拟量扩展模块需要供应 24V 直流电源，可以用 CPU 传感器电源，也可以用外接电源供电。

1. 模拟量输入接线

产生模拟量信号的外部设备，如各种信号变送器等可以用外接电源供电，在规格符合要求时，也可以用 CPU 上的传感器电源供电，如图 6-8 所示。

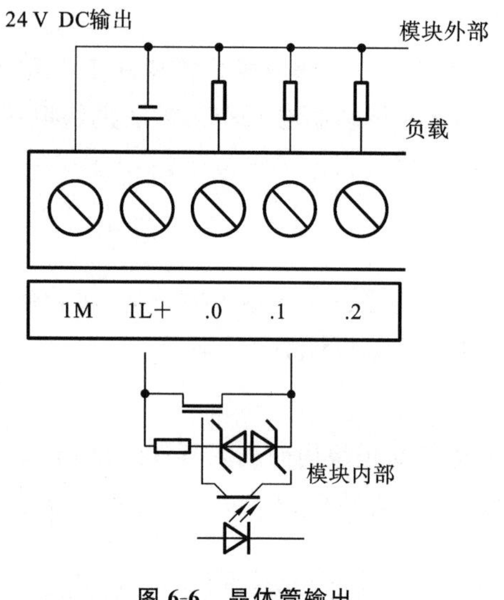

图 6-6 晶体管输出

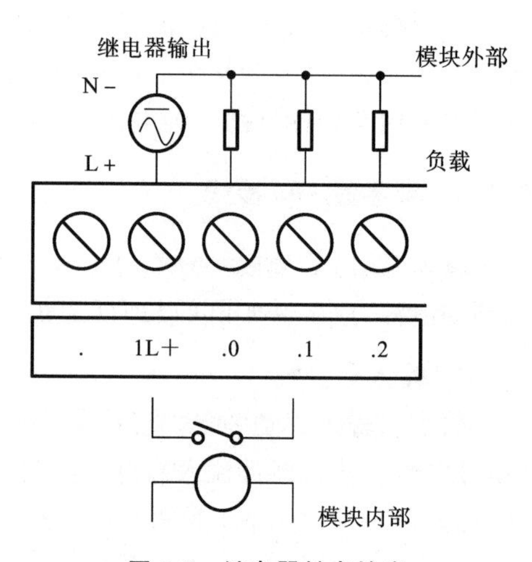

图 6-7 继电器触点输出

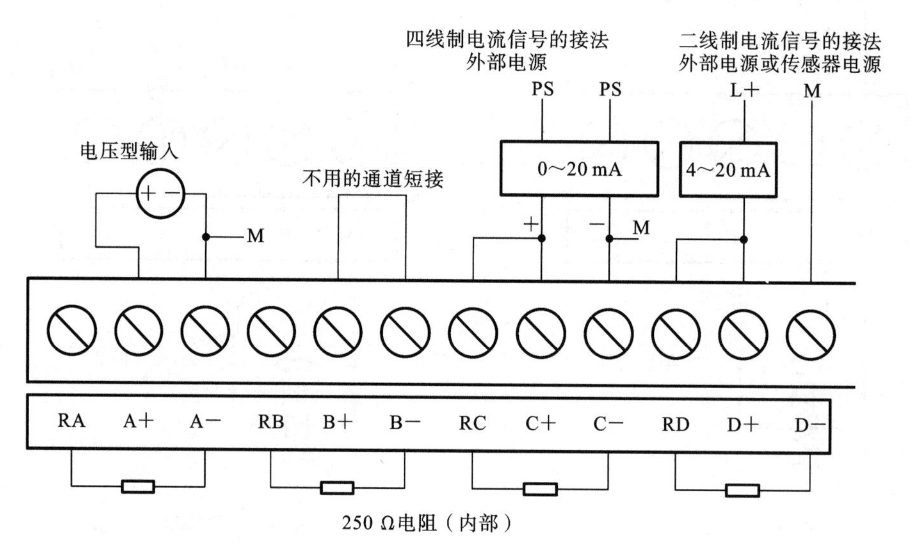

图 6-8 模拟量输入接线

2. 模拟量输出接线

电压型和电流型信号的接法不同,各自的负载接到不同的端子上,如图 6-9 所示。

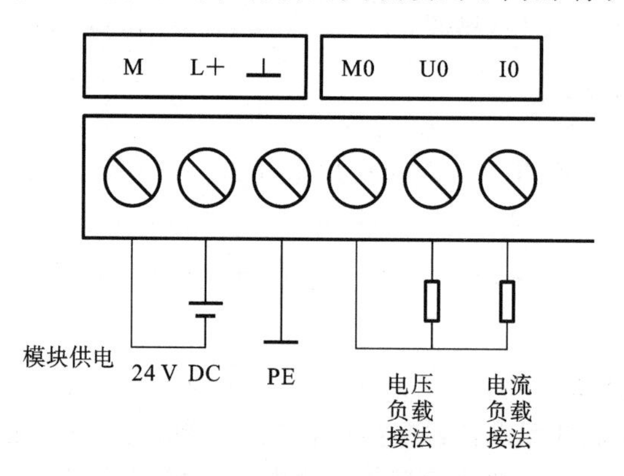

图 6-9 模拟量输出接线

6.2　PLC 编程软件的应用

STEP 7-Micro/WIN V4 SP3 是 S7-200 的专用软件，它工作在 Windows 平台下。

6.2.1　软硬件配置

要想将程序下载到 S7-200 中，就要对 STEP 7-Micro/WIN V4 SP3 软件和下载硬件进行配置，下面分别讲述软硬件配置。

1. 菜单栏

允许使用鼠标或键盘操作执行各种命令和工具，菜单栏如图 6-10 所示。可以定制工具菜单，即在该菜单中增加自己的工具。

图 6-10　菜单栏

2. 工具栏

工具栏提供常用命令或工具的快捷按钮，如图 6-11 所示，并且可以定制每个工具条的内容和外观。标准工具栏如图 6-12 所示，调试工具栏如图 6-13 所示，常用工具栏如图 6-14 所示，LAD 指令工具栏如图 6-15 所示。

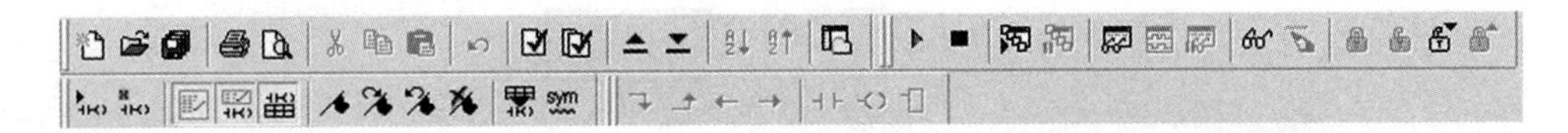

图 6-11　工具栏

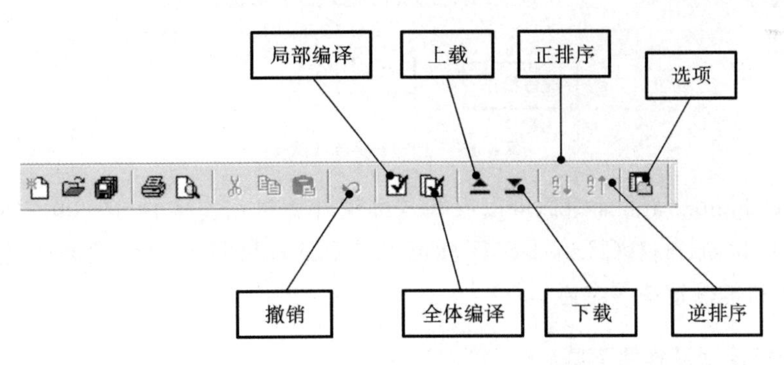

图 6-12　标准工具栏

3. 项目及其组件

STEP 7-Micro/WIN 把每个实际的 S7-200 的用户程序、系统设置等保存在一个项目文件中，文件扩展名为. mwp。打开一个. mwp 文件就打开了一个相应的工程项目。

使用浏览条的视图部分和指令树的项目分支，可以查看项目的各个组件，并且可在它们之间切换。单击浏览条图标，或者双击指令树分支可以快速到达相应的项目组件。

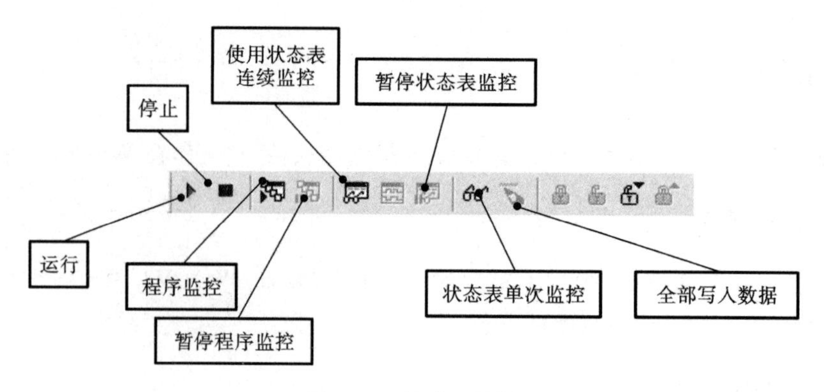

图 6-13 调试工具栏

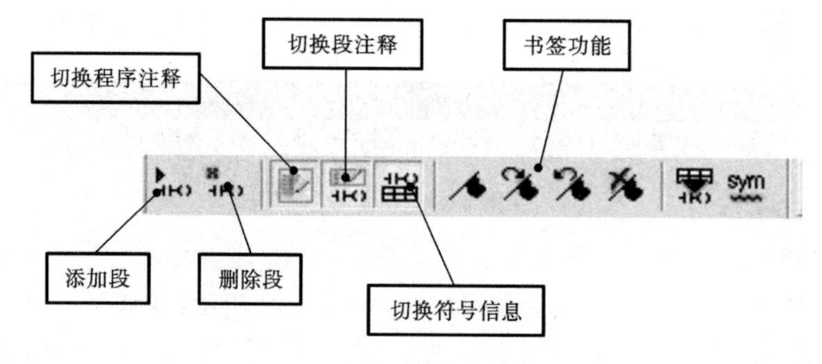

图 6-14 常用工具栏

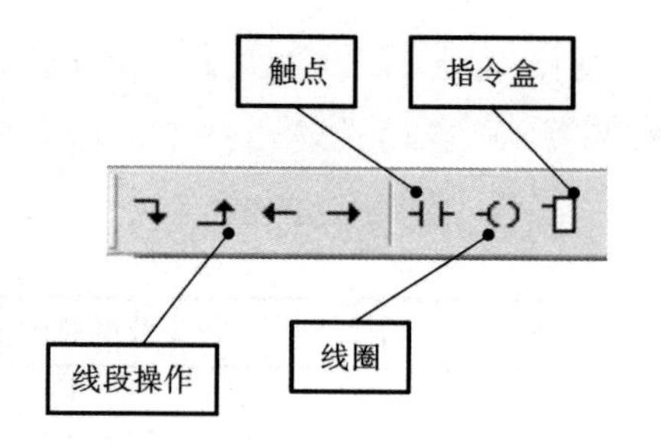

图 6-15 LAD 指令工具栏

单击 Communications 图标可以寻找与编程计算机相连接的 S7-200 CPU,建立编程通信。单击 SetPG/PC Interface 图标可以设置计算机与 S7-200 之间的通信硬件及网络、地址和传输速率等参数。

6.2.2 连接管理及程序下载

S7-200 与计算机通信的方式有多种,本节以 PC/PPI 电缆为例进行讲述。PC/PPI 电缆连接 PG/PC 的串行通信口和 S7-200 的 CPU 通信口。用 PC/PPI 电缆连接 PG/PC 和 CPU,将 CPU 的模式选择开关设置为 STOP,给 CPU 上电。

(1) 用鼠标单击浏览条上的 Communications 图标出现通信对话框,如图 6-16 所示,对话框右侧显示编程计算机将通过 PC/PPI 电缆尝试与 CPU 通信,左侧显示本地编程计算机的网络通信地址是 0,默认的远程(就是与计算机相连的)CPU 端口地址为 2。

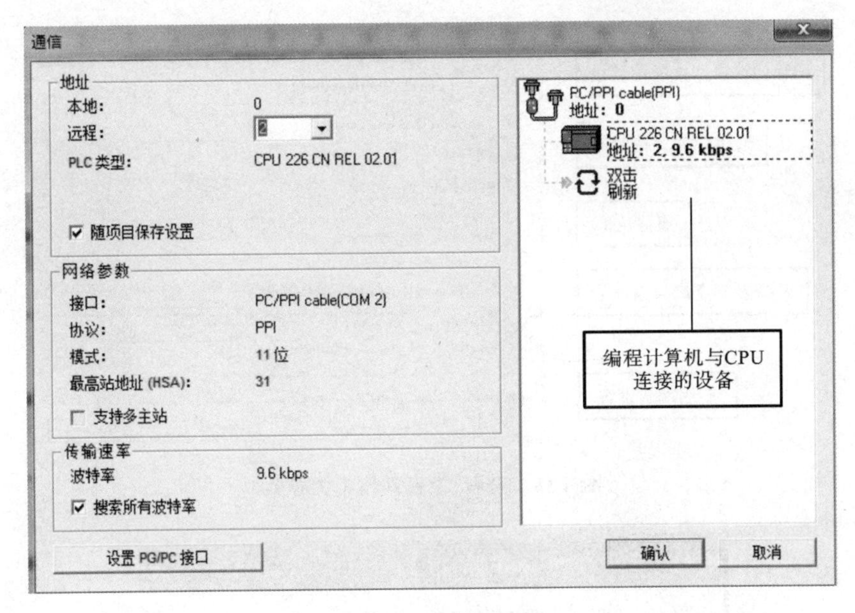

图 6-16　通信对话框

(2) 用鼠标双击 PC/PPI 电缆的图标，出现如图 6-17 所示的对话框。单击 PC/PPI cable 旁边的 Properties(属性)按钮，查看、设置 PC/PPI 电缆连接参数。

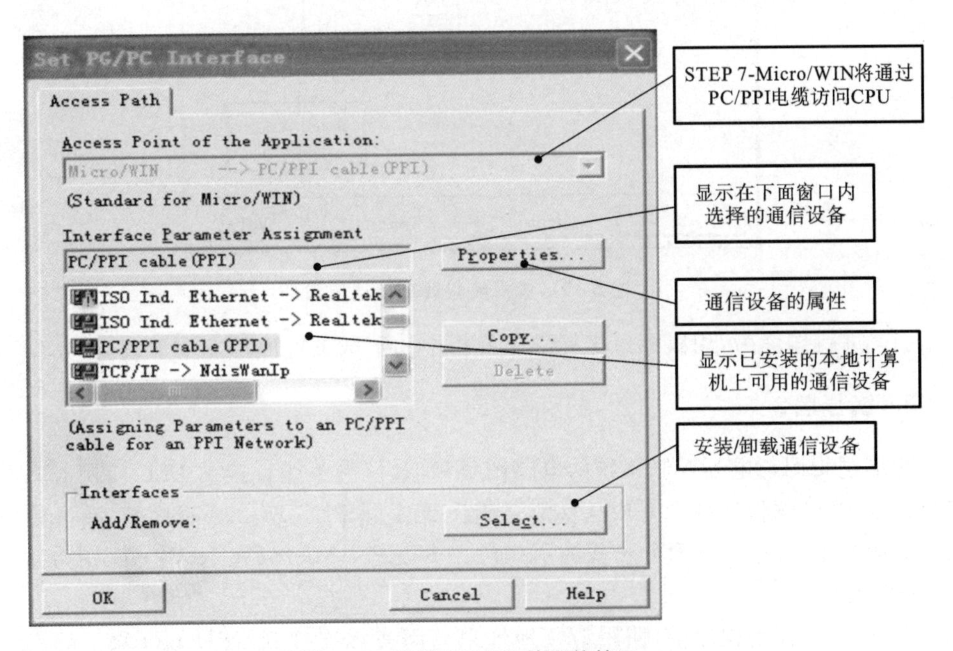

图 6-17　设置 PG/PC 的通信接口

(3) 在 PPI 选项卡中可查看、设置网络相关参数，如图 6-18 所示。

(4) 在 Local Connection(本地连接)选项卡中，在 Connection to (连接到)下拉列表框中选择实际编程计算机上的通信端口，如图 6-19 所示。

(5) 单击 OK 按钮返回到通信对话框，鼠标双击 Refresh 图标。

(6) 执行刷新指令后，将显示通信设备上连接的设备。

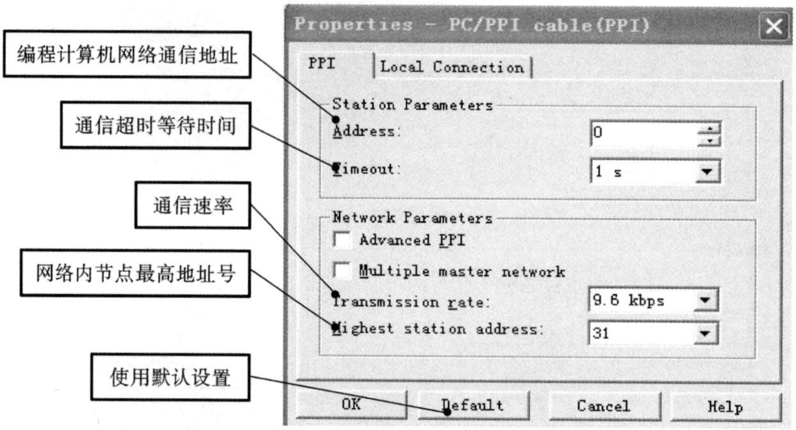

图 6-18　查看、设置网络相关参数

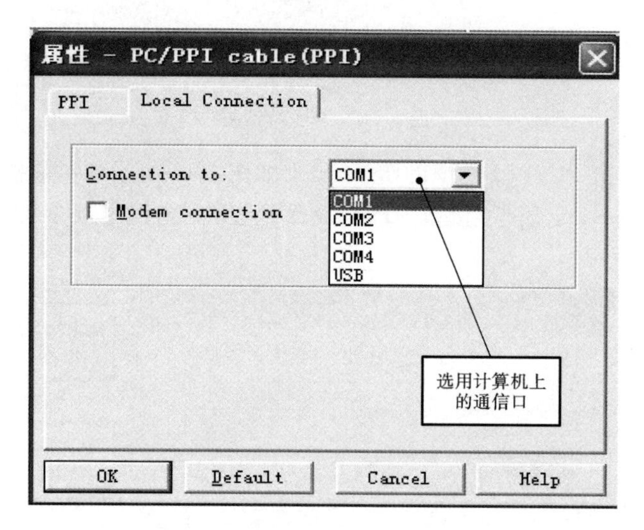

图 6-19　选择编程计算机通信口

(7) 进行编译后,用鼠标单击标准工具栏中的下载图标即可完成下载。

6.2.3　编程指令

梯形逻辑图与电器控制系统的电路图很相似,但它不能直接被 PLC 使用。本节讲述如何在 PLC 编程软件中完成从梯形逻辑图到实际 PLC S7-200 程序的编程,梯形逻辑图如图 6-20 所示。下面分步骤演示如何在 STEP 7-Micro/WIN V4 SP6 中完成 S7-200 程序设计。

在 S7-200 控制程序中,使用 I/O 地址来访问实际连接到 CPU I/O 端子的实际器件。实际的 S7-200 程序如图 6-21 所示。其中,I0.0 为 SB1 的常开触点,I0.1 为 SB2 的常闭触点,它是低电平有效信号。双击桌面上的 S7-200 编程软件 STEP 7-Micro/WIN V4 SP6,鼠标默认停留在图 6-22 中箭头所指的方框位置。

在箭头所指的方框位置处借助 LAD 指令工具栏插入常开触点 I0.0,再依次插入所需触点,效果如图 6-23 所示。

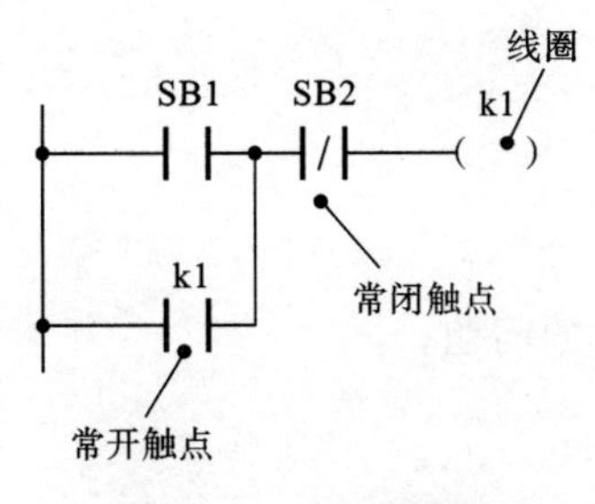

图 6-20 梯形逻辑图

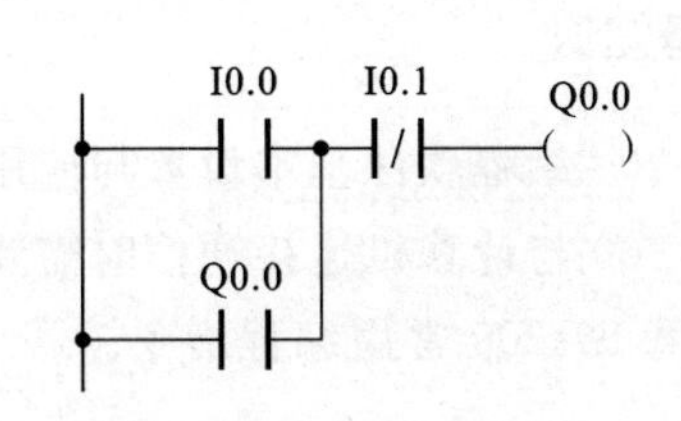

图 6-21 实际的 S7-200 程序

	Symbol	Var Type
		TEMP
		TEMP
		TEMP
		TEMP

PROGRAM COMMENTS
Network 1 Network Title
Network Comment

图 6-22 演示步骤一

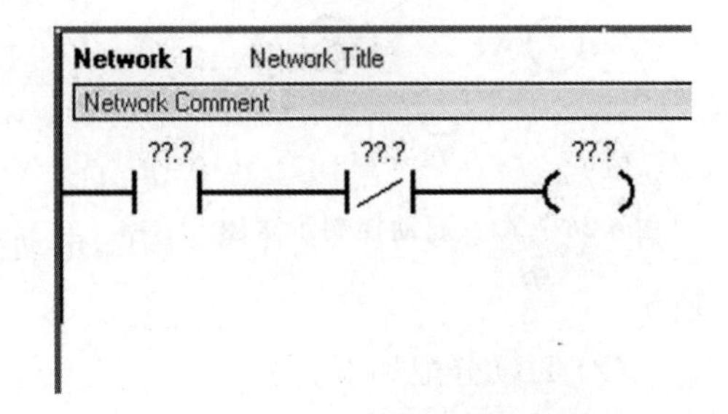

图 6-23 演示步骤二

还有形成自锁的 Q0.0 要输入，这里要用到线段操作。将鼠标停在图 6-23 中的第一个常开触点处，单击向下的箭头，再单击向左的箭头，输入一个常开触点，完成效果如图 6-24 所示。最后，要在图 6-24 中打问号处输入对应 I/O 口的编号。方法为鼠标双击问号处输入，完成后效果如图 6-25 所示。

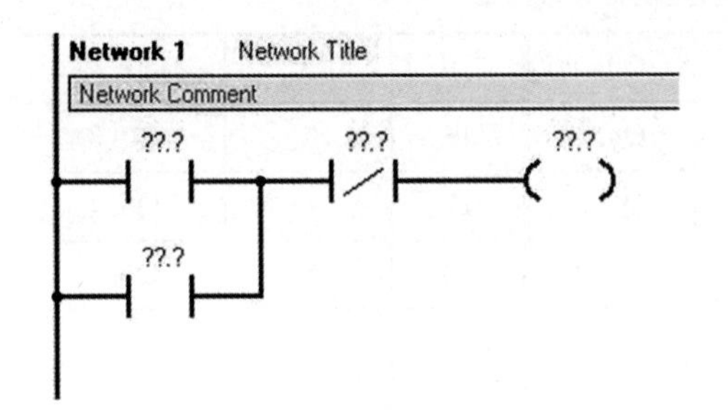

图 6-24 演示步骤三

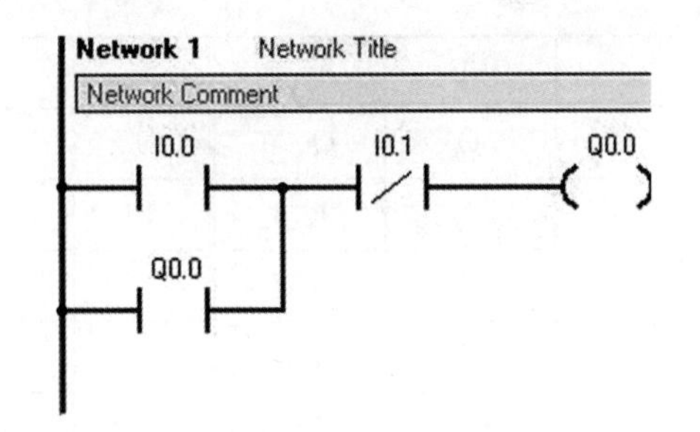

图 6-25 演示步骤四

6.3 PLC 的应用实习

6.3.1 实习目的

(1) 掌握 PLC 基本工作原理。

(2) 掌握 PLC 基本应用中的 I/O 口接线。

(3) 熟悉 PLC 的编程与应用。

6.3.2 预备知识

(1) S7-200 编程软件基本设置与应用。

(2) S7-200 与计算机连接通信时需要注意的问题。

(3) 熟悉 S7-200 常用编程指令。

6.3.3 实习设备与元器件

PLC 实验箱、计算机、连接线。

6.3.4 实习内容

本实习主要是用 PLC 构成 Y/△起动控制系统。

(1) 控制要求:按下起动按钮 SB1,电动机运行,U1、V1、W1 亮,表示是 Y 形起动,2 s 后,U1、V1、W1 灭,U2、V2、W2 亮,表示△形起动。按下停止按钮 SB2,电动机停止运行。Y/△起动控制示意图如图 6-26 所示。

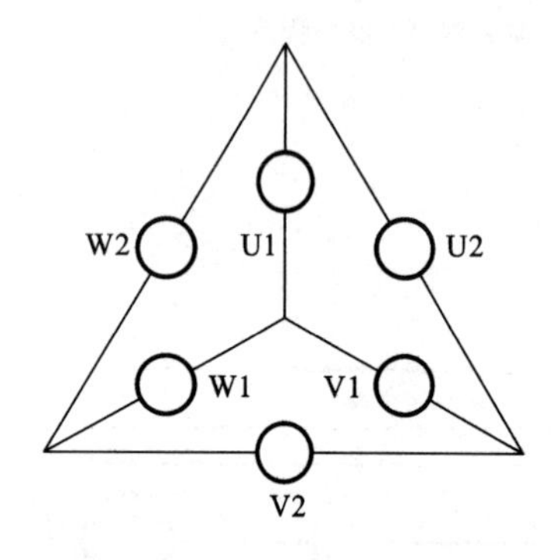

图 6-26 Y/△起动控制示意图

(2) I/O 分配如下。

输入		输出	
起动按钮	I0.0	U1:Q0.0	U2:Q0.3
停止按钮	I0.1	V1:Q0.1	V2:Q0.4
		W1:Q0.2	W2:Q0.5

(3) Y/△起动控制语句表如表 6-1 所示,按图 6-27 所示的梯形图输入程序。

表 6-1 Y/△起动控制语句表

1	LD	I0.0	8	=	Q0.0	15	A	I0.1
2	O	Q0.0	9	=	Q0.1	16	=	Q0.3
3	A	I0.1	10	=	Q0.2	17	=	Q0.4
4	AN	T37	11	LD	Q0.0	18	=	Q0.5
5	AN	Q0.3	12	TON	T37,+20			
6	AN	Q0.4	13	LD	T37			
7	AN	Q0.5	14	O	Q0.3			

(4) 调试并运行程序。

6.3.5 思考题

(1) 实际的 Y/△起动在电机控制中有何意义?

(2) 如何修改 Y/△起动中 Y 到△的过渡时间?

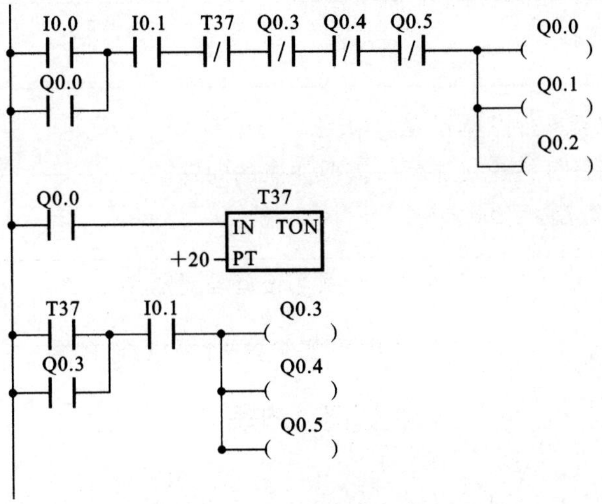

图 6-27　Y/△起动控制梯形图

6.3.6　实习报告

7

西门子 MM440 变频器的基本操作方法

MM440(MicroMaster 440)变频器是德国西门子公司广泛应用于工业场合的多功能标准变频器。它采用高性能的矢量控制技术,提供低速、高转矩输出和良好的动态特性,同时具备超强的过载能力,以满足广泛的应用场合。要应用好变频器,必须首先能熟练地对变频器的面板进行操作,以及根据实际应用,能对变频器的各种功能参数进行设置。

7.1 基本操作面板的使用

利用变频器的操作面板和相关参数设置,即可实现对变频器的某些基本操作,如正反转、点动等的运行。

7.1.1 修改 BOP 参数

MM440 操作面板(BOP)如图 7-1 所示。在缺省设置时,用 BOP 控制电动机的功能是被禁止的。如果要用 BOP 进行控制,参数 P0700 应设置为 1,参数 P1000 也应设置为 1。用 BOP 可以修改任何一个参数。修改参数的数值时,BOP 有时会显示"busy",表明变频器正忙于处理优先级更高的任务。下面就以设置 P1000=1 的过程为例,介绍通过 BOP 来修改参数的流程,如图 7-2 所示。

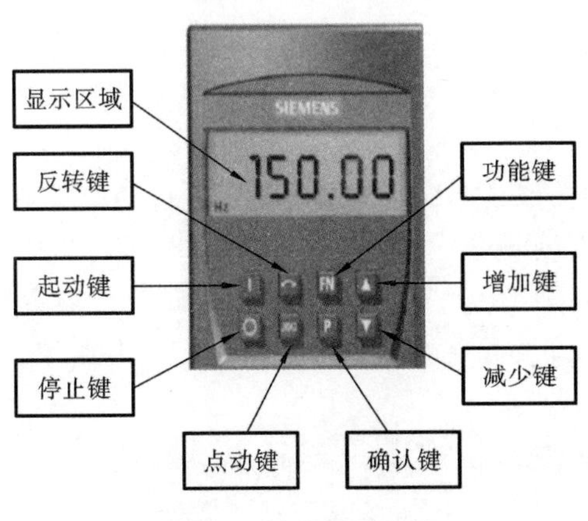

图 7-1 基本操作面板

操作步骤	具体步骤	BOP显示结果
1	按[P]键，访问参数	r0000
2	按[▲]键，直到显示P1000	P1000
3	按[P]键，显示in000，即P1000的第0组值	in000
4	按[P]键，显示当前值2	2
5	按[▼]键，达到所要求的数值1	1
6	按[P]键，存储当前设置	P1000
7	按[FN]键，显示r0000	r0000
8	按[P]键，显示频率	50.00

图 7-2　利用基本操作面板修改参数流程

7.1.2　用 BOP 控制变频器

用 BOP 直接对变频器进行控制，操作流程如图 7-3 所示。

操作步骤	设置参数	功能解释
1	P0700	=1起停命令源于面板
2	P1000	=1 频率设定源于面板
3	5.00	返回监视状态
4	[I]	起动变频器
5	[▲][▼]	通过增减键修改运行频率
6	[O]	停止变频器

图 7-3　BOP 直接控制变频器流程

7.1.3　变频器调试步骤

通常一台新的 MM440 变频器一般需要经过如下三个步骤进行调试：参数复位、快速调试、功能调试。

参数复位是将变频器参数恢复到出厂时的默认值的操作。一般在变频器出厂时和参数混乱时进行此操作。

快速调试是指需要用户输入与电动机相关的参数和一些基本驱动控制参数，使变频器可以良好地驱动电动机运转的操作。一般在进行复位操作后，或者更换电动机后需要进行此操作。

功能调试是指用户按照具体生产工艺的需要进行的设置操作。这一部分的调试工作比较复杂，常常需要在现场进行多次调试。

按照上述步骤，设定 P0010＝30 和 P0970＝1，按下 P 键，开始复位，复位过程需要大约 3 min，这样就可保证变频器的参数恢复到出厂默认值。

7.2　MM440 变频器的数字输入端口及功能

由于电动机经常需要根据各类机械的某种状态而进行正转、反转、点动等运行，所以变频器的给定频率信号、电动机的起动信号等都是通过变频器控制端子给出的，这在很大程度上增强了变频器的外部运行操作，大大提高了生产过程的自动化程度。本节讲述 MM440 变频器控制端子中的数字输入端口。

MM440 变频器有 6 个数字输入端口(DIN 1～DIN 6)，即端口 5、6、7、8、16 和 17，每一个数字输入端口的功能很多，用户可根据需要进行设置。6 个数字输入端口部分功能如图 7-4 所示。

下面举例说明 MM440 数字输入端口的应用。变频器外部运行操作接线图如图 7-5所示，按钮 SB1、SB2 和外部线路控制 MM440 变频器的运行，实现电动机正转和反转控制。根据图 7-4 进行设置，其中，端口 5 用于正转控制，端口 6 用于反转控制。参数号 P0701 对应端口号 5，参数号 P0702 对应端口号 6。MM440 数字输入端口功能设置表如表 7-1 所示。

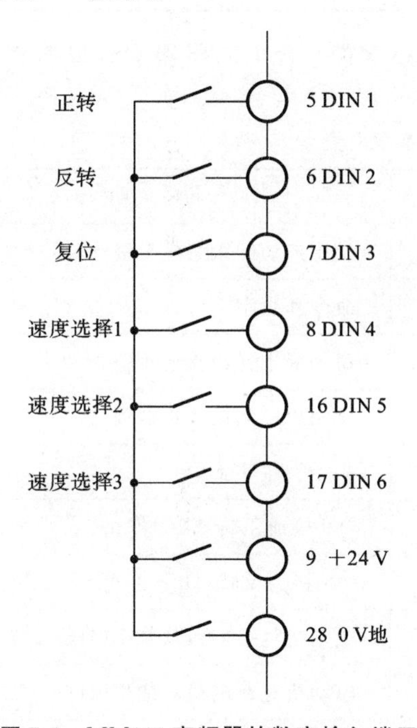

图 7-4　MM440 变频器的数字输入端口

图 7-5　外部运行操作接线图

表 7-1　MM440 数字输入端口功能设置表

参 数 值	功 能 说 明
0	禁止数字输入
1	ON/OFF1(接通正转、停车命令 1)
2	ON/OFF1(接通反转、停车命令 1)
3	OFF2(停车命令 2)，按惯性自由停车
4	OFF3(停车命令 3)，按斜坡函数曲线快速降速
9	故障确认
10	正向点动
11	反向点动

续表

参数值	功能说明
12	反转
13	MOP(电动电位计)升速(增加频率)
14	MOP降速(减少频率)
15	固定频率设定值(直接选择)
16	固定频率设定值(直接选择+ON命令)
17	固定频率设定值(二进制编码选择+ON命令)
25	直流注入制动

需要在变频器通电的情况下,完成相关参数设置。合上断路器QS,根据表7-2完成变频器相关设置。

表7-2 变频器参数设置

参数号	出厂值	设置值	说明
P0003	1	1	设用户访问级为标准级
P0004	0	7	命令和数字I/O
P0700	2	2	命令源选择由端子排输入
P0003	1	2	设用户访问级为扩展级
P0004	0	7	命令和数字I/O
P0701	1	1	ON接通正转,OFF停止
P0702	1	2	ON接通反转,OFF停止
P1080	0	0	电动机运行的最低频率(Hz)
P1082	50	50	电动机运行的最高频率(Hz)
P1120	10	5	斜坡上升时间(s)
P1121	10	5	斜坡下降时间(s)
P1040	5	20	设定键盘控制的频率值

按照表7-2设置好后,当按下带锁按钮SB1时,变频器数字输入端口5为ON,电动机按P1120所设置的5 s斜坡上升时间正向起动运行,经5 s后稳定运行在560 r/min的转速上,此转速与P1040所设置的20 Hz对应。放开按钮SB1,变频器数字输入端口5为OFF,电动机按P1121所设置的5 s斜坡下降时间停止运行。当按下带锁按钮SB2时,变频器数字输入端口6为ON,电动机按P1120所设置的5 s斜坡上升时间反向起动运行,经5 s后稳定运行在560 r/min的转速上,此转速与P1040所设置的20 Hz对应。放开按钮SB2,变频器数字输入端口6为OFF,电动机按P1121所设置的5 s斜坡下降时间停止运行。

7.3　MM440 变频器的模拟信号控制

MM440 变频器可以通过 6 个数字输入端口对电动机进行正反转运行、正反转点动控制。可通过 BOP 进行频率设置，从而控制电动机的转速，也可以通过模拟量输入端口控制电动机的转速。

MM440 变频器的输出端口 1、2 为用户的给定单元提供了一个高精度的＋10 V 直流稳压电源。将转速调节电位器一端接＋10 V，一端接地，中心抽头引出至模拟量输入端口，通过调节电位器旋钮，改变输入端口 AIN 1＋给定的模拟输入电压，变频器的输入量将紧紧跟踪给定量的变化，从而平滑无级地调节电动机的转速。典型应用连接如图 7-6 所示。

图 7-6　模拟信号控制接线图

MM440 变频器为用户提供了两对模拟输入端口，即端口 3、4 和端口 10、11，通过设置 P0701 的值，使数字输入端口 5 具有正转控制功能；通过设置 P0702 的值，使数字输入端口 6 具有反转控制功能；模拟输入端口 3、4 外接电位器，通过端口 3 输入大小可调的模拟电压信号，控制电动机的转速。通过设置 P1000 的值，将频率设定值选择为模拟输入。这样就实现了用数字输入端口控制电动机的转动方向，用模拟输入端口控制电动机转速的功能。

7.4 MM440 变频器应用实例

7.4.1 训练内容

由开关 SA1 控制电动机启停,由模拟输入端口控制电动机的转速。

7.4.2 训练工具、材料和设备

MM440 变频器、三相异步电动机、电位器、断路器、熔断器、自锁按钮、通用电工工具、导线等。

7.4.3 操作方法和步骤

(1) 绘制控制接线图。

按照图 7-6 绘制控制接线图。

(2) 参数设置。

参数设置分为三部分:一是恢复变频器出厂默认值,设定 P0010=30 和 P0970=1,按下 P 键,开始复位;二是设置电动机参数(见表 7-3),完成参数设置后,设定 P0010=0,变频器当前处于准备状态,可正常运行;三是设置模拟信号操作控制参数(见表 7-4)。

表 7-3 电动机参数设置

参数号	出厂值	设置值	说明
P0003	1	1	设用户访问级为标准级
P0010	0	1	快速调试
P0100	0	0	工作地区:功率以 kW 为单位表示,频率为 50 Hz
P0304	230	380	电动机额定电压(V)
P0305	3.25	0.95	电动机额定电流(A)
P0307	0.75	0.37	电动机额定功率(kW)
P0308	0	0.8	电动机额定功率($\cos\phi$)
P0310	50	50	电动机额定频率(Hz)
P03111	0	2800	电动机额定转速($r \cdot min^{-1}$)

表 7-4 模拟信号操作控制参数设置

参数号	出厂值	设置值	说明
P0003	1	1	设用户访问级为标准级
P0004	0	7	命令和数字 I/O
P0700	2	2	命令源选择由端子排输入
P0003	1	2	设用户访问级为扩展级
P0004	0	7	命令和数字 I/O
P0701	1	1	ON 接通正转,OFF 停止

续表

参　数　号	出　厂　值	设　置　值	说　　明
P0702	1	2	ON 接通反转，OFF 停止
P0003	1	1	设用户访问级为标准级
P0004	0	10	设定值通道和斜坡函数发生器
P1000	2	2	频率设定值选择为模拟输入
P1080	0	0	电动机运行的最低频率(Hz)
P1082	50	50	电动机运行的最高频率(Hz)

7.4.4　变频器运行操作

当开关 SA1 接通时，即端口 5 接通电源，数字输入端口 DIN 1 为 ON，电动机正转，转速由外接电位器 RP1 来控制，模拟电压信号为 0～10 V，对应变频器的频率为 0～50 Hz，对应电动机的转速为 0～1500 r/min。当开关 SA1 断开时，电动机停止运转。当开关 SA2 接通时，即端口 6 接通电源，数字输入端口 DIN 2 为 ON，电动机反转，与电动机正转相同，反转转速的大小仍通过外接电位器来调节。当开关 SA2 断开时，电动机停止运转。

7.5　PLC 与变频器联合应用实习

7.5.1　实习目的

(1) 掌握 PLC 的使用方法。

(2) 掌握变频器的设置与使用方法。

(3) 掌握 PLC 与变频器的通信，掌握联合应用 PLC 与变频器控制电动机的方法。

7.5.2　预备知识

(1) 变频器控制电动机的基本工作原理。

(2) 变频器的设置方法。

(3) PLC 编程。

7.5.3　实习设备与元器件

PLC、变频器、计算机、连接线。

7.5.4　实习内容

通过计算机编好程序并下载到 PLC，PLC 与变频器连接，这样编好的程序就可以通过变频器控制电动机运行。下面以变频器控制电动机正反转为例来说明。

1. 变频器的设置

用 PLC 通过变频器控制电动机是将 PLC 的数字量输出信号作为变频器数字量输入信号，因而变频器的控制方式选为端子排控制，可与第 7.2 节进行对比。所需参数如

表 7-5 所示。

表 7-5 PLC 控制电动机参数

参　　数	功　　能	设定值内容
P0700=1	选择命令源	由端子排输入
P1000=12	选择频率设定值	模拟设定值
P0701=1	数字输入 1 的功能	ON/OFF1(接通正转、停车命令 1)
P0702=12	数字输入 2 的功能	反转

2. PLC 程序

PLC 程序梯形逻辑图如图 7-7 所示。

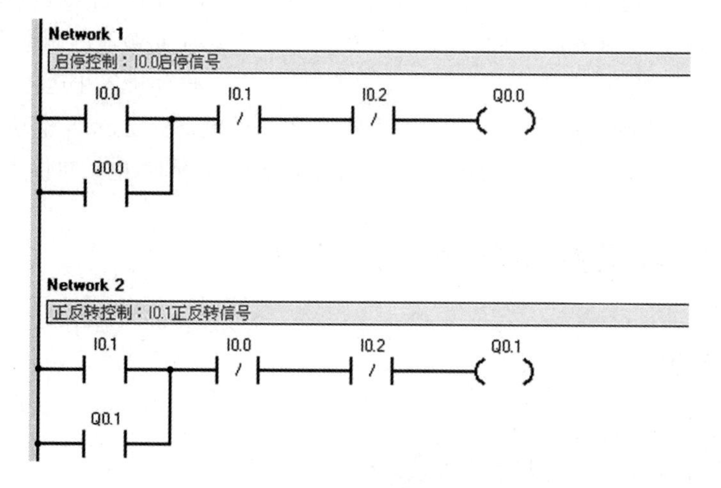

图 7-7 梯形逻辑图

3. 硬件连接图

硬件连接图如图 7-8 所示。按照图 7-8 接好线后，在实验台上通电，开始实验，SA1 为启/停控制开关，SA2 为正/反转控制开关，频率由模拟电位器提供。

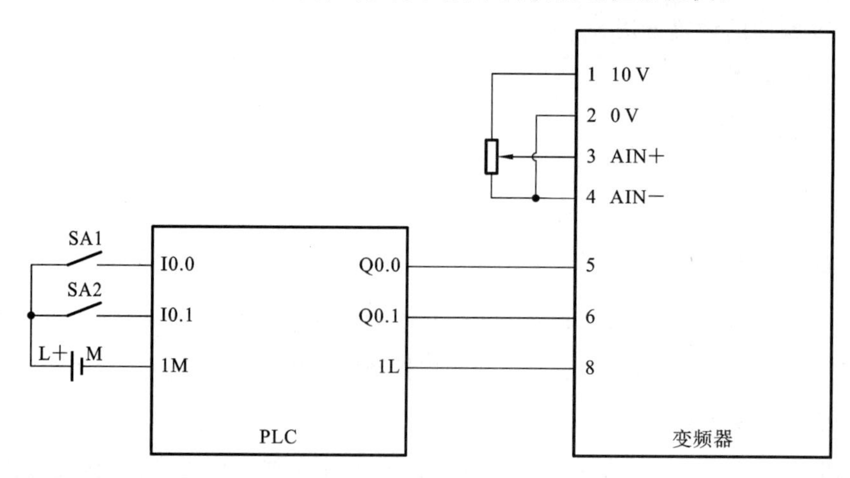

图 7-8 硬件连接图

7.5.5 思考题

(1) 可调电位器阻值的改变对电动机转速有何影响?

(2) PLC 与变频器之间的通信方式还有哪些?

7.5.6 实习报告

8

Proteus 仿真软件的基本操作

Proteus 是英国 Labcenter Electronics 公司开发的电路分析、实物仿真及印制电路板设计软件，是一种能处理各种仿真、调试和测试问题的 EDA 工具。它可以仿真、分析各种模拟电路与集成电路。软件提供了大量模拟与数字元件及外部设备、各种虚拟仪器。它具有对由单片机及其外围电路组成的综合系统进行交互仿真的功能，使得设计、仿真、编程、调试和测试集于一体，节省时间。Proteus 是目前世界上最先进、最完整的嵌入式系统设计与仿真平台。

Proteus 主要由 ISIS 和 ARES 两部分组成，ISIS 的主要功能是进行原理图设计及其仿真。在 ISIS 环境下绘制的原理图可以直接用来仿真，而且绘制原理图的操作也比较简单。ISIS 提供的 Proteus VSM(Virtual System Modeling)实现了混合式的 SPICE 电路仿真，它将虚拟仪器、高级图表应用、单片机仿真、第三方程序开发与调试环境有机结合，在搭建硬件模型之前即可在 PC 上完成原理图设计、电路分析与仿真及单片机程序实时仿真、测试及验证。ARES 主要用于印制电路板的设计，在 ISIS 环境中绘制的原理图可以在 ARES 中生成 PCB，绘制的 PCB 和 Protel 印制板的功能是一样的，也需要有元件的封装。但是 Proteus 中印制电路板的应用不是很广泛，也没有 Protel 这样资深的 PCB 软件功能全面，因此本章中只详细讲述原理图设计与仿真。

8.1 Proteus 工作界面

Proteus 的主窗口中有三个窗口：电路编辑窗口（简称编辑窗口）、器件工具列表窗口和浏览窗口，如图 8-1 所示。

Proteus 主窗口中有两大菜单：主菜单（通用工具菜单）与辅助菜单（辅助专用工具菜单）。主菜单如图 8-2 所示。

其中，主菜单各项说明如下。

(1) 文件菜单(File)：新建、加载、保存、打印。

(2) 浏览菜单(View)：图纸网络设置、快捷工具选项。

(3) 编辑菜单(Edit)：取消、剪切、拷贝、粘贴。

(4) 工具菜单(Tools)：实时标注自动放线、网络表生成、电气规则检查。

(5) 设计菜单(Design)：设计属性编辑、添加/删除图纸、电源配置。

(6) 图形分析菜单(Graph)：传输特性/频率特性分析、编辑图形、增加曲线、运行

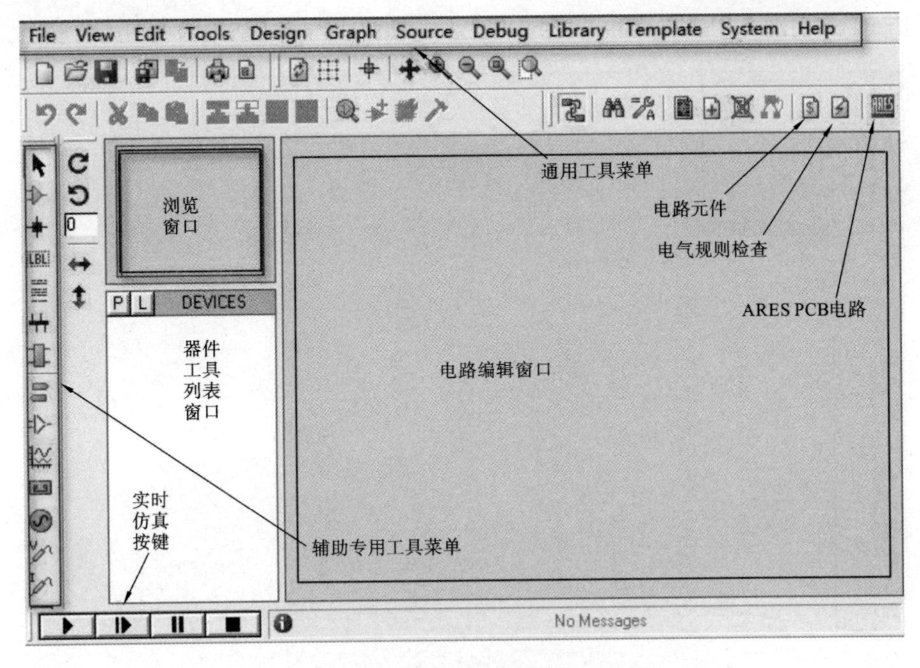

图 8-1　Proteus 主窗口

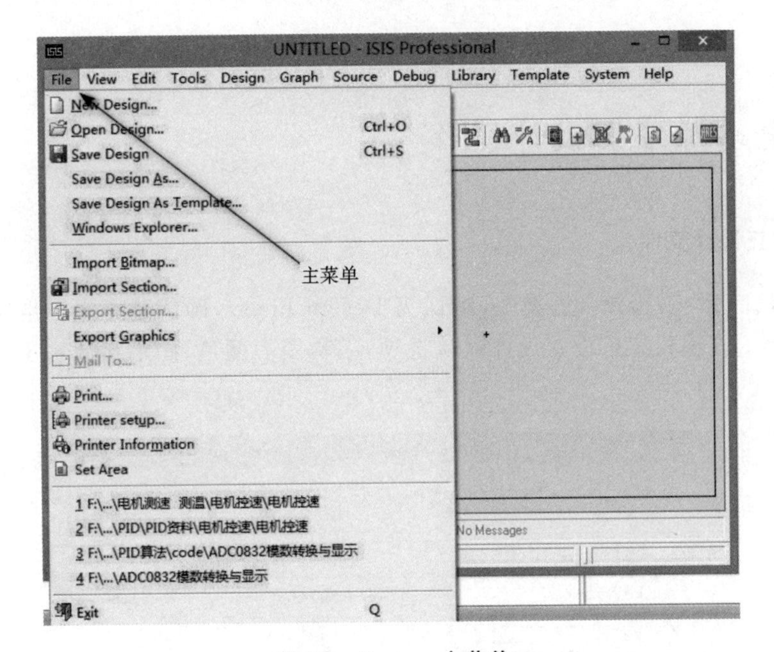

图 8-2　Proteus 主菜单

分析。

(7) 源文件菜单(Source)：选择可编程器件的源文件、编辑工具、外部编辑器等。

(8) 调试菜单(Debug)：起动调试、复位调试。

(9) 库操作菜单(Library)：器件封装库编辑、库管理。

(10) 模板菜单(Template)：设置模板格式、加载模板。

(11) 系统菜单(System)：设置运行环境、系统信息、文件路径。

(12) 帮助菜单(Help)：帮助文件、设计实例。

Proteus 辅助专用工具菜单包括编辑工具、调试工具、图形工具,如图 8-3 所示。

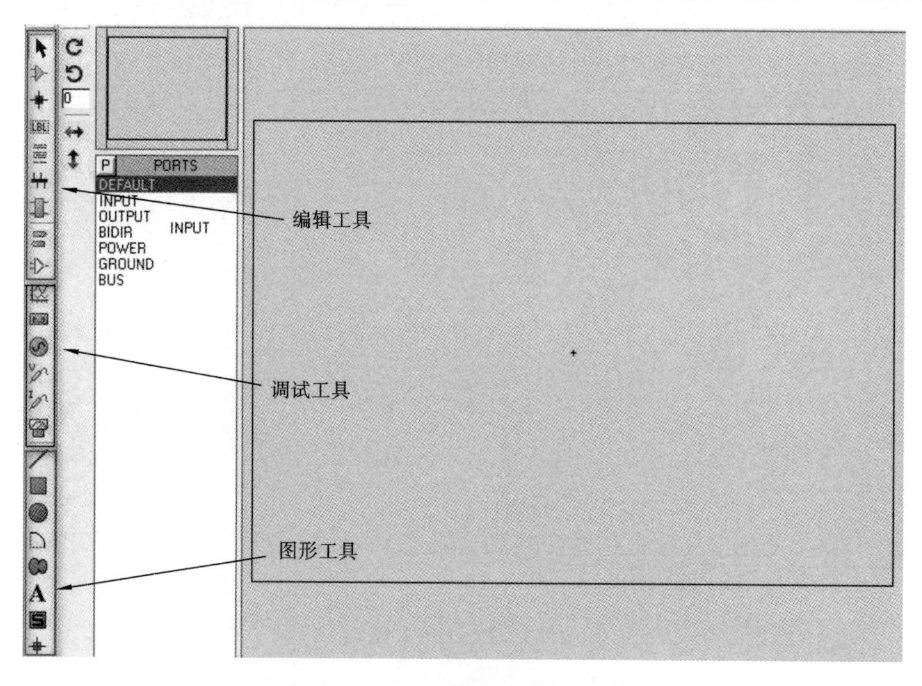

图 8-3 Proteus 辅助专用工具菜单

8.2 电路原理图设计操作

8.2.1 建立设计文件

打开 ISIS 系统,选择合适类型(默认为 Design Files),确认建立无标题文件,并在存储时命名。在模板菜单设置设计默认选项,编辑图形颜色、图形格式和文本格式,如图 8-4 所示。

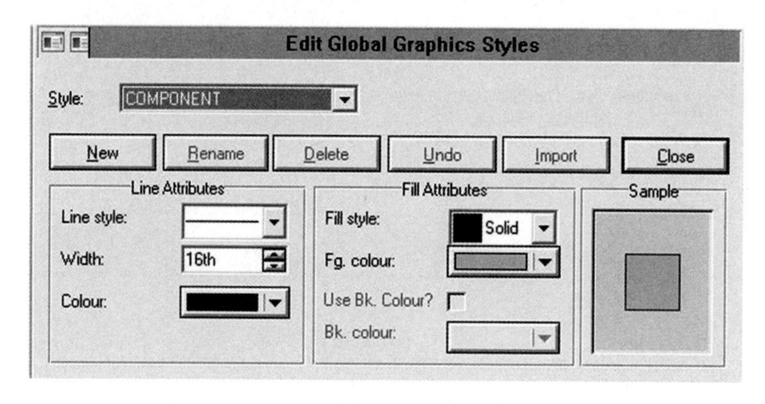

图 8-4 模板菜单设置界面

8.2.2 放置元件与参数设置

(1) 放置元件(可统称为对象)。

选中元件，在编辑窗口单击鼠标左键，放置对象。如图 8-5 所示。

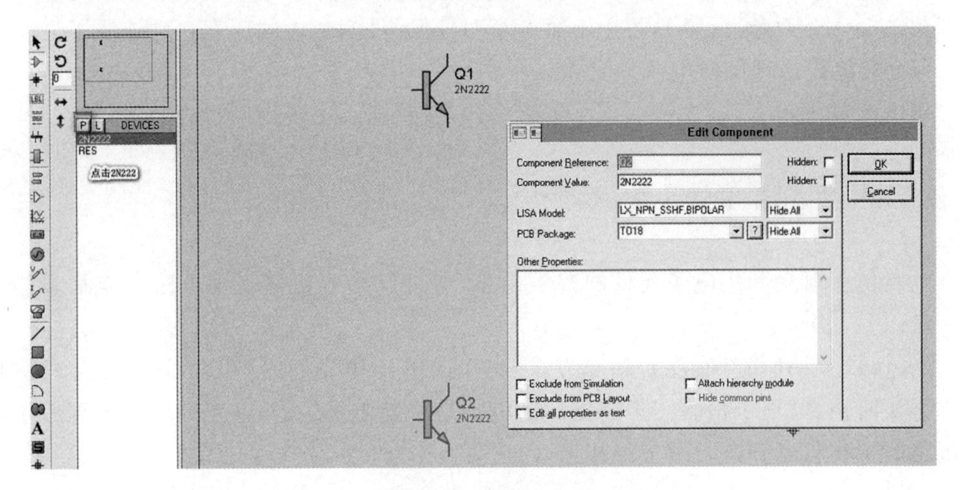

图 8-5　放置元件

(2) 改变对象放置方向。

对象在预览/编辑窗口时，均可单击旋转键改变其放置方向。

删除对象：在编辑窗口删除对象时，在要删除的对象上双击右键。

拖动对象：按住左键将对象拖至目的地。

(3) 编辑(修改)元件参数。

按左键选中对象，双击左键后可进行元件参数编辑(修改)。也可左键选中对象后单击后键，选择 Edit Properties 进行参数编辑(修改)。

[例 8-1]　编辑电阻参数。

从元件库中选定的电阻的阻值是 100 Ω，可双击左键，在元件参数编辑窗口中将其改为 10 kΩ，如图 8-6 所示，当然也可选择隐藏器件的部分参数。

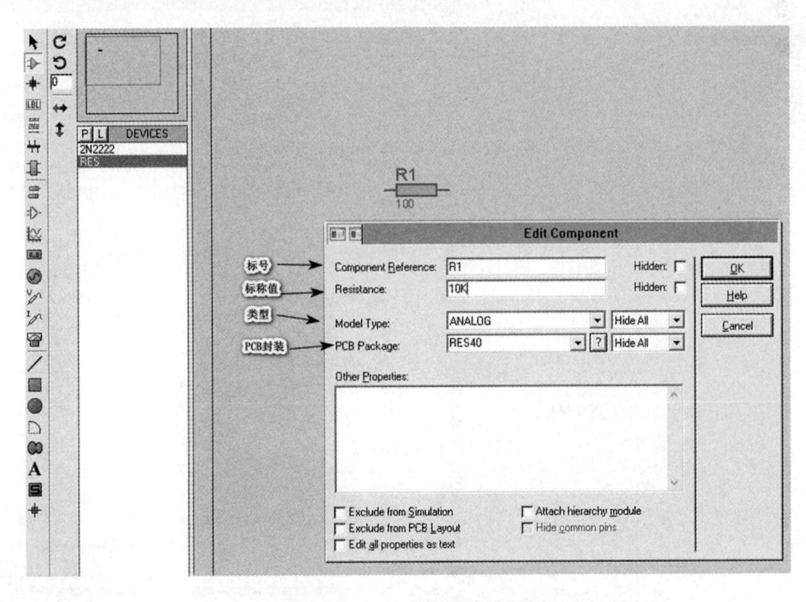

图 8-6　元件参数编辑窗口

(4) 放置连线,绘制电路原理图。

单击第 1 个对象(元件),再单击第 2 个对象(元件),二者间就有自动连线了。

(5) 对电路原理图做电气规则检查。

做电气规则检查,根据错误提示进行修改,直到通过电气规则检查。

8.3 Proteus ISIS 电路仿真

电路仿真就是利用电子元件的数学模型,通过计算分析来表现电路工作状态的一种手段。

Proteus VSM 中存在两种仿真方式:交互式仿真和基于图表的仿真。交互式仿真也称为实时仿真,用于检验用户所设计的电路是否能正常工作;基于图表的仿真用于研究电路的工作状态和进行细节的测量。

8.3.1 Proteus 电子仿真工具

交互式仿真是利用虚拟仪器(信号源、示波器、电压/电流表)实时跟踪电路状态变化的仿真模式。

常用的电子仿真工具可分为三类。

(1) 激励信号源:直流电压源、正弦信号源、脉冲信号源、频率调制信号源等(基于图表的仿真也可用)。

(2) 常用开关/按键。

(3) 虚拟仪器:示波器及各种信号源等,一般基于图表的仿真与虚拟仪器不同时使用。

单击图标,出现激励信号源窗口,如图 8-7 所示,各信号类型说明如下。

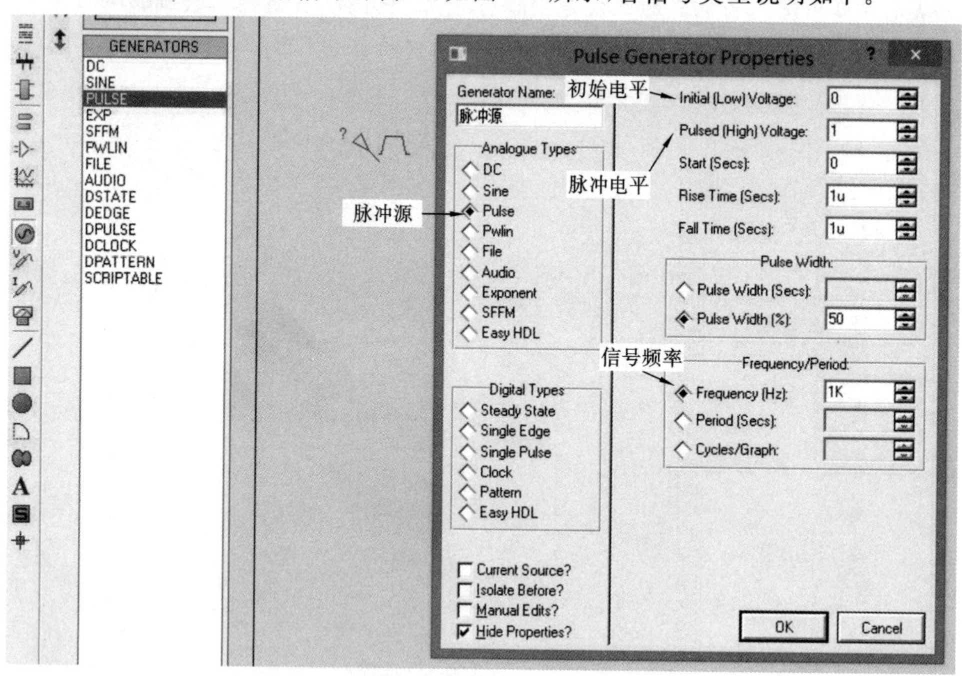

图 8-7 激励信号源窗口

DC：直流激励源。

SINE：幅值、频率、相位可控的正弦波发生器。

PULSE：幅值、周期和上升/下降沿时间可控的模拟脉冲发生器。

EXP：指数脉冲发生器。

SFFM：单频率调频波信号发生器。

PWLIN：任意分段线性脉冲信号发生器。

FILE：File 信号发生器，数据来源于 ASCII 文件。

AUDIO：音频信号发生器(.wav 文件)。

DSTATE：稳态逻辑电平发生器。

DEDGE：单边沿信号发生器。

DPULSE：单周期数字脉冲发生器。

DCLOCK：数字时钟信号发生器。

DPATTERN：模式信号发生器。

开关和继电器库如图 8-8 所示，各开关说明如下。

(1) 复位开关(按键)：点击时接通，放开时断开。

(2) 乒乓开关：点击接通，再点击断开。

(3) 多状态开关：点击一次改变一次状态。

调试工具库如图 8-9 所示，说明如下。

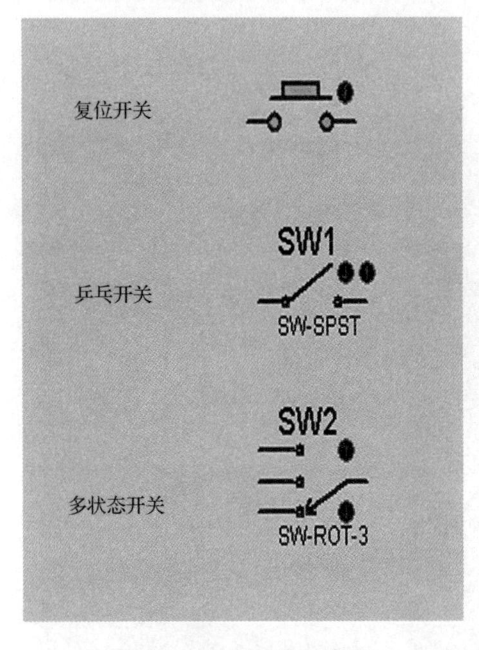

图 8-8　开关和继电器库

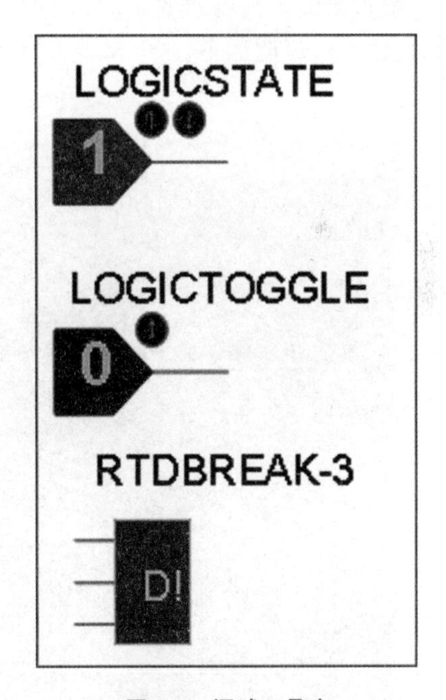

图 8-9　调试工具库

(1) 逻辑数据输入：点击一次改变状态，起动前可设置常态。

(2) 逻辑脉冲输入：点击一次输出一次脉冲，起动前可设置常态。

(3) 逻辑数据产生器：有 BCD 码和 HEX 两种。

虚拟仪器窗口如图 8-10 所示。一般仿真中用得最多的是虚拟示波器和信号发生器，下面介绍这两种仪器。

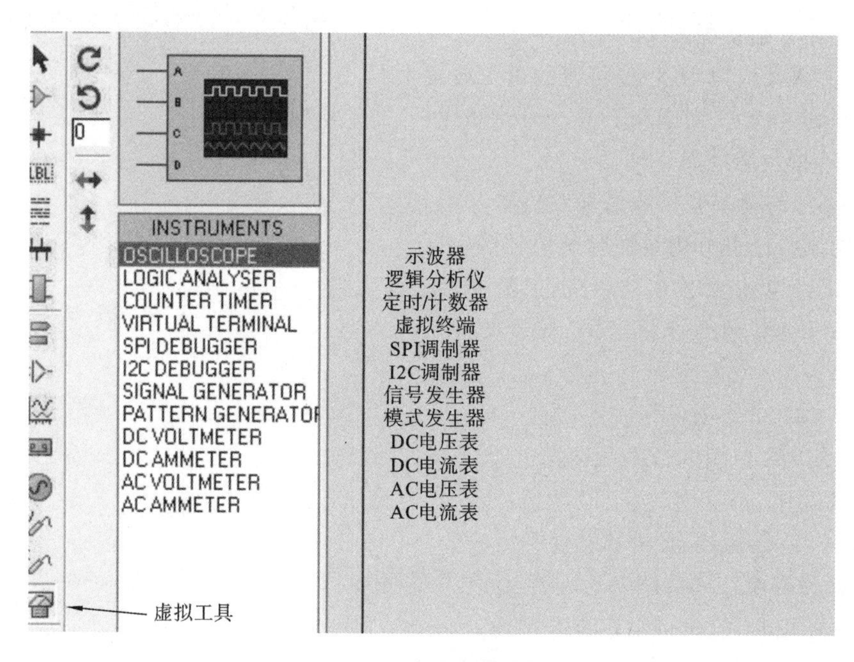

图 8-10　虚拟仪器窗口

1）虚拟示波器

虚拟示波器与真实的示波器的操作方法基本相同。虚拟示波器面板如图 8-11 所示，操作方法说明如下。

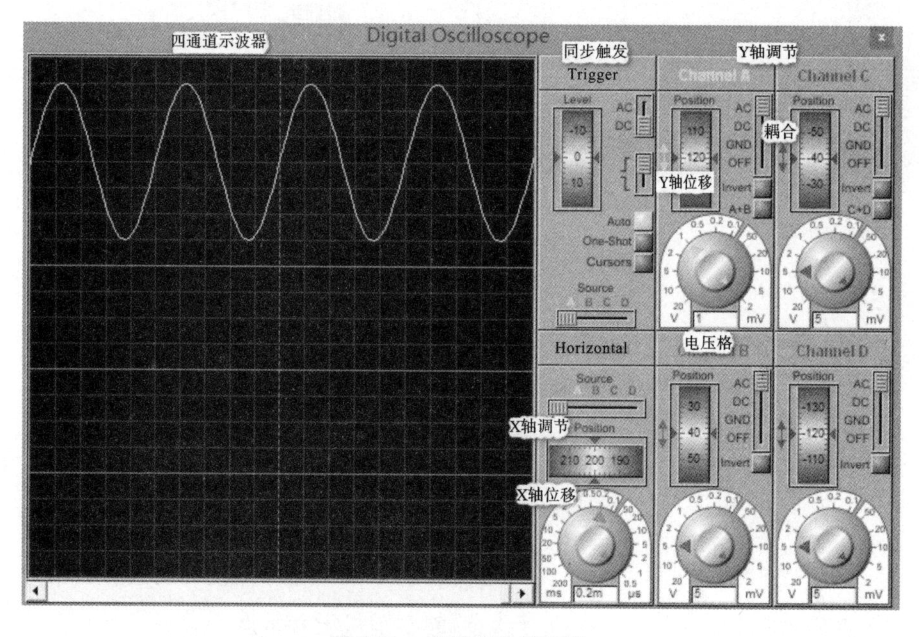

图 8-11　虚拟示波器面板

(1) Trigger：示波器触发信号设置，用于设置示波器触发信号的触发方式。

① Level ：触发电平，用于调节电平。

② 选择开关：触发电平类型。

③ 触发方式：触发电平的触发方式。

Auto：自动设置触发方式。

One-Shot：单击触发。

Cursors：选择指针模式。

(2) Channel A、B、C、D。

① Position：示波器显示垂直位置调节旋钮，用于调节所选通道波形的垂直位置。

② 选择开关：选择通道显示波形类型。

③ 旋钮：用于调节垂直刻度系数，旋转旋钮可设置调节系统。另外，在文本框中键入数据，按"回车"键也可以设置调节系数。

(3) Horizontal：示波器显示水平机械位置调节窗口。

① Position：用于调节波形的触发点位置。

② 旋钮：用于调节水平比例尺因子。

2）信号发生器

信号发生器如图 8-12 所示。

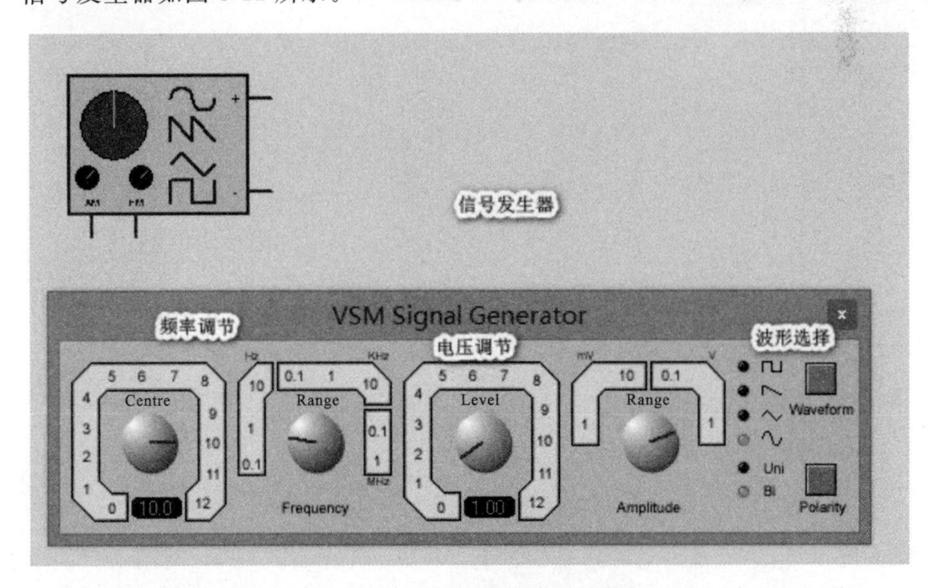

图 8-12 信号发生器仿真设置图

① 波形选择 :可以选择方波、正弦波、三角波等。

② 频率调节: 用于频段选择, 用于细调频率值。

③ 电压调节: 用于电压范围选择, 用于细调电压值。

8.3.2 Proteus ISIS 交互式仿真

交互式仿真也称为实时仿真,实时仿真实验步骤如下。

(1) 在 ISIS 下创建仿真实验电路。

① 从元件库调用电路元件(基本元件参数可以修改)。

② 将元件连接组成待测电路。

(2) 从调试工具库中调用仪器(信号源、示波器),组成实时仿真测量电路。

(3) 根据实验要求在主窗口操作实时仿真按键进行实时仿真。

注意:有些参数也可从调试工具库中调用测试探针直接测试。

下面分别以数字电路和模拟电路为例说明交互式仿真过程。

[**例 8-2**] 3-8 译码器 74LS138 的逻辑功能仿真。

(1) 从元件库中查找电路元件。

单击图标,单击 P 按钮,出现 Proteus 元件库,从弹出的选取元件对话框中输入仿真元件名称,选取 74LS138 元件,如图 8-13 所示。

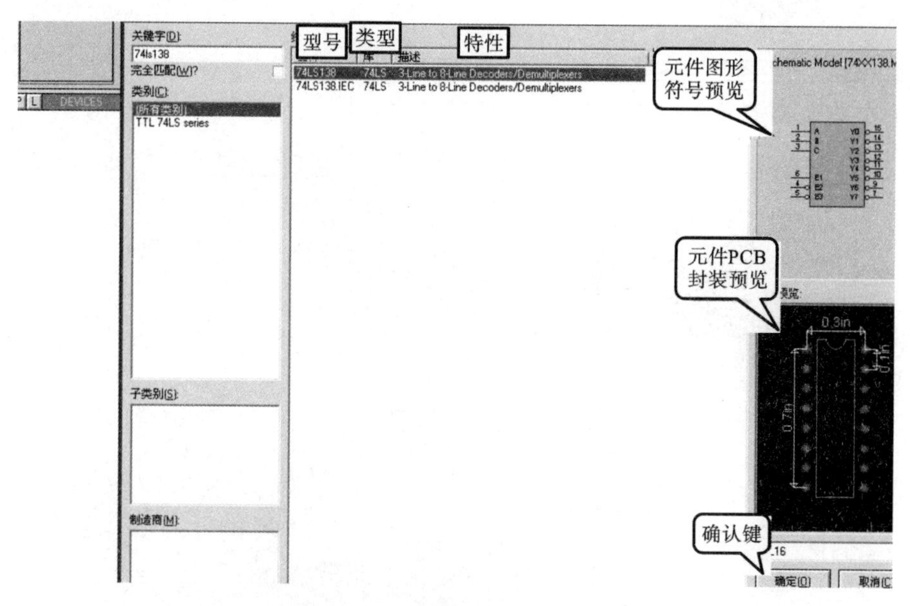

图 8-13 选取 74LS138 元件

双击元件名,添加元件到对象选择器上。依次添加 LED、逻辑开关、电阻。添加完后,对象选择器中将列出所有元件,如图 8-14 所示。

(2) 连接元件,组成电路。

在对象选择器中选择相应的元件,在编辑窗口单击一下,此时系统处于放置模式。

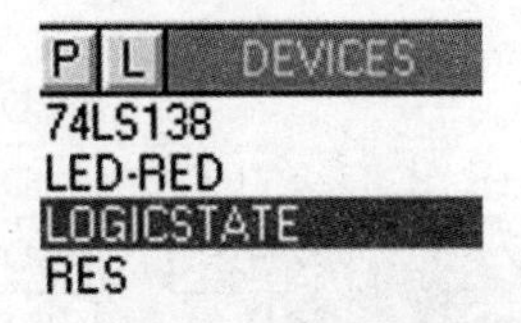

图 8-14 对象选择器中列出所有已选择元件

移动鼠标,元件将随鼠标的移动而移动。在期望放置元件的位置单击鼠标左键放置元件,如图 8-15 所示。

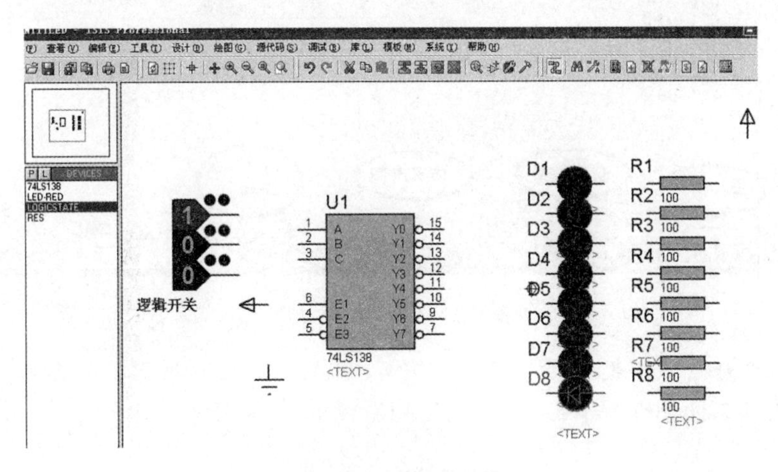

图 8-15 布置元件

元件布置好后,连接电路。将鼠标放置到元件连接点,光标将以绿色笔形式出现,单击鼠标左键,开始画线,在线的结束点,光标再次以绿色笔形式出现,单击鼠标左键,结束画线。按照上述方式,完成整个电路原理图的编辑,如图 8-16 所示。

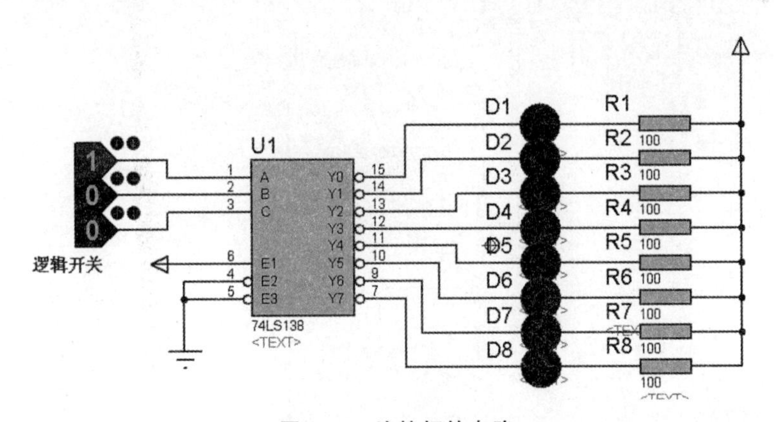

图 8-16 连接好的电路

(3) 电路仿真。

点击控制面板上的运行按钮运行电路。电路运行结果如图 8-17 所示。在 Proteus ISIS 中给出了仿真信息、仿真时间及 CPU 加载率。从仿真的结果看,满足 74LS138 的逻辑功能。

[例 8-3] 单管放大电路的实时仿真。

单管放大电路的实时仿真分为两步:测量静态工作点、测量电压增益。

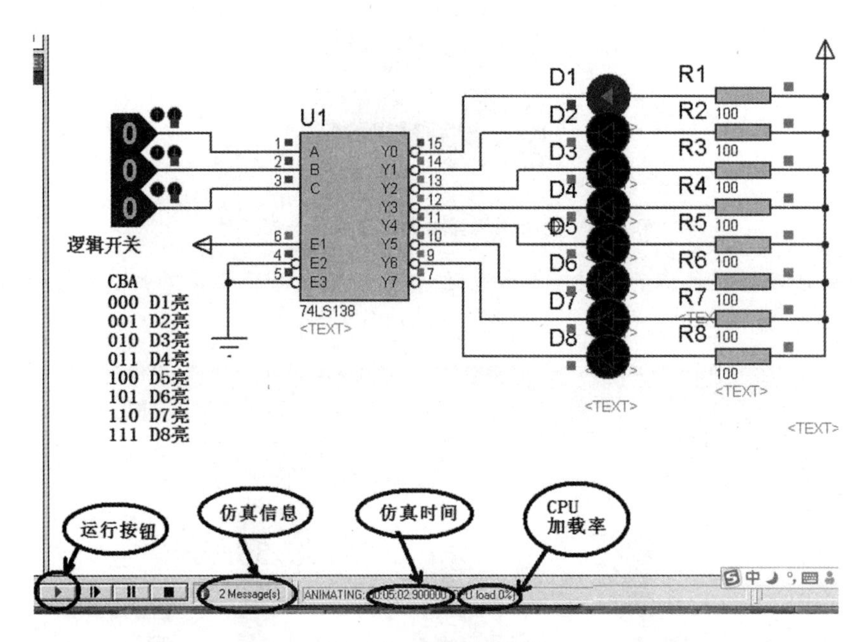

图 8-17 电路运行结果

(1) 测量静态工作点:先调节基极电压(电阻),当放大器输出不失真时,将输入端短接,再测量三极管的工作点电压 U_E,U_B,U_C 及 U_{CE},如图 8-18 所示。

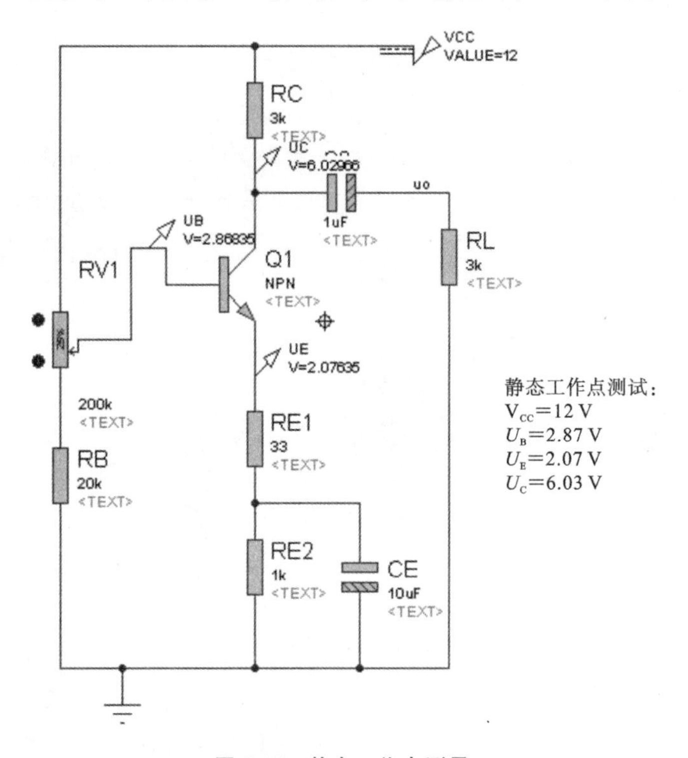

图 8-18 静态工作点测量

(2) 测量电压增益:调整好静态工作点后,将交流信号频率为 1 kHz,输出幅度为 100 mV 的正弦波连接到放大电路输入端。测量输出信号 u_o。电压增益 $A_u = u_o/u_i$,u_o 表示放大电路输出电压幅度(图中 C 通道测量信号为 u_o),u_i 表示放大电路输入电压幅度(图中 B 通道测量信号为 u_i)。仿真结果如图 8-19 所示。

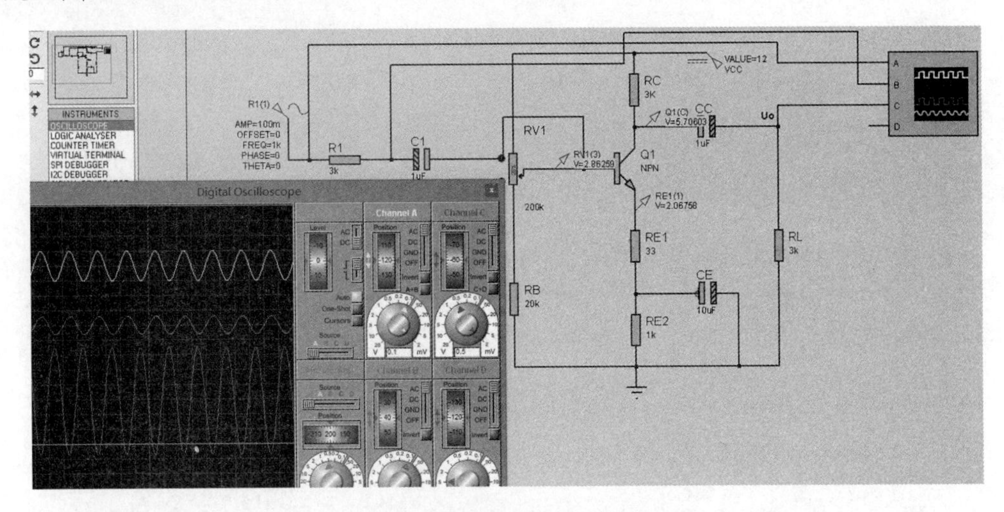

图 8-19 动态电路增益仿真

根据仿真结果,从虚拟示波器可读出 u_s(图中 A 通道测量信号为 u_s)的幅值为 100 mV,u_i 的幅值为 60 mV,u_o 的幅值为 1.8 V,由此得出该电路的增益为 30 dB。

8.3.3 基于图表的仿真——非实时仿真操作

借助图表分析可以得到整个电路分析结果,并且可以直观地对仿真结果进行分析。同时,图表分析能够在仿真过程中放大一些特别的部分,进行一些细节上的分析。另外,图表分析是一种能够实现对现实中难以做出分析的变量进行分析的方法,如交流小信号分析、噪声分析和参数扫描。

基于图表的电路仿真用仿真探针记录电路的波形,最后显示在图表中。

1. 模拟图表分析仿真

[**例 8-4**] 以单管放大电路为例说明模拟图表的仿真过程。本电路为单管放大电路,电路将输入信号进行放大。

1) 放置仿真探针

本电路输入信号为电压信号,输出信号也为电压信号,故需在电路的输出端放置电压探针。将工具菜单中的图标放置到原理图中,如图 8-20 所示。

2) 放置仿真图表

本例中期望通过图表显示输入电压波形与输出电压波形之间的关系,因此需要放置一个模拟图表。单击工具箱中的 Graph Mode 图标,在对象选择器中选择 ANALOGUE 仿真图表,如图 8-21 所示。在编辑窗口单击并拖动鼠标,将出现一个矩形图表轮廓,释放鼠标形成一个仿真图表,如图 8-22 所示。

3) 设置仿真图表

(1) 放置正弦波发生器。

选中电路中的发生器 R1(1),拖动其到图表中,结果如图 8-23 所示。

(2) 设置测试点。

双击图表标题栏,模拟图表将以窗口形式出现,如图 8-24 所示。

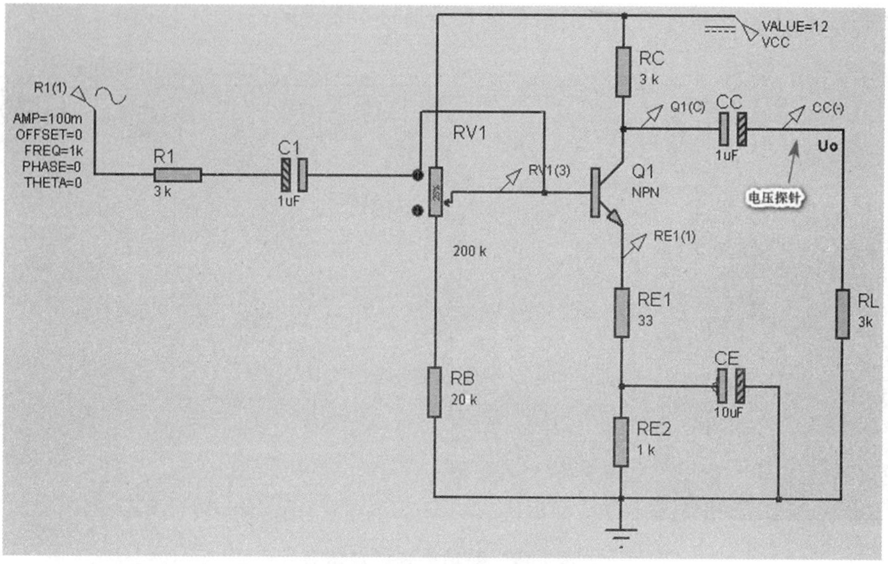

图 8-20 放置电压探针

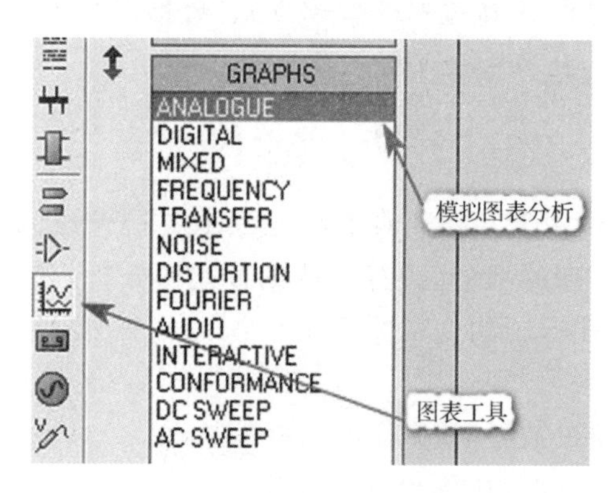

图 8-21 选取模拟仿真图表

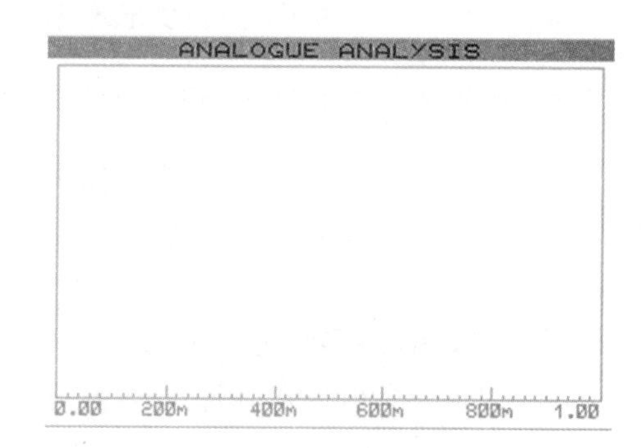

图 8-22 模拟图表

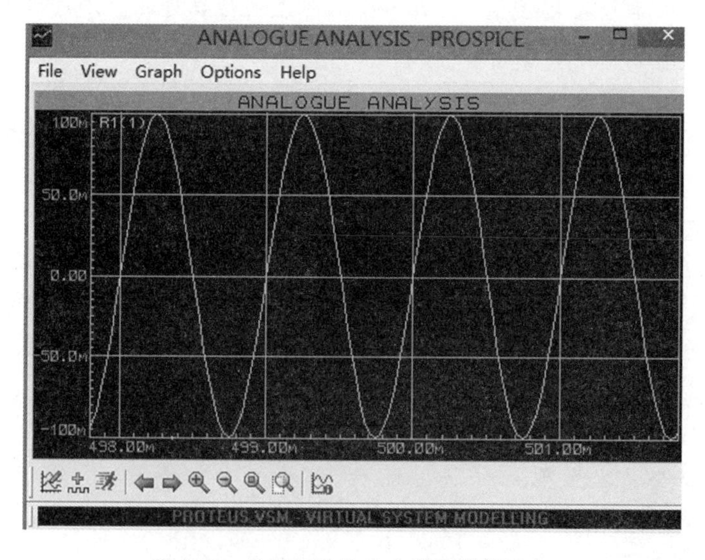

图 8-23 放置正弦波发生器到模拟图表

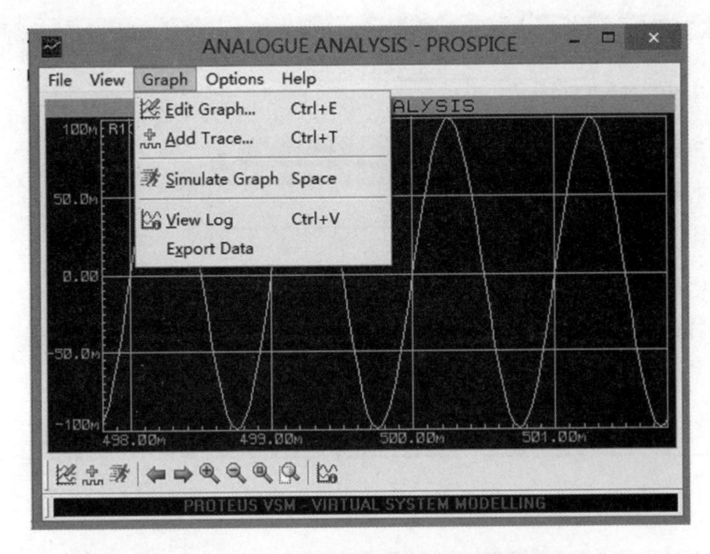

图 8-24　以窗口形式出现的模拟图表

选择 Graph→Add Trace 命令，将弹出如图 8-25 所示对话框。

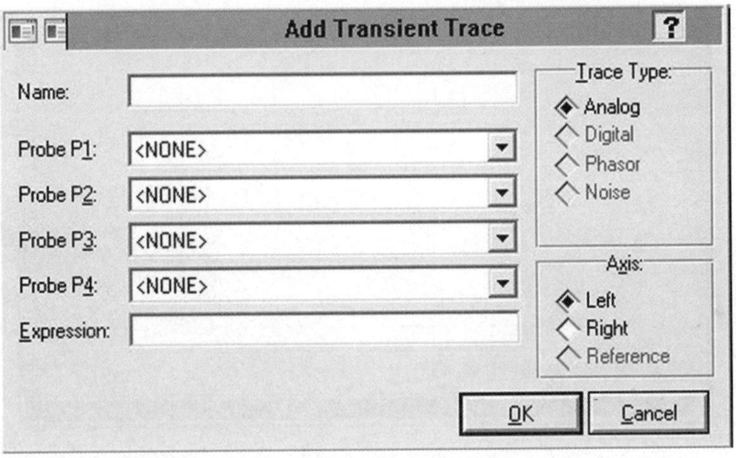

图 8-25　添加瞬态曲线对话框

单击 Probe P1 的下拉式按钮，在出现的选项中选择 CC(一)探针，其他选项采用默认设置，单击 OK 按钮，完成设置，如图 8-26 所示。

单击 Cancel 按钮关闭窗口，此时模拟图表如图 8-27 所示，从图中可以看出，不同的探针和发生器由不同的颜色表示。

(3) 设置仿真时间。

双击模拟图表，弹出模拟图表编辑对话框。本电路中输入的频率为 1 kHz，只需观测电路在 1 ms 内的信号输入与信号输出的对应关系即可。因此电路的设置如图 8-28 所示。编辑完成后，单击 OK 按钮完成设置。

4) 电路输出波形仿真

选择 Graph→Simulate Mode 命令，开始仿真。电路仿真结果如图 8-29 所示。

从系统的仿真结果可知，输出信号与输入信号为相位相反、频率相同的信号。

在图表中的输入信号曲线上的任意处单击鼠标左键，将出现测量指针，按下 Ctrl

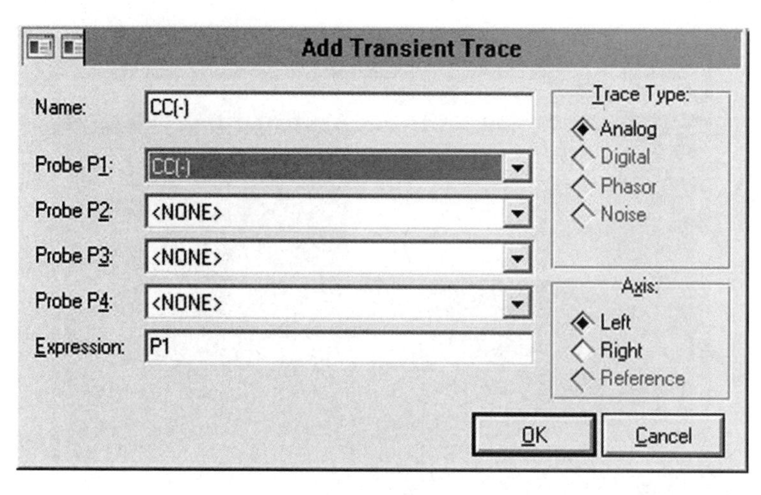

图 8-26　完成测试点的添加

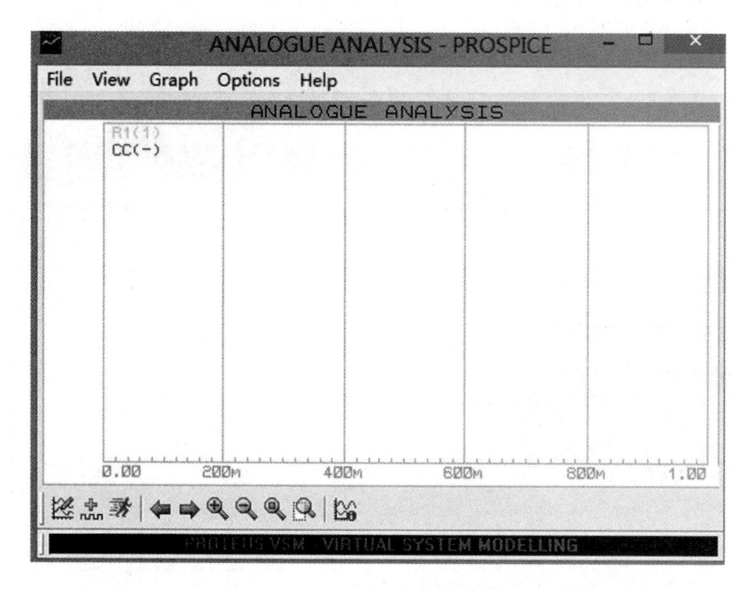

图 8-27　编辑好的模拟图表

Edit Transient Graph

Graph title: ANALOGUE ANALYSIS

Start time: 0

Stop time: 1m

Left Axis Label:

Right Axis Label:

User defined properties:

Options

Initial DC solution: ☑

Always simulate: ☑

Log netlist(s): ☐

SPICE Options

Set Y-Scales

OK　Cancel

图 8-28　模拟图表编辑对话框

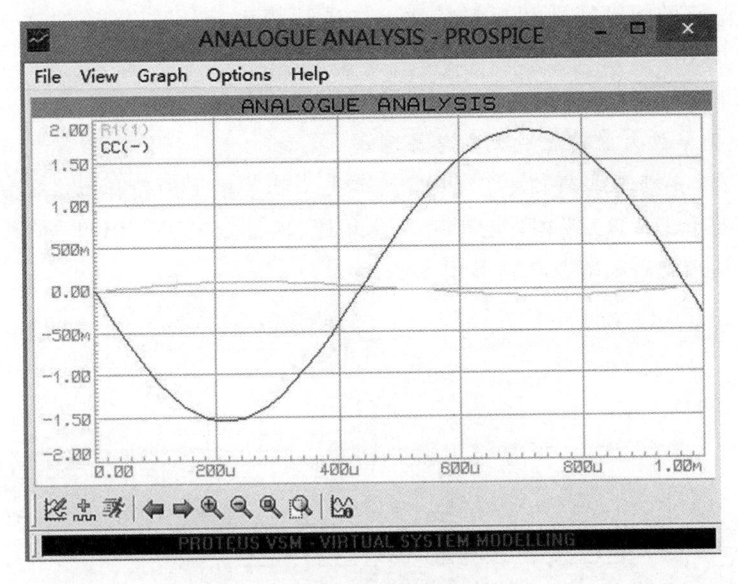

图 8-29　电路仿真结果

键，在图表输出信号曲线上单击鼠标左键，将出现另一个测量指针，如图 8-30 所示。

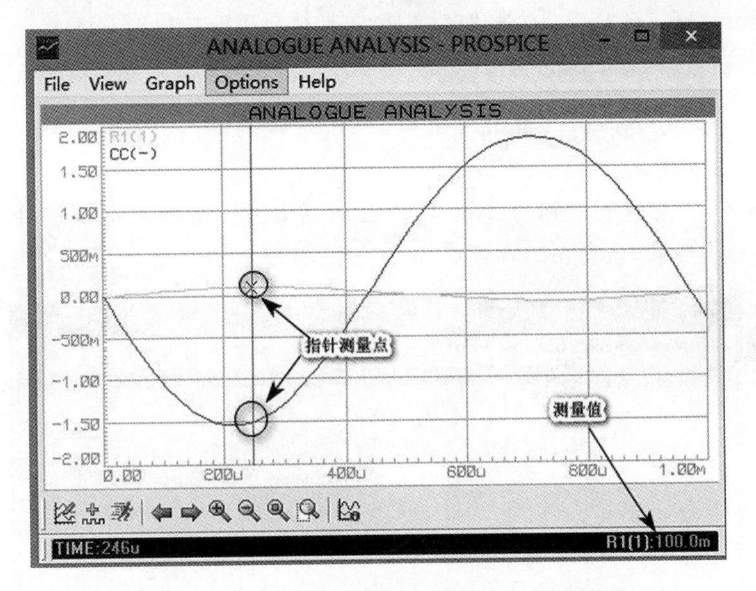

图 8-30　用模拟图表测量指针测量输入/输出信号

从图 8-30 所示的测量结果可知，输入信号电压值为 99.7 mV，输出信号电压值为 1.74 V(通过左侧的标尺刻度读出)。系统的仿真结果与理论计算结果相符。

2. 电路频率响应特性分析

频率分析的作用是分析电路在不同频率工作状态下的运行情况，相当于在输入端连接一个可改变的测试信号，在输出端连接一个交流电表以测量不同频率所对应的输出，同时可得到输出信号的相位变化情况。频率特性分析还可以用来分析不同频率下的输入、输出阻抗。

Proteus ISIS 的频率分析用于绘制小信号电压增益或电流增益随频率变化的曲

线。可描绘电路的幅频特性和相频特性。在进行频率分析时,图表的 X 轴是频率,Y 轴是电压增益(dB)。

[例 8-5] 音频功率放大器前置放大电路频率分析。

1) 音频功率放大器前置放大电路原理图

按照例 8-2 的步骤编辑好电路原理图,单击工具菜单上的图标,单击 INPUT 终端并将其放置于工作区,将其与电路输入端相连,同样,将 OUTPUT 终端与电路输出端相连。编辑完成的电路原理图如图 8-31 所示。

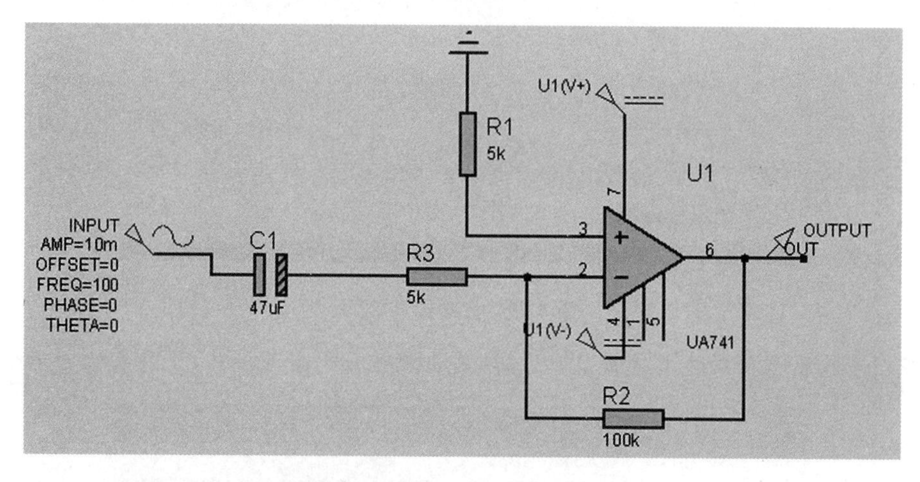

图 8-31 编辑完成的电路原理图

2) 频率分析图表

放置频率分析图表。单击工具菜单上的图标,在对象选择器中选择 FREQUENCY 仿真图表,放置在编辑窗口,如图 8-32 所示。

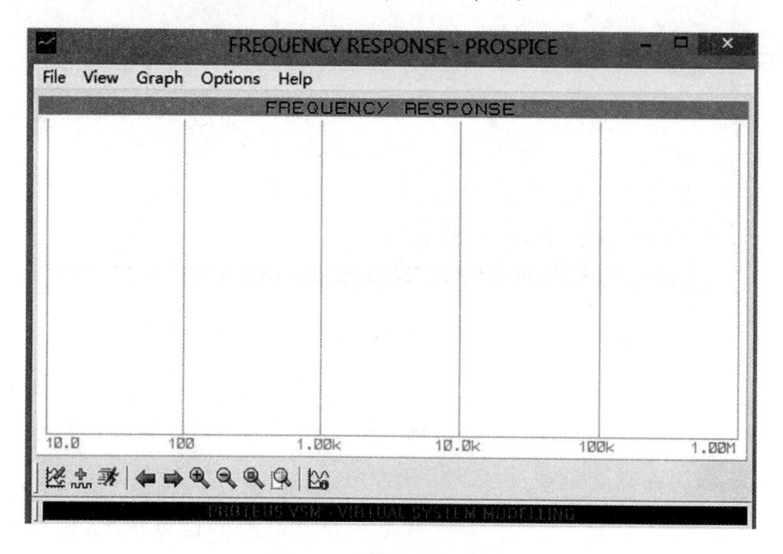

图 8-32 频率分析图表

在图表中放置电压探针。选中电路中的电压探针,按下鼠标左键并拖动其到图表的左上角,即幅值轴处。再一次选中电路中的电压探针,按下鼠标左键并拖动其到图表的右下角,即相位轴处,如图 8-33 所示。

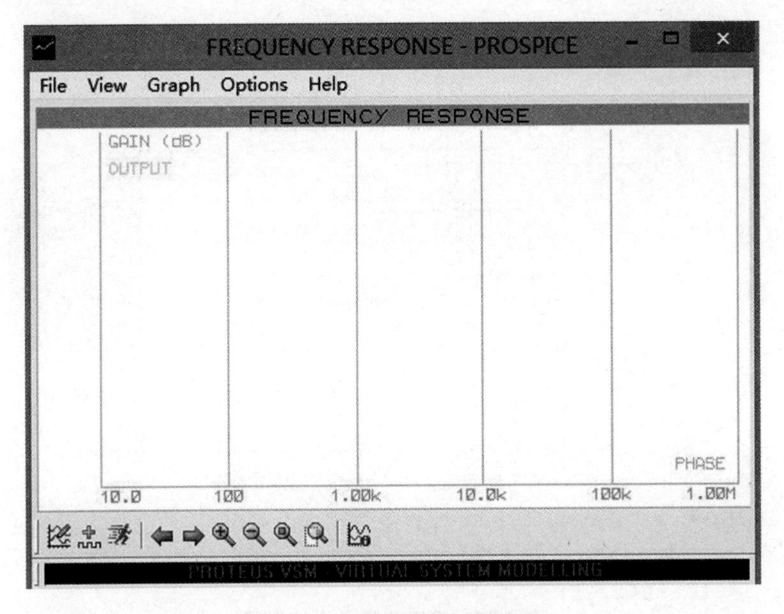

图 8-33 放置电压探针到图表

设置频率分析图表。双击图表，按图 8-34 修改参数。

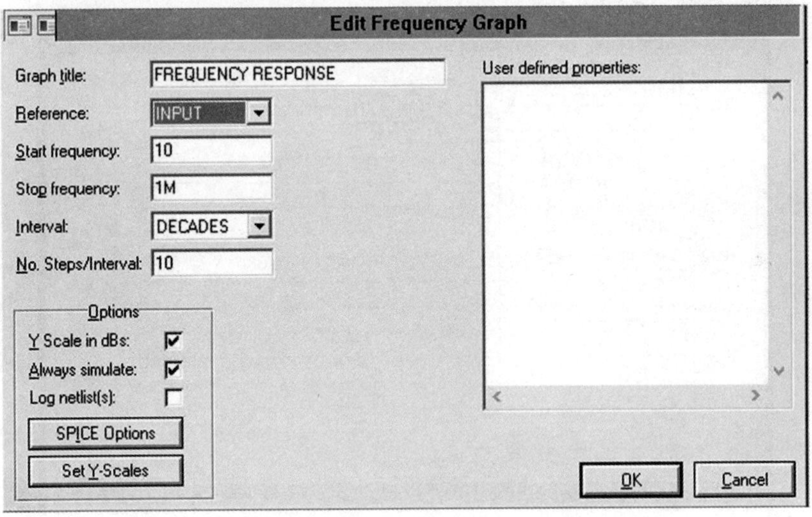

图 8-34 频率分析图表编辑对话框

编辑完成后，单击 OK 按钮完成设置。

3) 仿真电路

执行 Graph→Simulate Mode 命令，开始仿真。电路仿真结果如图 8-35 所示。

双击图表表头，图表以窗口形式出现，在窗口中单击，放置测量探针，测量电路的最大频率增益，如图 8-36 所示。

从图 8-36 所示的测量结果可知，系统的最大频率增益为 26.0 dB，则截止频率增益应为(26.0×0.707) dB≈18.38 dB。系统通带频率范围为 10～64 kHz。

3. 交流扫描分析图表

［例 8-6］ RC 低通滤波器电路频率特性分析仿真。

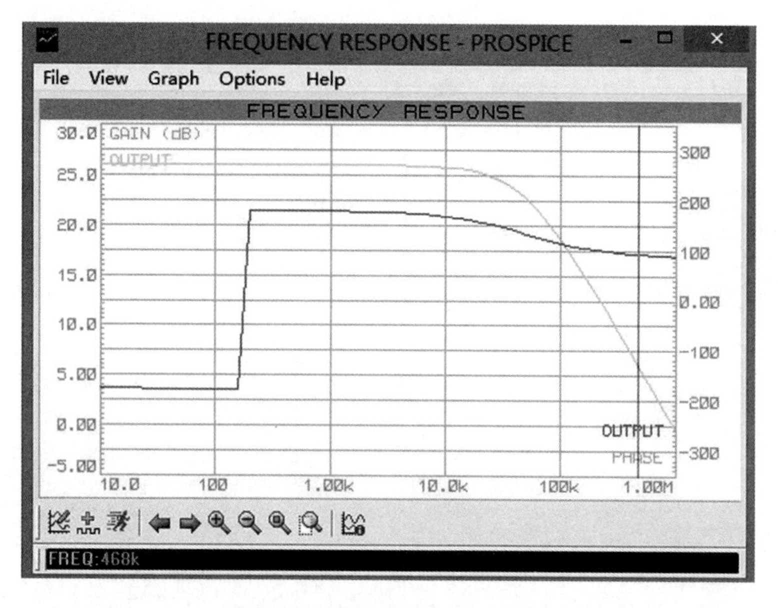

图 8-35　频率分析仿真结果图

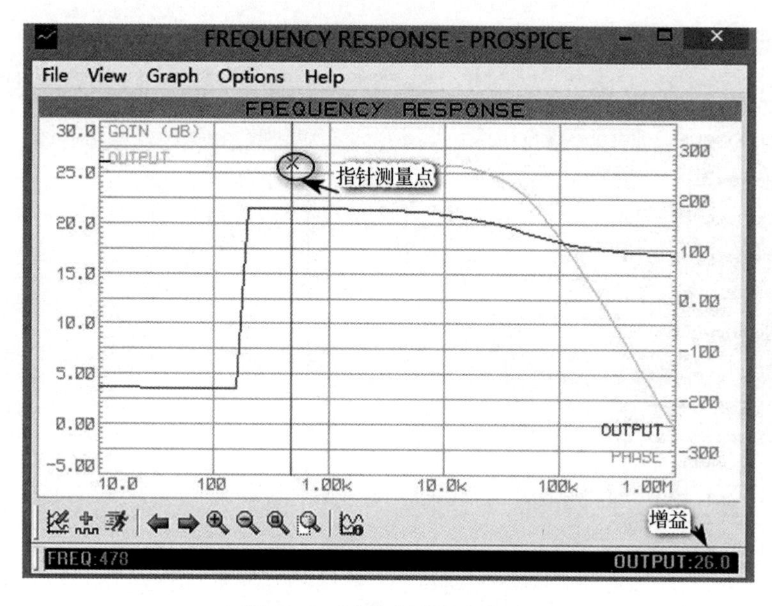

图 8-36　测量电路频率特性

1) RC 低通滤波器电路

单击图标，单击 P 按钮，从弹出的选取元件对话框中选择仿真元件(电阻和电容)，将仿真元件添加到对象选择器后，关闭元件选取对话框。选中对象选择器中的仿真元件，将电容、电阻元件添加到编辑窗口。

在电路中添加正弦波仿真输入源。单击图标，点选正弦波(SINE)信号源，并在编辑窗口单击，放置正弦波信号源。将正弦波信号源与 RC 电路相连。

设置电阻的阻值为与 X 相关的参数表达式，电容值为 1 μF。

放置测量探针。单击图标，在编辑窗口放置探针，电压探针被放置到电路图中，如图 8-37 所示。

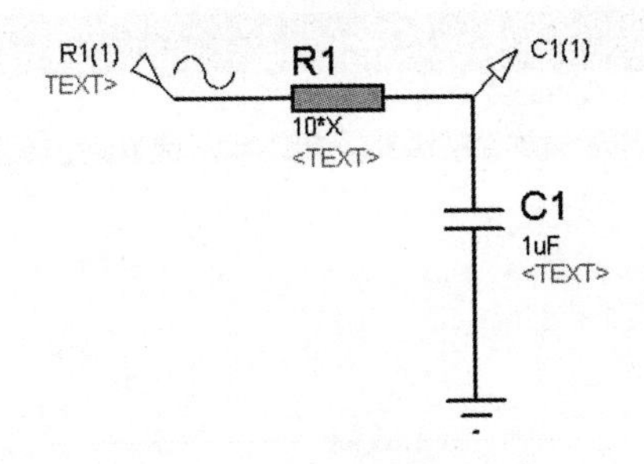

图 8-37 RC 低通滤波器电路

双击正弦波信号源，将输入信号设置为幅度为 1 V、频率为 1 Hz、相位为 0°的正弦波，如图 8-38 所示，编辑完成后，单击 OK 按钮确认设置。

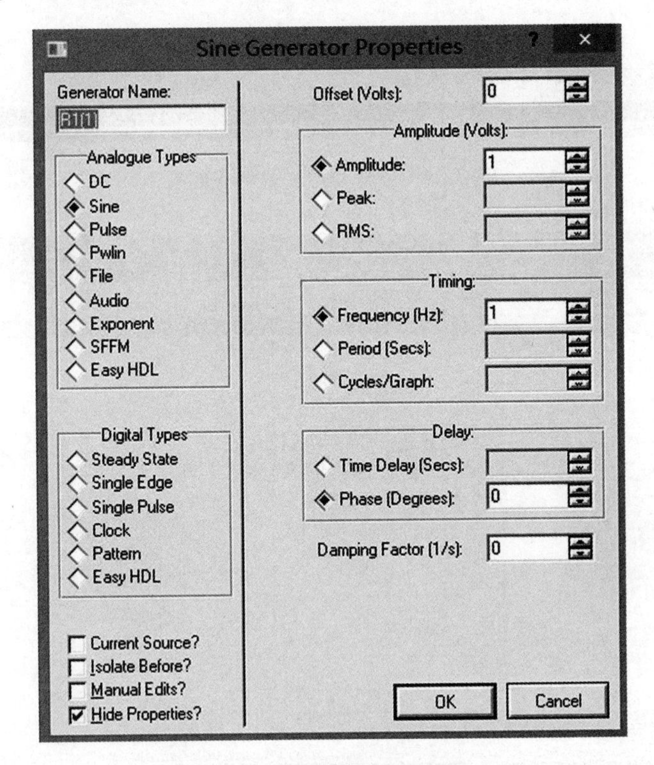

图 8-38 正弦波信号源编辑窗口

2）交流参数扫描分析图表

放置交流参数扫描分析图表。单击图标，在对象选择器中选择 AC SWEEP 仿真图表，放置在编辑窗口中，如图 8-39 所示。

放置电压探针。选中电路中的电压探针，按下鼠标左键拖动其到图表的左上角。再次选中电路中的电压探针，按下鼠标左键拖动其到图表的右下角，如图 8-40 所示。

按图 8-41 修改参数，单击 OK 按钮完成设置。

3）仿真电路

双击图表表头，图表以窗口形式出现，执行 Graph→Simulate Mode 命令，开始仿真。电路仿真结果如图 8-42 所示。

在窗口单击鼠标左键放置测量探针测量曲线上各点对应的电阻参数 X 与输出相

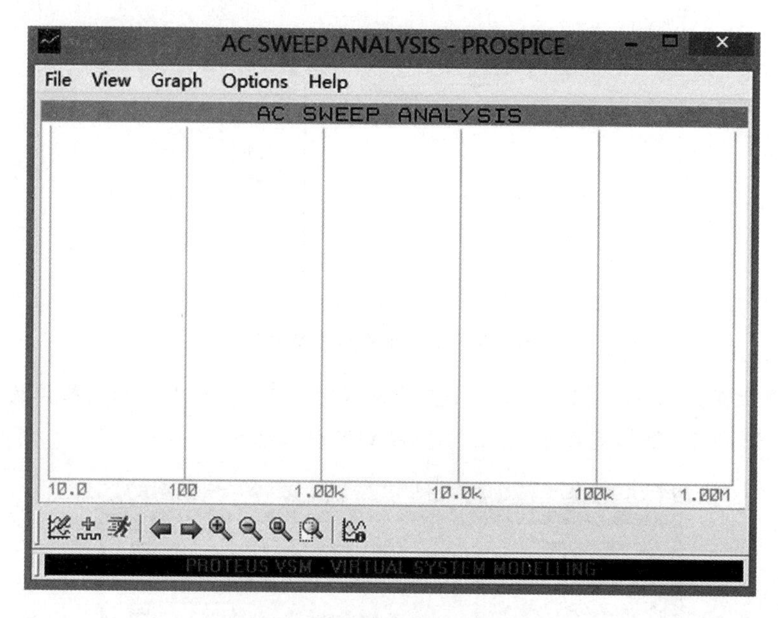

图 8-39　交流参数扫描分析图表

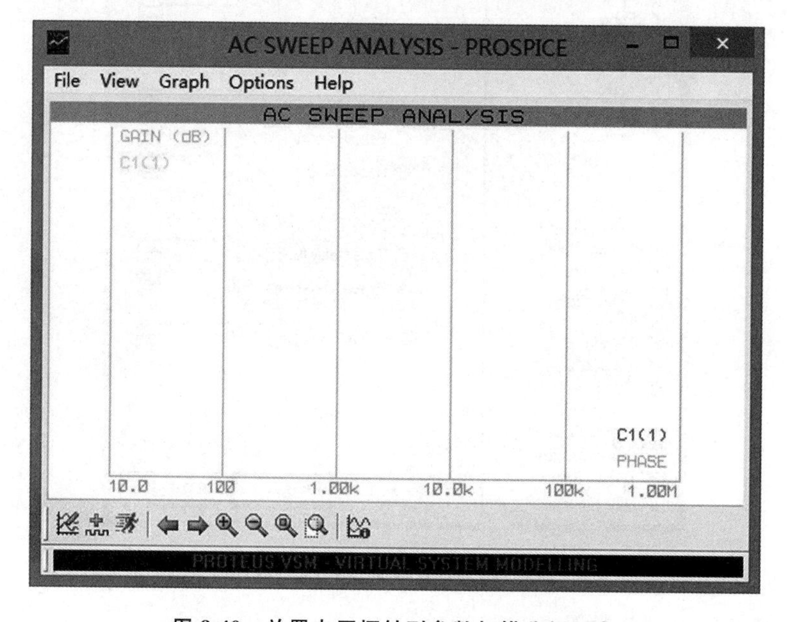

图 8-40　放置电压探针到参数扫描分析图表

位、增益及输入频率的关系。例如,测量输入频率为 14.3 kHz,电阻参数 $X=1.67$ kΩ 的点的输入相位与增益的关系。首先移动测量探针选定一个测量点,并在红色的表示相位的点上按下鼠标左键,然后再按下 Ctrl 键的同时,在绿色的表示增益的点上单击鼠标左键,即可测出当输入频率为 14.3 kHz 时,RC 电路的幅频特性曲线,如图 8-43 所示。

从图 8-43 中的测量结果可知,当 RC 电路中的 $R=16.7$ kΩ 时,低通滤波器电路的截止频率为 14.3 kHz,截止频率处的相位为 $-56.3°$。

改变测量值,测量结果如图 8-44 所示。

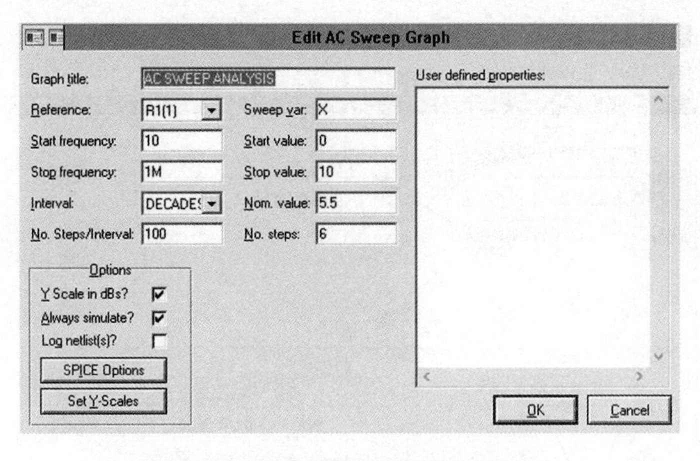

图 8-41 参数扫描分析图表编辑对话框

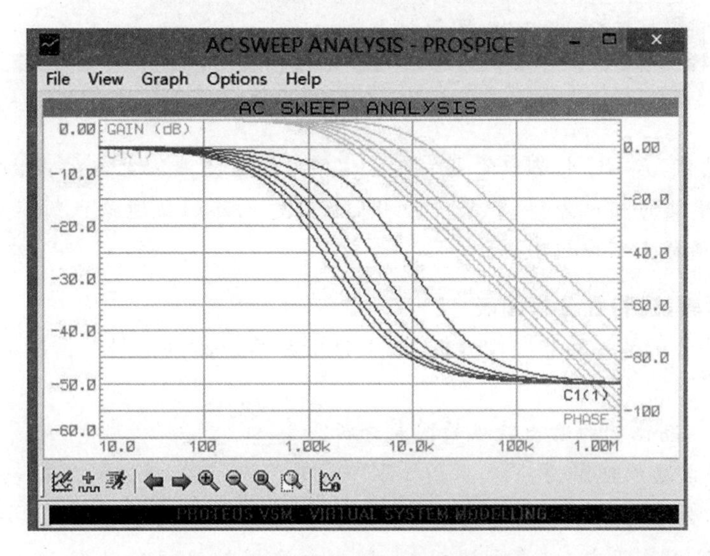

图 8-42 参数扫描分析仿真结果图

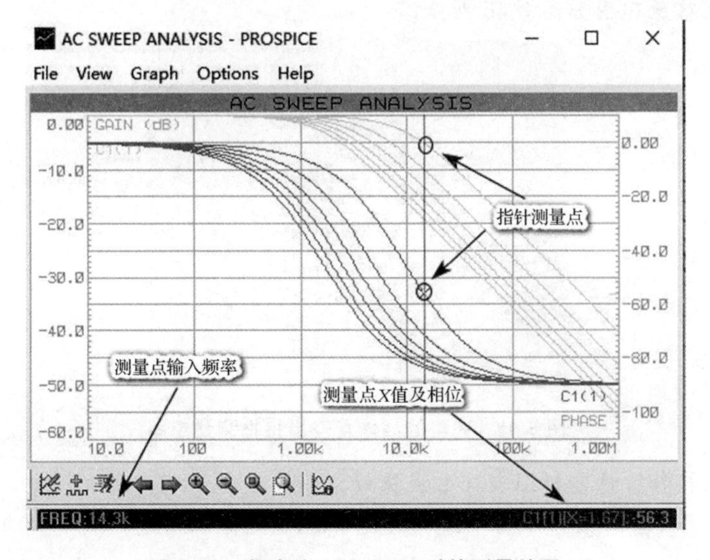

图 8-43 频率为 14.3 kHz 时的测量结果

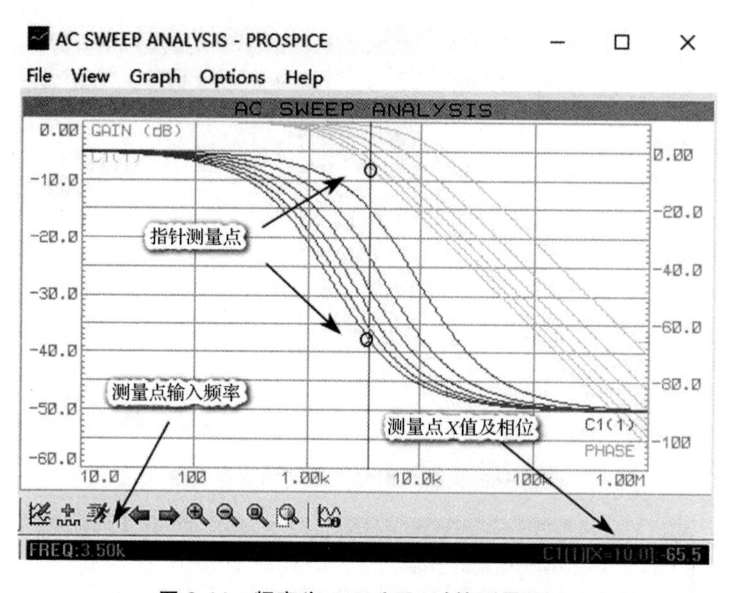

图 8-44 频率为 3.50 kHz 时的测量结果

改变测量值，当 RC 电路中的 $R=100\ \mathrm{k\Omega}$ 时，低通滤波器电路的截止频率为 3.50 kHz，截止频率处的相位为−65.5°。从结果看，RC 电路的低通截止频率与 R 值有关，R 值越大，低通截止频率越小。

4. 传输(转移)特性分析图表

转移特性分析是一种非线性分析，用于分析在给定激励信号的情况下电路的时域响应。

［**例 8-7**］ 晶体管的输出特性的图表分析。

(1) 编辑电路原理图。

按照例 8-2 中的原理图编辑流程绘制晶体管输出特性测量电路。单击图标，放置电流探针到电路图中，双击电流探针，弹出电流探针编辑对话框，编辑电流探针为 IC，完整的电路原理图如图 8-45 所示。

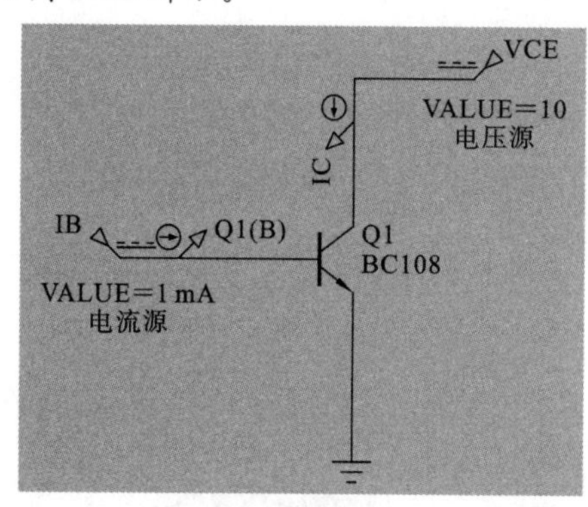

图 8-45 完整的晶体管输出特性测量电路

(2) 放置转移特性分析图表及电流探针。

单击图标，在对象选择器中选择 TRANSFER 仿真图表。放置图表到电路编辑窗口，并拖动电路中的 IC 探针到图表中，如图 8-46 所示。

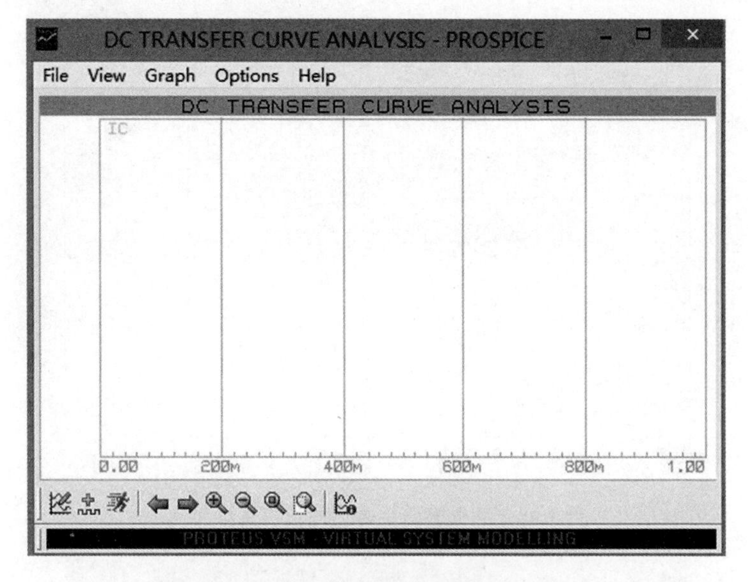

图 8-46 放置 IC 探针到转移特性分析图表

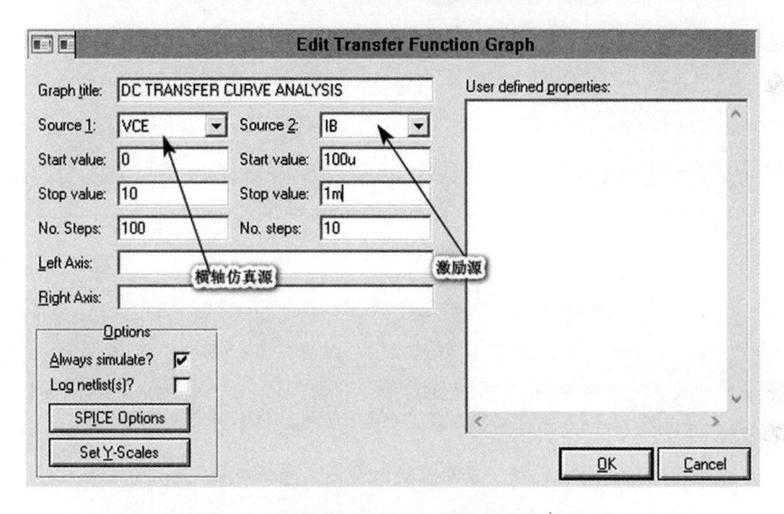

图 8-47 转移特性分析图表编辑对话框

(3) 设置转移特性分析图表。

双击图表将弹出如图 8-47 所示的转移特性分析图表编辑对话框。按照图 8-47 进行设置，编辑完成后，单击 OK 按钮完成设置。

(4) 转移特性分析仿真。

双击图表表头，图表以窗口形式出现，按下图标，开始仿真，仿真结果如图 8-48 所示。

在窗口中放置测量探针，测量曲线上各点对应的集电极电流 IC 与基极电流 IB，如图 8-49 所示。

图 8-49 中的测量点的电流增益为 $\frac{IC}{IB}=\frac{43.1}{0.3}\approx 144$。改变测量点，如图 8-50 所示，此时，VCE=6.34 V，直流电流增益 $\frac{IC}{IB}=\frac{42.6}{0.3}\approx 142$，即器件在放大区的直流电流增益几乎与晶体管两端的电压值无关，这体现了基极电流对集电极电流的控制作用。

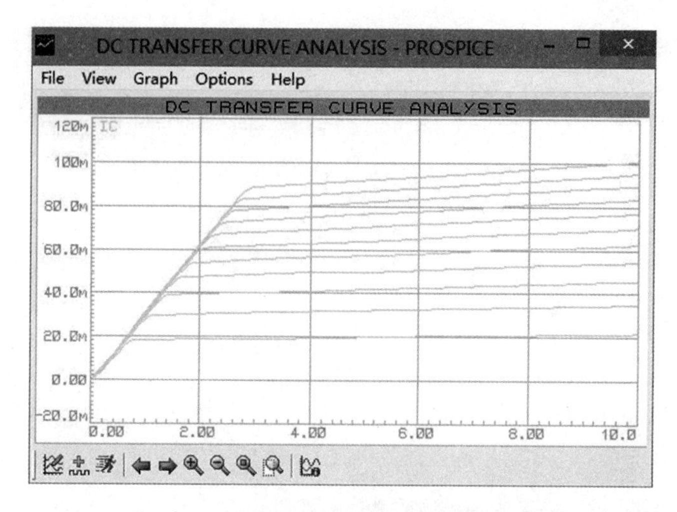

图 8-48　晶体管转移特性分析仿真结果图

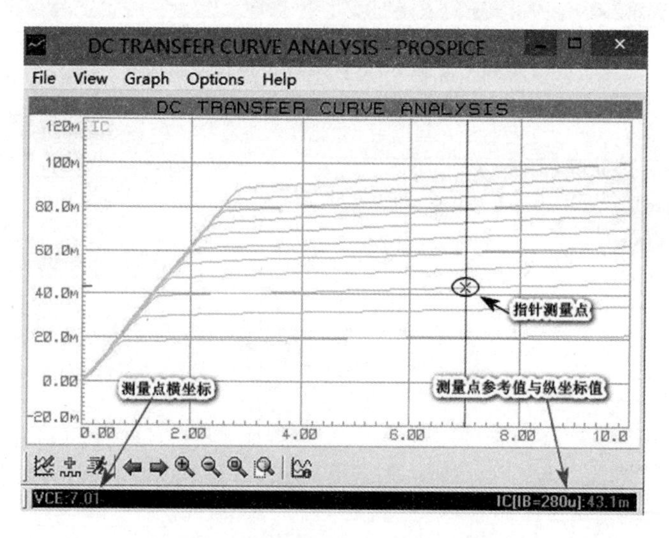

图 8-49　晶体管输出特性曲线仿真图

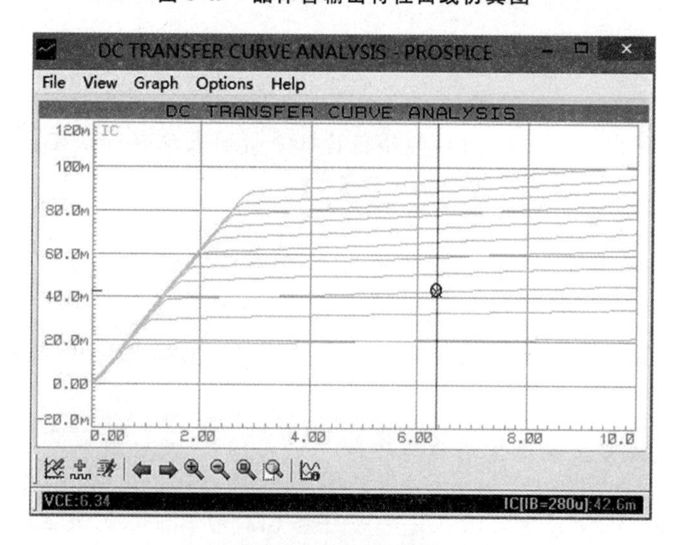

图 8-50　改变测量点

8.4 小结

本章通过实例讲解 Proteus 软件的基本操作，包括原理图的编辑、电路的两种仿真。

8.5 Proteus 操作实习

8.5.1 实验目的

(1) 了解 Proteus 软件的基本功能。

(2) 学习用 Proteus 软件对电路原理图进行仿真。

8.5.2 预备知识

(1) 熟悉 Proteus 工作界面、元件库以及元件编辑操作。

(2) 学习图 8-16 所示的仿真电路的编辑操作，并得到图 8-17 所示的仿真效果，目的是熟悉 Proteus 仿真软件的基本应用。

8.5.3 实习设备与元器件

PC、Proteus 软件。

8.5.4 实习内容

(1) 用 Proteus 软件做叠加定理仿真实验，记录所测数据，电路原理图如图 8-51 所示，其中，U1、U2 为电压源，记录表 8-1 所示的四种组合情况下的实验数据，并利用叠加定理对数据进行分析。

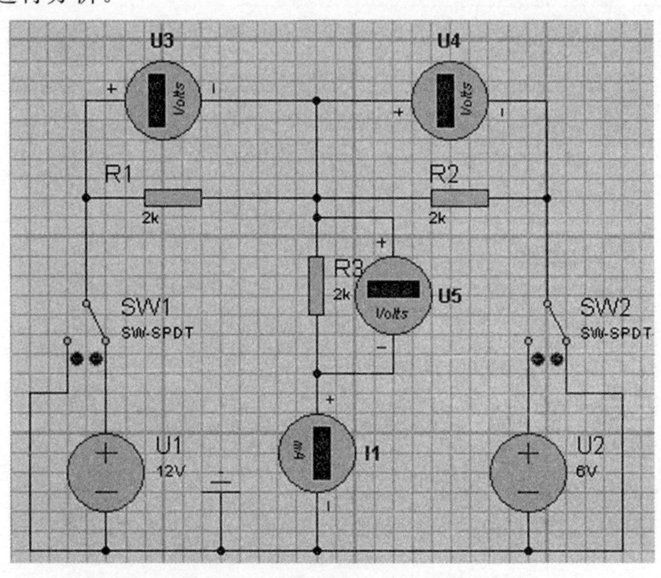

图 8-51 叠加定理电路原理图

表 8-1 叠加定理仿真实验数据记录表

U1/V	U2/V	U3/V	U5/V	I1/mA
12	0			
0	6			
12	6			
24	0			

(2) 用 Proteus 软件做单级电压放大器的电路仿真实验,并给出频率特性曲线。

(3) 总结学习 Proteus 软件的心得体会。

8.5.5 思考题

(1) 什么是交互式仿真?举例说明交互式仿真的步骤。

(2) 什么是基于图表的仿真?其功能是什么?

8.5.6 实习报告

9

低压电器与三相异步电动机及其继电-接触控制

低压电器是电气设备控制系统的基本组成元件，控制系统的优劣与所用的低压电器直接相关。电气技术人员只有掌握低压电器的基本知识和常用低压电器的结构及工作原理，并能准确选用、检测和调整常用低压电器元件，才能够分析电气设备控制系统的工作原理，以处理一般故障。

随着科学技术的飞速发展，自动化程度的不断提高，低压电器的应用范围日益扩大，品种不断增加。随着电子技术在低压电器中的广泛应用，近年来出现了许多新型低压电器。本节将着重介绍常用的低压电器的结构、工作原理和应用，并对新型电器作简单介绍。

9.1　低压电器基本知识

电器在实际电路中的工作电压有高低之分，工作于不同电压下的电器可分为高压电器和低压电器两大类，凡工作在交流电压1200 V及以下，或直流电压1500 V及以下电路中的电器称为低压电器。

低压电器的分类如下。

(1) 按照动作性质，低压电器可分为手动控制低压电器和自动控制低压电器。前者是依靠外力（如人工）直接操作来进行切换的低压电器，如刀开关、按钮等。后者是依靠指令或物理量（如电流、电压、时间、速度等）变化而发生自动动作的低压电器，如熔断器、断路器、接触器、继电器等。

(2) 按照用途，低压电器可分为控制低压电器和保护低压电器。前者主要在低压配电系统及动力设备中起控制作用，控制电路的接通、分断及电动机的各种运行状态，如刀开关、接触器、按钮等。后者主要在低压配电系统及动力设备中起保护作用，保护电源、线路、电动机，使它们不会在短路状态和过载状态下运行，如熔断器、热继电器等。

有些低压电器既有控制作用，又有保护作用，如行程开关既能控制行程，又能作为极限位置的保护；自动开关既能控制电路的通断，又能起到防止短路、过载、欠压、失压等的作用。

（3）按照执行机理，低压电器可分为有触点低压电器和无触点低压电器。前者具有动触点和静触点，利用触点的接触和分离来实现电路的通断。后者无触点，主要利用晶体管的开关效应，即导通或截止来实现电路的通断。

9.1.1 刀开关

刀开关是一种结构最简单且应用最广泛的手动控制低压电器，常用来作为电源的引入开关或隔离开关，也可用于控制小容量三相异步电动机不频繁起动或停止。刀开关按照刀的级数分为单极刀开关、双极刀开关和三极刀开关；按照灭弧装置分为带灭弧装置刀开关和不带灭弧装置刀开关；按照刀的转换方向分为单掷刀开关和双掷刀开关；按照有无熔断器分为带熔断器刀开关和不带熔断器刀开关(开关板用刀开关)。刀开关作负荷开关用时又分为开启式负荷开关和封闭式负荷开关开。刀开关的组成部件一般包括绝缘底板、动触刀、静触座、灭弧装置和操作手柄等，其中灭弧装置并不是必备装置，在刀开关用于电源隔离时通常不配置灭弧装置。不带熔断器的双极刀开关实物图、结构图及电路符号图如图 9-1 所示。

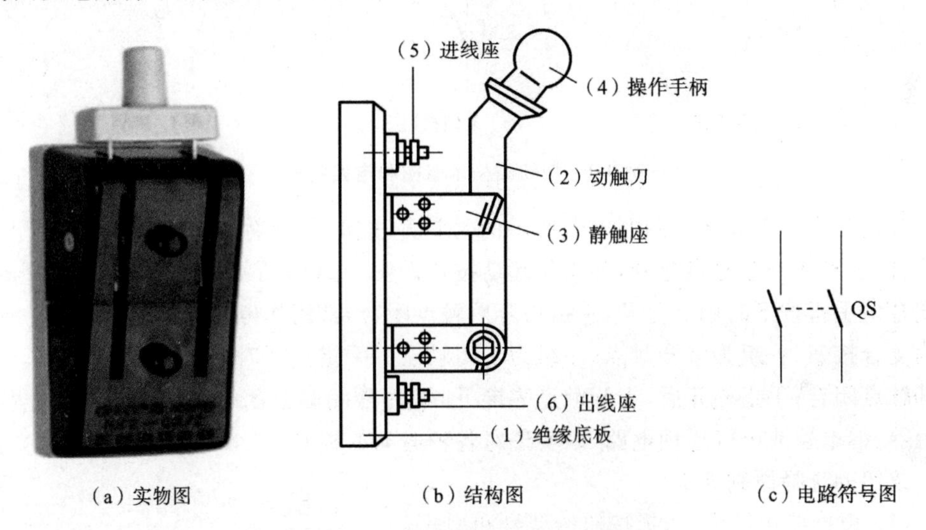

(a) 实物图　(b) 结构图　(c) 电路符号图

图 9-1　不带熔断器的双极刀开关

刀开关的选择原则如下。

（1）用于照明或电热负载时，负荷开关的额定电流等于或大于被控制电路中各负载额定电流之和。

（2）用于电动机负载时，开启式负荷开关的额定电流一般为电动机额定电流的 3 倍；封闭式负荷开关的额定电流一般为电动机额定电流的 1.5 倍。

刀开关的使用原则如下。

（1）负荷开关应垂直安装在控制屏或开关板上使用。

（2）对负荷开关接线时，电源进线和出线不能接反。开启式负荷开关的上接线端应接电源进线，负载则接在下接线端，便于更换熔丝。

（3）封闭式负荷开关的外壳应可靠接地，防止发生意外漏电而使操作者发生触电事故。

（4）更换熔丝应在开关断开的情况下进行，且应更换与原规格相同的熔丝。

9.1.2 按钮

按钮是一种手动电器,通常用来接通或断开由小电流控制的电路。它不直接控制主电路的通断,而是在控制电路中发出指令去控制接触器、继电器等电器,再由它们去控制主电路。

按钮一般由按钮帽、复位弹簧、动触点、静触点和外壳等组成。根据触点结构的不同,按钮可分为常开按钮、常闭按钮,以及将常开和常闭触点封装在一起的复合按钮等,如图 9-2 所示。

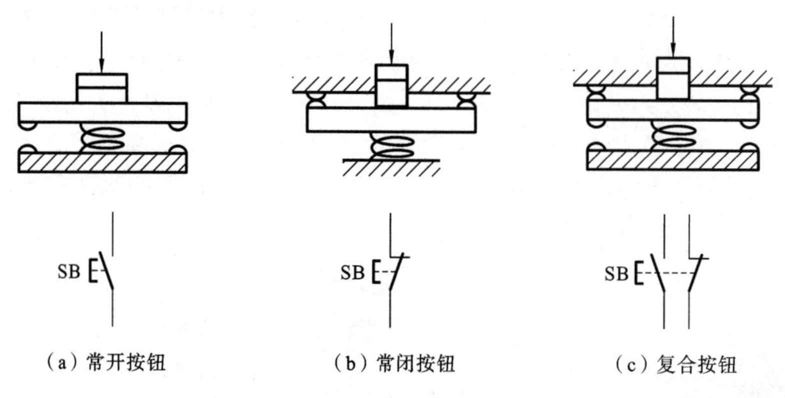

(a) 常开按钮　(b) 常闭按钮　(c) 复合按钮

图 9-2 按钮结构示意图和电路符号

按钮工作原理如下。图 9-2(a)所示的为常开按钮,平时触点分开。手指按下时触点闭合,手指松开后触点分开,常用作起动按钮。图 9-2(b)所示的为常闭按钮,平时触点闭合。手指按下时触点分开,手指松开后触点闭合,常用作停止按钮。图 9-2(c)所示的为复合按钮,一组为常开触点,一组为常闭触点。手指按下时,常闭触点先断开,继而常开触点闭合;手指松开后,常开触点先断开,继而常闭触点闭合。按钮主要用于操纵接触器、继电器或电气连锁电路,以实现对各种运动的控制。

按钮的选择原则如下。

(1) 根据使用场合,选择按钮的型号和型式。

(2) 按照工作状态指示和工作情况的要求,选择按钮和指示灯的颜色。

(3) 按照控制回路的需要,确定按钮的触点形式和触点的组数。

按钮的使用原则如下。

(1) 按钮所控制的电路属于小电流电路,一般安装在控制电路中。

(2) 按钮用于高温场合时,易使塑料变形、老化而导致松动,引起接线螺钉间相碰而发生短路,应在接线螺钉处加套绝缘塑料管来防止短路。

(3) 尽量降低灯泡电压,延长使用寿命。

9.1.3 组合开关

组合开关又称为转换开关,它实质上也是一种刀开关。它具有触点多、体积小、性能可靠、操作方便、安装灵活等特点。组合开关结构图如图 9-3(a)所示。它由三个分别装在三层绝缘件内的双断点桥式动触片、与盒外接线柱相连的静触片、绝缘方轴、手柄等组成。动触片装在附有手柄的绝缘方轴上,方轴随手柄而转动,于是动触片随方轴转动并变更与静触片分、合的位置。

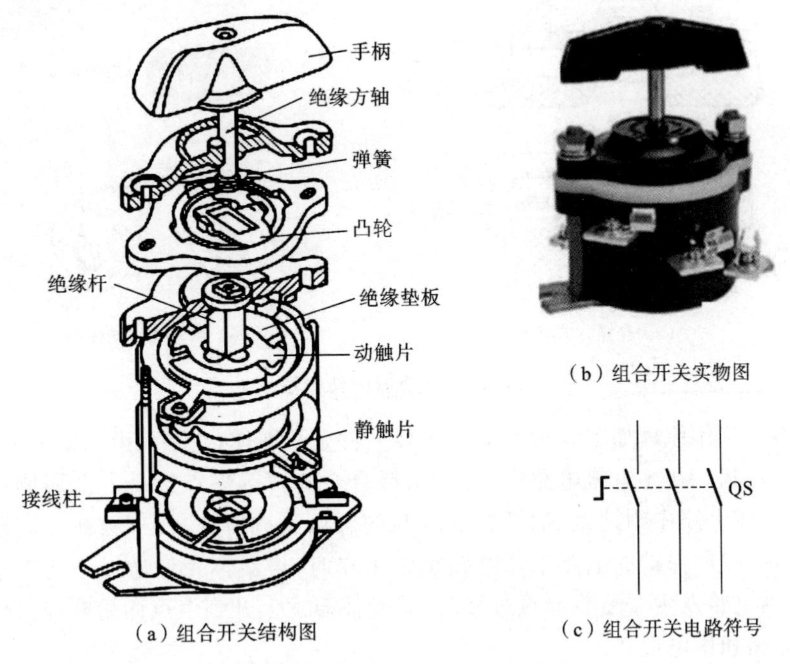

(a) 组合开关结构图

(b) 组合开关实物图

(c) 组合开关电路符号

图 9-3 组合开关的外形和电路符号

组合开关作为控制电器,常用于交流电压 380 V 以下,或直流电压 220 V 以下的电气线路中,手动不频繁地接通或分断电路,也可控制小容量交/直流电动机的正反转、Y/△起动和变速换向等。它的种类很多,有单极、双极、三级和四极等。常用的是三极组合开关,组合开关实物图如图 9-3(b)所示,组合开关电路符号如图 9-3(c)所示。

1. 组合开关的选择原则

(1) 当组合开关用于照明或电热电路时,组合开关的额定电流应不小于被控制电路中各负载电流的总和。

(2) 当组合开关用于电动机电路时,组合开关的额定电流一般取电动机额定电流的 1.5～2.5 倍。

2. 组合开关的使用原则

(1) 组合开关的通断能力较低,当组合开关用于控制电动机作可逆运转时,必须在电动机完全停止转动后,才能反向接通。

(2) 当操作频率过高或负载的功率因数较低时,组合开关要降低容量使用,否则会影响开关寿命。

9.1.4 熔断器

熔断器是一种广泛应用的最简单有效的保护低压电器。常在低压电路和电动机控制电路中起过载保护和短路保护作用。它串联在电路中,当通过的电流大于规定值时,因熔断体熔化而自动分断电路。从结构上来看,熔断器有管式、插入式、螺旋式、卡式等形式;从特性上来看,熔断器有快速熔断器和自恢复熔断器。瓷插入式熔断器及螺旋式熔断器的结构图如图 9-4 所示。

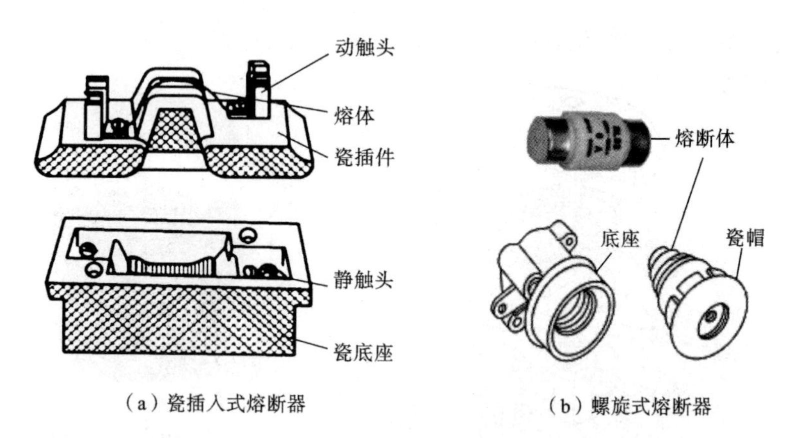

(a) 瓷插入式熔断器　　(b) 螺旋式熔断器

图 9-4　熔断器的结构图

熔断器的工作原理如下。熔断器的主要元件是熔断体,它是熔断器的核心部分,常制成丝状或片状。在小电流电路中,常把铅锡合金和锌等熔点较低的金属制成圆截面熔丝;在大电流电路中则把银、铜等熔点较高的金属制成薄片,便于灭弧。熔断器在使用时应当串联在所保护的电路中。电路正常工作时,熔断体允许通过一定大小的电流而不熔断,当电路发生短路或严重过载时,熔断体温度上升到熔点而熔断,将电路断开,从而保护电路和用电设备。

选择熔断器时,主要是正确选择熔断器的类型和熔断体的额定电流。

(1) 应根据使用场合选择熔断器的类型。电网配电一般用管式熔断器;电动机保护一般用螺旋式熔断器;照明电路一般用瓷插入式熔断器;保护可控硅元件则应选择快速熔断器。

(2) 熔断体额定电流的选择有以下几点原则。

① 对于变压器、电炉和照明等负载,熔断体的额定电流应略大于或等于负载电流。

② 对于输配电线路,熔断体的额定电流应略大于或等于线路的安全电流。

③ 对于电动机负载,熔断体的额定电流应等于电动机额定电流的 1.5～2.5 倍。

更换熔断体时应切断电源,并应换上具有相同额定电流的熔断体。

熔断器的型号说明如图 9-5 所示,例如,型号 RL1-15 表示额定电流为 15 A 的螺旋式熔断器。

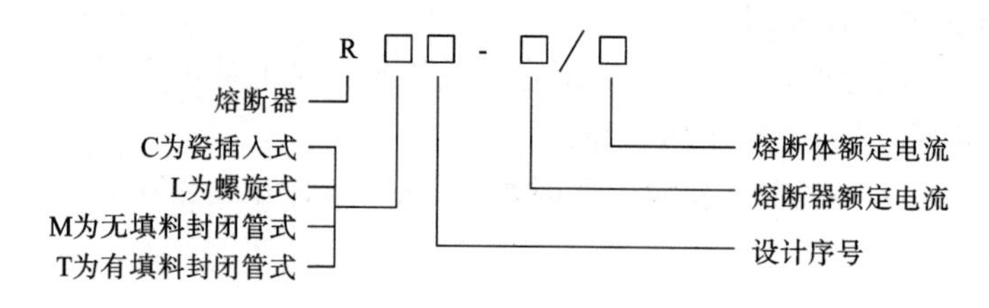

图 9-5　熔断器的型号说明

9.1.5　自动开关

自动开关是断路器的一种,又称为自动空气断路器。它既是控制电器,同时又具有保护电器的功能。当电路中发生短路、过载、失压等故障时,它能自动切断电路,在正常情况下也可用于不频繁地接通和断开电路或用于控制电动机。自动开关的实物图和电路符号分别如图9-6(a)和图9-6(b)所示,其结构示意图如图9-7所示。

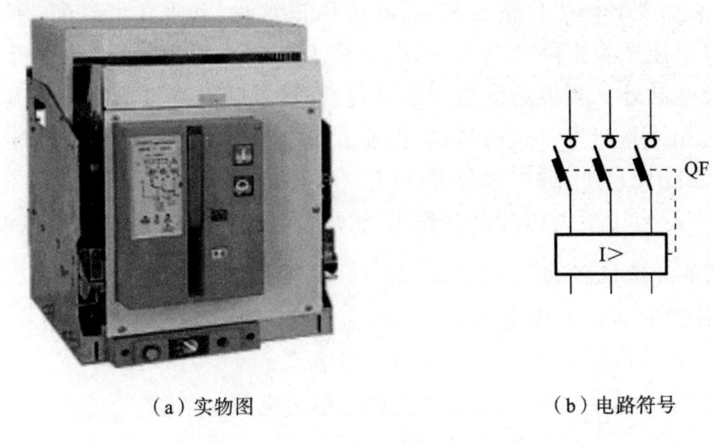

(a)实物图　　(b)电路符号

图9-6　自动开关实物图及电路符号

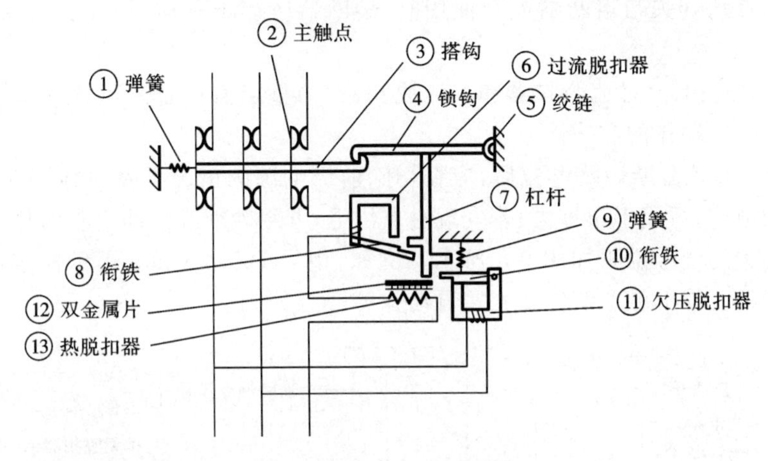

图9-7　自动开关结构示意图

1. 常见的自动开关按用途分类

(1) 框架式自动开关:常用于要求高分断能力的场合,例如,配电网中的过载保护、短路保护、欠压保护,型号为DW系列。

(2) 塑料外壳式自动开关:主要用于开关板控制回路的过载及短路保护,还可用于正常条件下的电路不频繁接通和分断,型号为DZ系列。

(3) 限流开关:用于支路配电自动开关和电动机保护自动开关。

(4) 漏电开关:本质上是装有检漏保护元件的塑料外壳式自动开关,常用于城乡、厂矿、企事业单位及家庭的漏电(触电)安全保护。

2. 自动开关工作原理

主触点通常由手动的操作机构来闭合,闭合后主触点②被锁钩④锁住。如果电路中发生故障,脱扣机构就在有关脱扣器的作用下将锁钩④脱开,于是主触点在弹簧①的作用下迅速分断。

脱扣器有过流脱扣器⑥、欠压脱扣器⑪和热脱扣器⑬,它们都是电磁铁。在正常情况下,过流脱扣器⑥的衔铁⑧是释放着的,一旦发生严重过载或短路故障时,与主电路串联的线圈将产生较强的电磁吸力吸引衔铁⑧,从而推动杠杆⑦顶开锁钩④,使主触点②断开。欠压脱扣器⑪的工作恰恰相反,在电压正常时,其吸住衔铁⑩,不影响主触点②的闭合,一旦电压严重下降或断电时,电磁吸力不足或消失,衔铁⑩被释放而推动杠杆⑦,使主触点②断开。当电路发生一般性过载时,过载电流虽不能使过流脱扣器⑥动作,但能使热脱扣器⑬产生一定的热量,促使双金属片⑫受热向上弯曲,推动杠杆⑦使搭钩③与锁钩④脱开,将主触点②分开。

自动开关广泛应用于低压配电线路上,也用于控制电动机及其他用电设备。

3. 自动开关的选择原则

(1) 自动开关的额定工作电压≥电路额定电压。

(2) 自动开关的额定工作电流≥电路负载电流。

(3) 热脱扣器的整定电流=所控制负载的额定电流。

4. 自动开关的使用原则

(1) 当自动开关与熔断器配合使用时,熔断器应装于自动开关之前,以保证使用安全。

(2) 电磁脱扣器(过流脱扣器和欠压脱扣器)的整定值不允许随意改动,使用一段时间后应检查其动作的准确性。

(3) 自动开关分断短路电流后,应在切除前级电源的情况下及时检查触点。如有严重的电灼痕迹,可用干布擦去;若发现触点烧毛,可用砂纸或细锉小心修整。

自动开关的型号说明如图 9-8 所示。例如,型号 DZ5-20/200 表示额定电流为 20 A 的无脱扣器无辅助触点两极塑壳式自动开关。

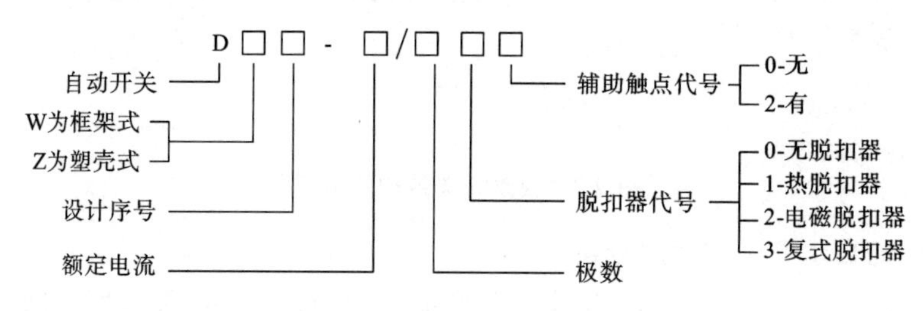

图 9-8 自动开关的型号说明

9.1.6 交流接触器

交流接触器是电力拖动与自动控制系统中一种非常重要的低压电器,它是控制电器,利用电磁吸力和弹簧反力的配合作用,实现触头闭合与断开,是一种电磁式的自动切换电器。

交流接触器适用于远距离频繁地接通或断开交流主电路及大容量的控制电路。其主要控制对象是电动机,也可控制其他负载。

交流接触器不仅能实现远距离自动操作,具备欠压和失压保护功能,而且具有控制容量大、工作可靠、操作频率高、使用寿命长等特点。

交流接触器实物图如图 9-9 所示,它的结构示意图和符号如图 9-10 所示。

1. 交流接触器的部分组成

(1) 电磁系统。电磁系统用来操作触点的闭合与分断。它包括静铁芯、吸引线圈

图 9-9 交流接触器实物图

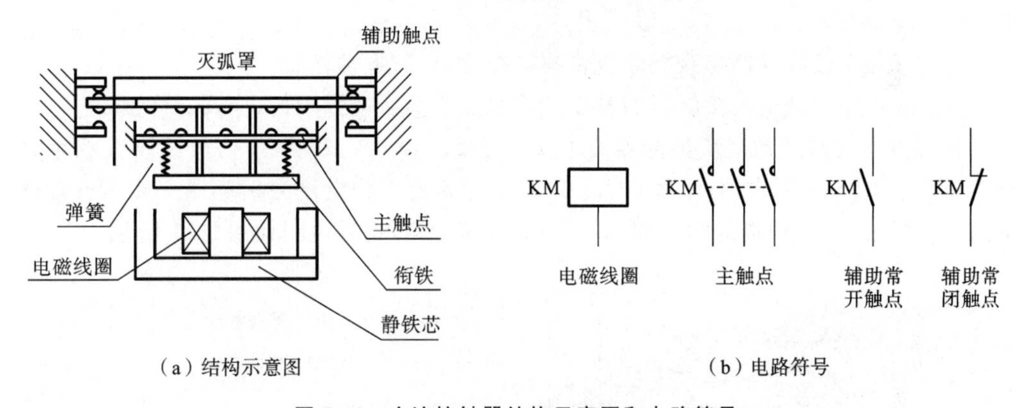

（a）结构示意图

（b）电路符号

图 9-10 交流接触器结构示意图和电路符号

（电磁线圈）、动铁芯（衔铁）。铁芯由硅钢片叠成，以减少铁芯中的铁损耗，在铁芯端部表面装有短路环，其作用是消除交流电磁铁在吸合时产生的震动和噪音。

（2）触点系统。触点系统起着接通和分断电路的作用。它包括主触点和辅助触点。通常主触点用于通断电流较大的主电路，辅助触点用于通断电流较小的控制电路。

（3）灭弧装置。灭弧装置起着熄灭电弧的作用。

（4）其他部件。其他部件主要包括恢复弹簧、缓冲弹簧、触点压力弹簧、传动机构及外壳等。

交流接触器的工作原理如下。吸引线圈通电后，动铁芯被吸合，所有的常开触点都闭合，常闭触点都断开。吸引线圈断电后，在恢复弹簧的作用下，动铁芯和所有的触点都恢复到原来的状态。交流接触器适用于远距离频繁接通和切断电动机或其他负载主电路，由于其具备低电压释放功能，所以其还可以作为保护电器使用。

2. 交流接触器的选择原则

（1）交流接触器类型的选择。

① 根据负载类型选择交流接触器的主触点数。

② 根据负载控制要求选择交流接触器的辅助常开(闭)触点数。

(2) 交流接触器操作频率的选择。

操作频率是指交流接触器每小时通断的次数。当通断电流较大及通断频率较高时,会使触点过热甚至熔焊。若操作频率超过规定值,则应选用额定电流大一级的交流接触器。

(3) 交流接触器额定电压和电流的选择。

① 主触点的额定电流(或电压)应不小于负载电路的额定电流(或电压)。

② 吸引线圈的额定电压应根据控制回路的电压来选择。

③ 当线路简单、使用电器时间较短时,可选用具有 380 V 或 220 V 电压的线圈;当线路较复杂、使用电器时间超过 5 h 时,应选用具有 110 V 及以下电压的线圈。

3. 交流接触器的使用原则

(1) 安装交流接触器前应先检查线圈的额定电压是否与实际电压相符。

(2) 交流接触器多为垂直安装,其倾斜角不得超过 5°,否则会影响交流接触器的动作特性;安装有散热孔的交流接触器时,应将散热孔放在上下位置,以降低线圈的温升。

(3) 安装交流接触器与接线时应将螺钉拧紧,以防振动松脱。

(4) 应定期清理交流接触器的触点。若触点表面有电弧灼伤,应及时修复。

我国生产的常用的交流接触器有 CJ10、CJ12、CJX1、CJ20 等系列产品及其派生系列产品。以 CJX 系列为例,型号 CJX2-0910 表示额定工作电流为 9 A,带一个常开辅助触点的小型三相(一般情况为三相 380 V)交流接触器,型号说明如图 9-11 所示。

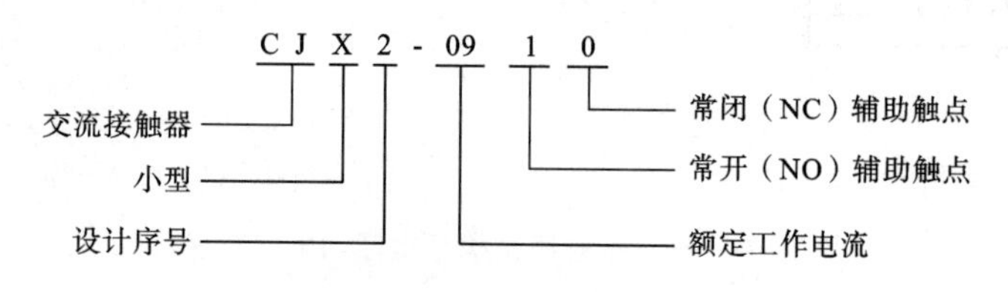

图 9-11 交流接触器的型号

9.1.7 继电器

继电器是一种根据输入信号(电量或非电量)的变化,接通或断开小电流电路,实现自动控制和保护电力拖动装置的电器。一般情况下它不直接控制电流较大的主电路,而是通过接触器或其他电器对主电路进行控制。继电器的种类繁多,主要有中间继电器、电流继电器、电压继电器、时间继电器、热继电器、行程开关等。其中,中间继电器、电流继电器和电压继电器属于电磁式继电器。

1. 中间继电器

中间继电器一般在电路中的作用是扩展控制触点数和增加触点容量,它的触点数量较多、容量较小,各组触点允许通过的电流大小是相同的,并且没有主、辅之分,其额定电流约为 5 A。其一般不能在主电路中应用。中间继电器的基本结构和工作原理与接触器的完全相同,故称其为接触器式继电器。中间继电器一般根据负载电流的类型、电压等级和触点数量来选择。

2. 电流继电器

电流继电器是反映电流变化的控制电器。电流继电器的线圈匝数少而且导线粗，使用时串联于主电路中，与负载相串联，动作触点串联在辅助电路中。

根据用途，其可分为过电流继电器和欠电流继电器，过电流继电器主要用于重载或频繁起动的场合，作为电机主电路的过载和短路保护；欠电流继电器常用于直流电机磁场的弱磁保护，将欠电流继电器的线圈串联在直流电机的励磁回路，防止因励磁电流过小而引起直流电机超速。

过电流继电器是反映上限值的，当线圈中通过的电流为额定值时，触点不动作；当线圈中通过的电流超过额定值达到某一规定值时，触点动作。

过电流继电器用于电机保护时，其线圈的额定电流一般可按电机长期工作的额定电流来选择，对于频繁起动的电机，考虑起动电流在继电器中的热效应，额定电流可选大一级。过电流继电器的额定电流一般为电机额定电流的 1.7～2 倍，频繁起动场合下可取 2.25～2.5 倍。

欠电流继电器是反映下限值的，当线圈中通过的电流为额定值时，触点动作；当线圈中通过的电流低于额定值而小于某一规定值时，触点复位。

两种继电器的符号如图 9-12 所示。

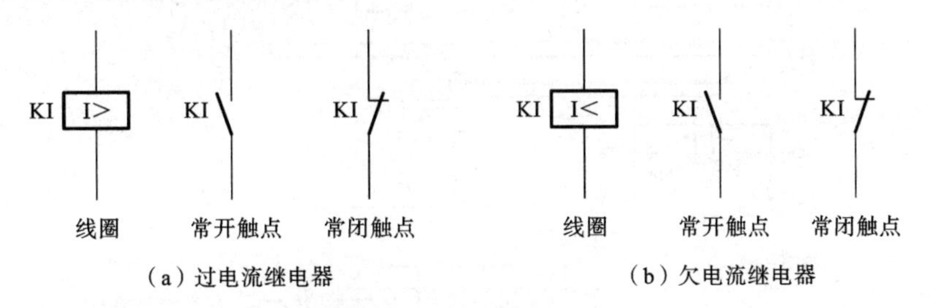

图 9-12 电流继电器符号

3. 电压继电器

电压继电器是反映电压变化的控制电器。电压继电器的线圈匝数多而导线细，使用时并联于电路中，与负载相并联，动作触点串联在控制电路中。电压继电器根据用途可分为过电压继电器和欠电压继电器。

过电压继电器是反映上限值的，当线圈两端所加电压为额定值时，触点不动作；当线圈两端所加电压超过额定值达到某一规定值时，触点动作。

欠电压继电器是反映下限值的，当线圈两端所加电压为额定值时，触点动作；当线圈两端所加电压低于额定值而达到某一规定值时，触点复位，通常在电路中起欠压保护作用。

两种继电器的符号如图 9-13 所示。电压继电器线圈的额定电压一般可按电路的额定电压来选择。

4. 时间继电器

时间继电器是一种按时间原则动作的继电器。它按照设定时间控制触点动作，即由它的感测机构接收信号，经过一定时间延时后执行机构才会动作，并输出信号以操纵控制电路。它按工作方式分为通电延时时间继电器和断电延时时间继电器，一般具有瞬时触点和延时触点这两种触点。

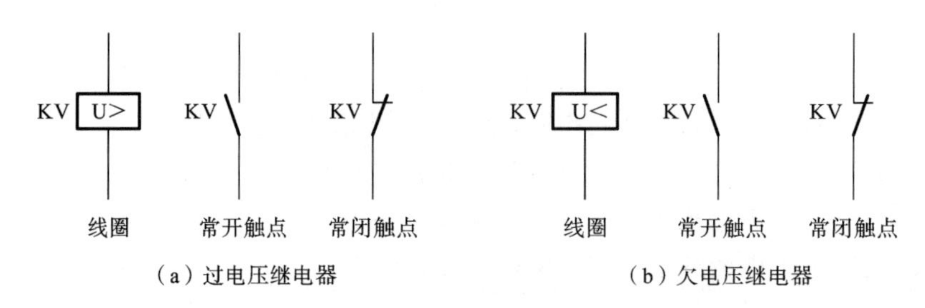

图 9-13 电压继电器符号

时间继电器的种类很多，常用的有气囊式、电磁式、电动式及晶体管式几种。近年来，电子式时间继电器发展很快，它具有延时时间长、精度高、调节方便等优点，有的还带有数字显示，非常直观，所以应用得很广。以气囊式时间继电器为例，其结构示意图如图 9-14 所示。

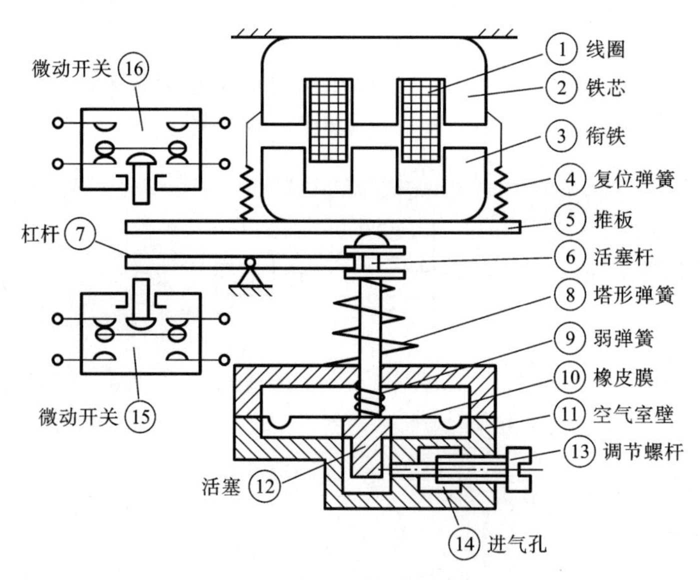

图 9-14 时间继电器结构示意图

工作原理如下。在通电延时时间继电器中，在线圈①通电后，铁芯②将衔铁③吸合，瞬时触点迅速动作(推板⑤使微动开关⑯立即动作)，活塞杆⑥在塔形弹簧⑧的作用下，带动活塞⑫及橡皮膜⑩向上移动，由于橡皮膜⑩下方的空气室内空气稀薄，形成负压，因此活塞杆⑥不能迅速上移。当空气由进气孔⑭进入时，活塞杆⑥才逐渐上移，当其移到最上端时，延时触点动作(杠杆⑦使微动开关⑮动作)，延时时间即为线圈①通电开始至微动开关⑮开始动作的这段时间。通过调节螺杆⑬调节进气孔⑭的大小，就可以调节延时时间。

线圈断电时，衔铁③在复位弹簧④的作用下将活塞⑫推向最下端。因活塞⑫被往下推时，橡皮膜⑩下方的空气室内的空气会通过由橡皮膜⑩、弱弹簧⑨和活塞⑫肩部所形成的单向阀，经上气室缝隙顺利排掉，因此瞬时触点(微动开关⑯)和延时触点(微动开关⑮)均迅速复位。通电延时时间继电器的线圈和触点的符号如图 9-15 所示。

将电磁机构翻转 180°安装后，可形成断电延时时间继电器。它的工作原理与通电延时时间继电器的相似，线圈通电后，瞬时触点和延时触点均迅速动作；线圈失电后，瞬

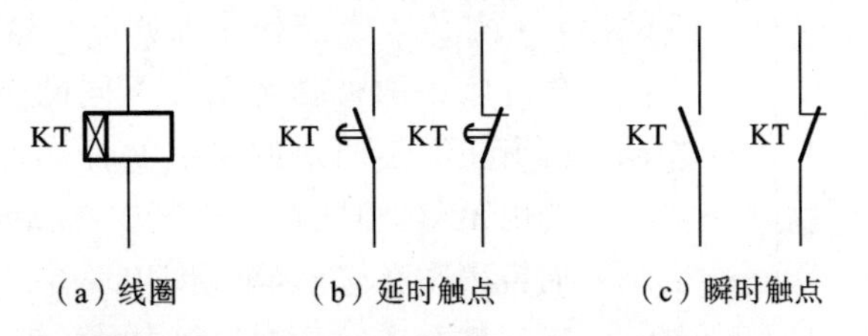

图 9-15　通电延时时间继电器线圈和触点符号

时触点迅速复位，延时触点延时复位。断电延时时间继电器的线圈和触点的符号如图 9-16 所示。

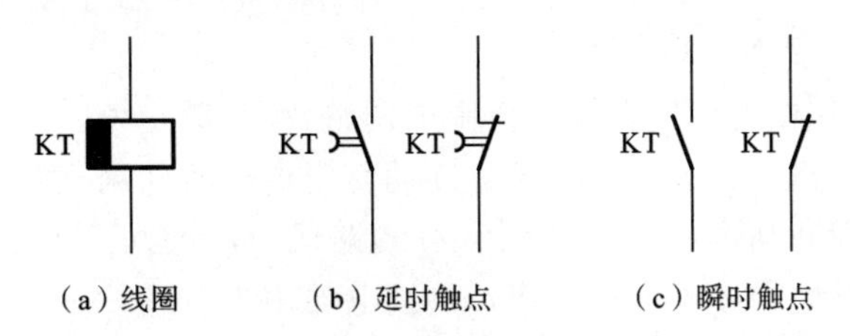

图 9-16　断电延时时间继电器线圈和触点符号

应根据控制线路的要求来决定是选择通电延时时间继电器还是断电延时时间继电器，根据控制线路电压来选择时间继电器吸引线圈的电压。

5. 热继电器

热继电器是一种利用流过继电器的电流所产生的热效应而反时限动作的保护电器，它主要用作电动机的过载保护、断相保护、电流不平衡运行及其他电气设备发热状态的控制。

热继电器有两相结构、三相结构、三相带断相保护装置三种类型。热继电器主要由双金属片、热元件、动作机构、触点系统、整定调整装置等部分组成。图 9-17 所示的为实现三相过载保护的双金属片式热继电器的结构示意图，图 9-18 所示的为对应的电路符号。

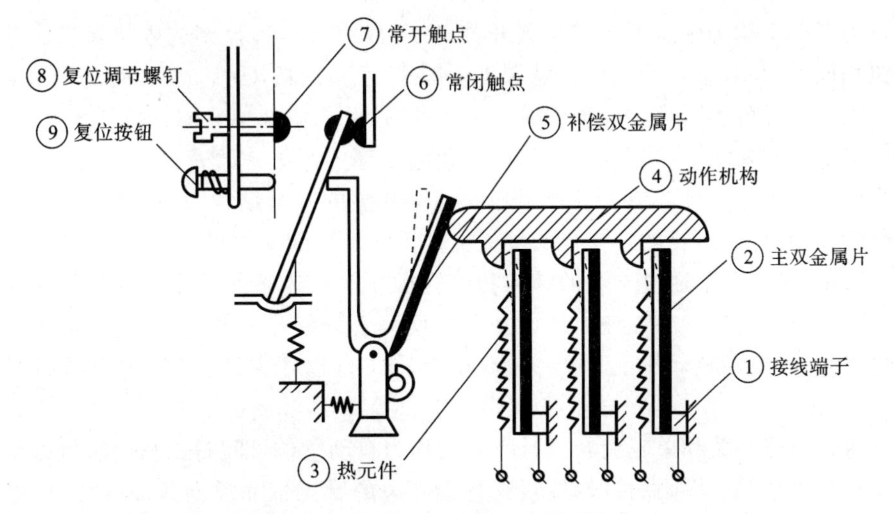

图 9-17　双金属片式热继电器结构图

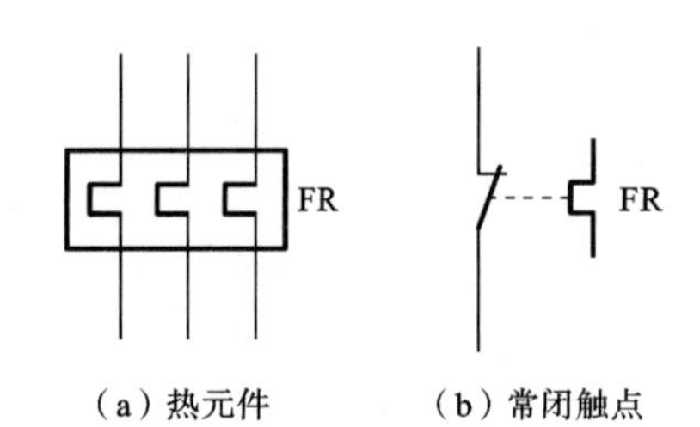

(a) 热元件　　(b) 常闭触点

图 9-18　双金属片式热继电器电路符号

热继电器工作原理如下。热继电器中的主双金属片②由两种膨胀系数不同的金属片压焊而成，缠绕着主双金属片的是热元件③，它是一段电阻不大的电阻丝，串联在主电路中，热继电器的常闭触点⑥通常串联在接触器线圈电路中。当电动机过载时，热元件③中通过的电流加大，使主双金属片②逐渐发生弯曲，经过一定的时间后，推动动作机构④，使常闭触点⑥断开，切断接触器线圈电路，使电动机主电路失电。故障排除后，按下复位按钮⑨，使热继电器触点复位。

热继电器的工作电流可以在一定范围内调整，称为整定值。整定电流值应是被保护电动机的额定电流值，其大小可以通过旋动整定电流旋钮来实现。由于热惯性的存在，热继电器不会瞬间动作，因此它不能用作短路保护，但也正是因为这样，电动机起动或短时过载时，热继电器才不会误动作。热继电器用来对连续运行的电动机进行过载保护，以防止电动机过热而烧毁。

选用热继电器作为电动机的过载保护时，应使电动机在短时过载时和起动瞬间不受影响，选用原则如下。

(1) 热继电器的类型选择：对于轻载起动、短时工作，可选择两相结构的热继电器；当电源电压的均衡性和工作环境较差或多台电动机的功率差别较显著时，可选择三相结构的热继电器；对于△接法的电动机，应选用三相带断相保护装置的热继电器。

(2) 热继电器的额定电流选择：热继电器的额定电流应大于电动机的额定电流。

(3) 热元件的整定电流选择：一般将整定电流调整到等于电动机的额定电流；对于过载能力差的电动机，可将热元件整定电流调整到电动机额定电流的 0.6～0.8；对于起动时间较长、拖动冲击性负载或不允许停车的电动机，热元件的整定电流应调节到电动机额定电流的 1.1～1.15 倍。

6. 行程开关

行程开关又称为限位开关或位置开关，它可以完成行程控制或限位保护。其作用与按钮相同，只是其触点的动作不是靠手动操作(手指的按压)完成的，而是利用生产机械上某些运动部件上的挡块碰撞或碰压完成的，以此来实现接通或分断某些电路，使之达到一定的控制要求。行程开关的结构图和电路符号如图 9-19 所示。

行程开关工作原理如下。各种系列的行程开关的基本结构大体相同，都是由操作头、触点系统和外壳组成的。操作头接受机械设备发出的动作指令或信号，并将其传递到触点系统，触点系统通过本身的结构功能将操作头传递来的动作指令或信号变成电信号，输出到有关控制回路，使之做出必要的反应。行程开关的种类很多，常用的有按钮式行程开关、单轮旋转式行程开关、双轮旋转式行程开关，它们的实物图如图 9-20 所示。

按钮式行程开关和单轮旋转式行程开关均为自动复位，即与按钮相似，所以称它们为自复式行程开关。而因为双轮旋转式行程开关的触点依靠反向碰撞复位，所以称其为非自复式行程开关。

行程开关被用来限制机械运动的位置或行程，使运动机械按一定位置或行程自动

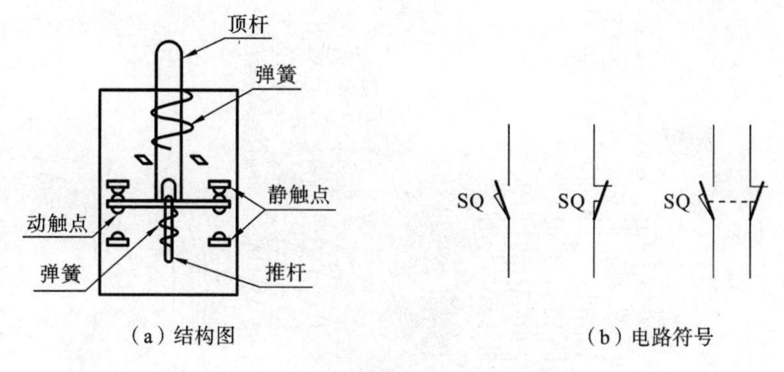

（a）结构图　　（b）电路符号

图 9-19　行程开关结构图及电路符号

（a）按钮式行程开关

（b）单轮旋转式行程开关

（c）双轮旋转式行程开关

图 9-20　行程开关实物图

停止、反向运动或自动往返运动等。

9.1.8　三相异步电动机

电动机是把电能转换成机械能的设备。三相异步电动机具有寿命长、可靠性高、维护方便、噪声低等优点，在机械、冶金、石油、煤炭、化学、航空、交通、农业以及工业中具有广泛的应用。

1. 三相异步电动机的结构

三相异步电动机由定子、转子、端盖、轴承、机座、风扇、接线盒等部分组成，其中，定子和转子是能量传递和转换的关键部件。三相异步电动机结构如图 9-21 所示。

（1）定子。

三相异步电动机的定子由定子铁芯和定子绕组组成。定子的三相绕组为 AX、BY、CZ，三个始端 A、B、C 和三个末端 X、Y、Z 用导线引到接线盒内对应的六个接线端上，以便与外部连接。

（2）转子。

三相异步电动机的转子分为鼠笼式和绕线式两种结构。鼠笼式转子绕组有铜条和铸铝两种形式。绕线式转子绕组的形式与定子绕组的基本相同，三个绕组的末端连接在一起构成星形连接，三个始端分别连接在三个集电环上，集电环与转子同轴旋转。转子绕组与外部变阻器通过电刷和集电环连成回路，改变外部变阻器的阻值可调节电动

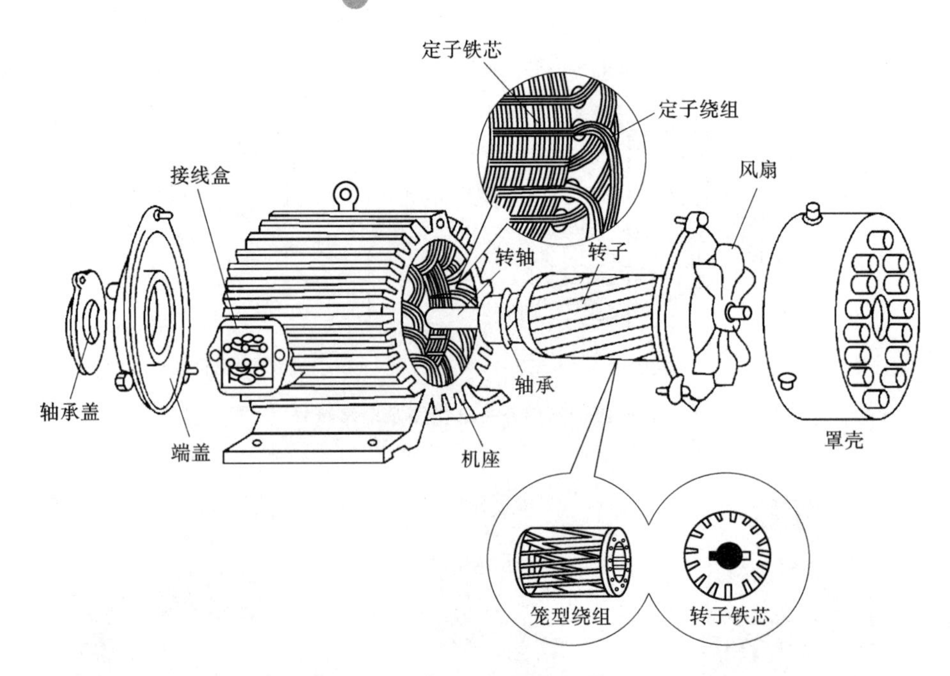

图 9-21 三相异步电动机结构图

机转速。绕线式转子与外部变阻器的连接方法如图 9-22 所示。

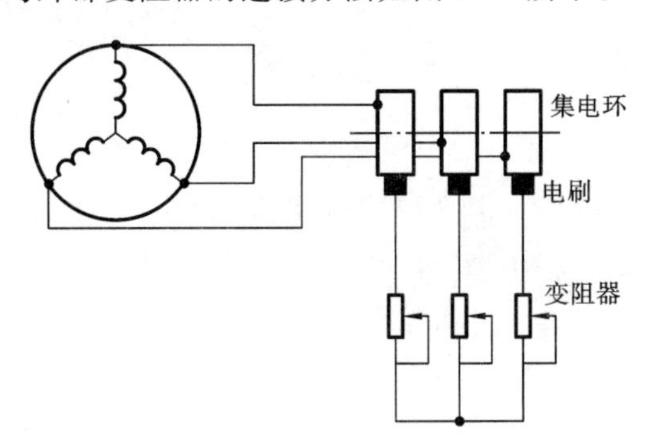

图 9-22 绕线式转子与外部变阻器的连接

(3) 三相异步电动机的接线。

三相异步电动机的接线方法有两种,一种是 Y 形连接法,另一种是△形连接法,无论采用哪种连接法,都要保证电动机绕组相电压与电动机铭牌上要求的一致。实际使用时根据电动机铭牌上注明的电压/接法和电源电压来选择其中一种接法。

例如,某电动机铭牌上注明的电压/接法是 220 V/△,这说明电动机绕组相电压为 220 V。当三相电源线电压为 380 V 时,应将三相异步电动机按 Y 形连接法与三相电源连接;当三相电源线电压为 220 V 时,应将三相异步电动机按△形连接法与三相电源连接,接线方法如图 9-23 所示。

2. 三相异步电动机的工作原理

1) 转动原理

把一个闭合线圈放在蹄形磁体的两磁极之间,蹄形磁体和闭合线圈都可以绕 OO' 轴转动,如图 9-24 所示。当转动蹄形磁体时,可以看到线圈随即也跟着转动起来。根

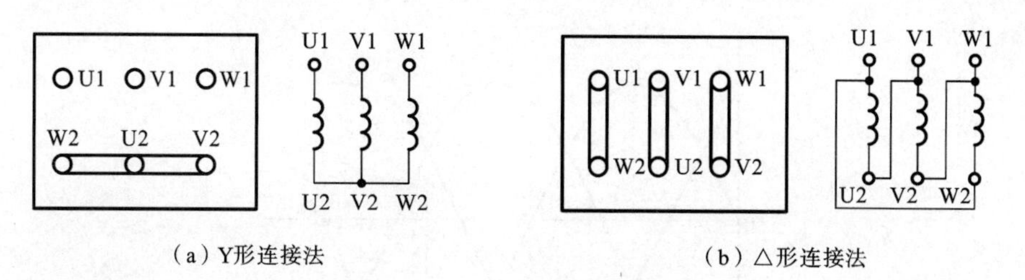

(a) Y形连接法 (b) △形连接法

图 9-23 三相异步电动机接线方法

据电磁感应定律，产生感应电流的闭合线圈在磁场中受到电磁力的作用，因此能够转动起来。要使闭合线圈持续转动下去，蹄形磁体转速必须比闭合线圈的快，两者不能同步，这就是异步电动机的转动原理。在这里，蹄形磁体起旋转磁场的作用。

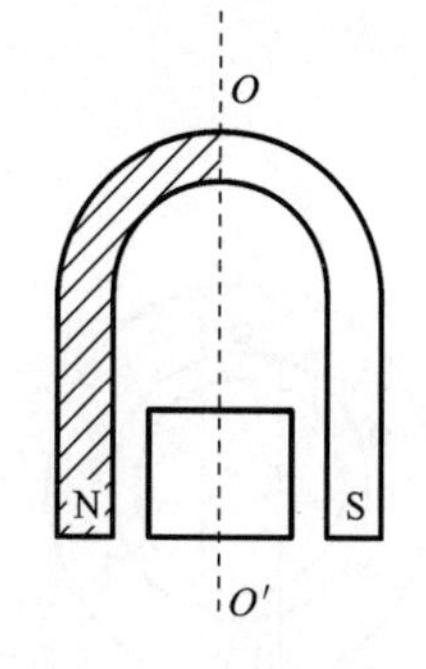

图 9-24 异步电动机转动原理

2) 旋转磁场的产生

三相异步电动机三相绕组的首端分别用 U1、V1、W1 表示，末端分别用 U2、V2、W2 表示，它们在空间上互差 120°角，并接成 Y 形，如图 9-25 所示。

通入三相对称电流，假定电流的正方向由线圈的始端流向末端，则三相对称电流表达式为

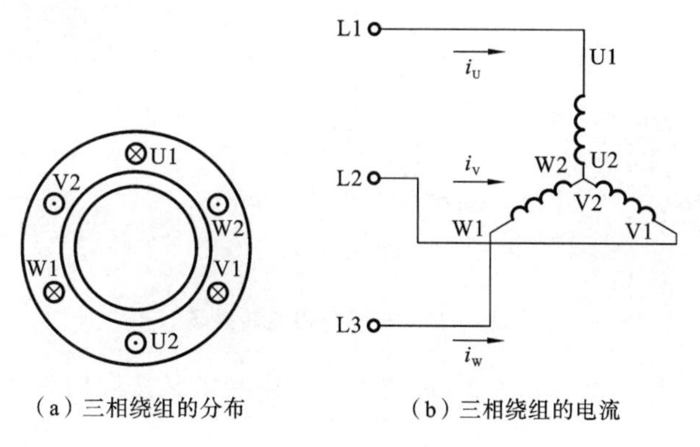

(a) 三相绕组的分布 (b) 三相绕组的电流

图 9-25 三相绕组

$$
\begin{aligned}
i_U &= I_m \sin\omega t \\
i_V &= I_m \sin(\omega t - 120°) \\
i_W &= I_m \sin(\omega t - 240°)
\end{aligned}
\tag{9-1}
$$

三相对称电流波形图如图 9-26 所示。

由于电流随时间而变，所以电流通过线圈产生的磁场的分布情况也随时间而变，在三个不同时刻，三相对称电流在定子三相绕组中产生的磁场如图 9-27 所示，说明如下。

(1) $\omega t=0$ 瞬间，$i_U=0$，U 相没有电流流过。i_V 为负，表示电流由末端 V2 流向首端 V1(电流从 V2 端流入纸面，用符号⊗表示；电流从 V1 端流出纸面，用符号⊙表示)。i_W 为正，表示电流由首端 W1 流向末端 W2，如图 9-27(a)所示。这时三相电流所产生的合成磁场方向为定子上方为 N 极，下方为 S 极。

(2) $\omega t=\pi/2$ 瞬间，i_U 为正，i_V、i_W 为负，用同样的方式可得出三相合成磁场按顺时针方向在空间转了 90°，如图 9-27(b)所示。

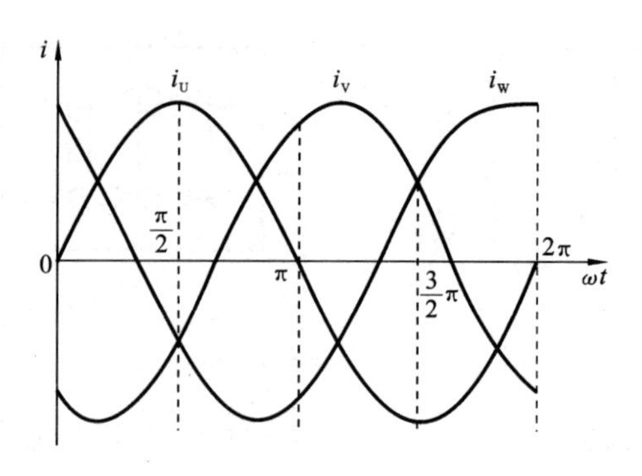

图 9-26 三相异步电动机的电流波形

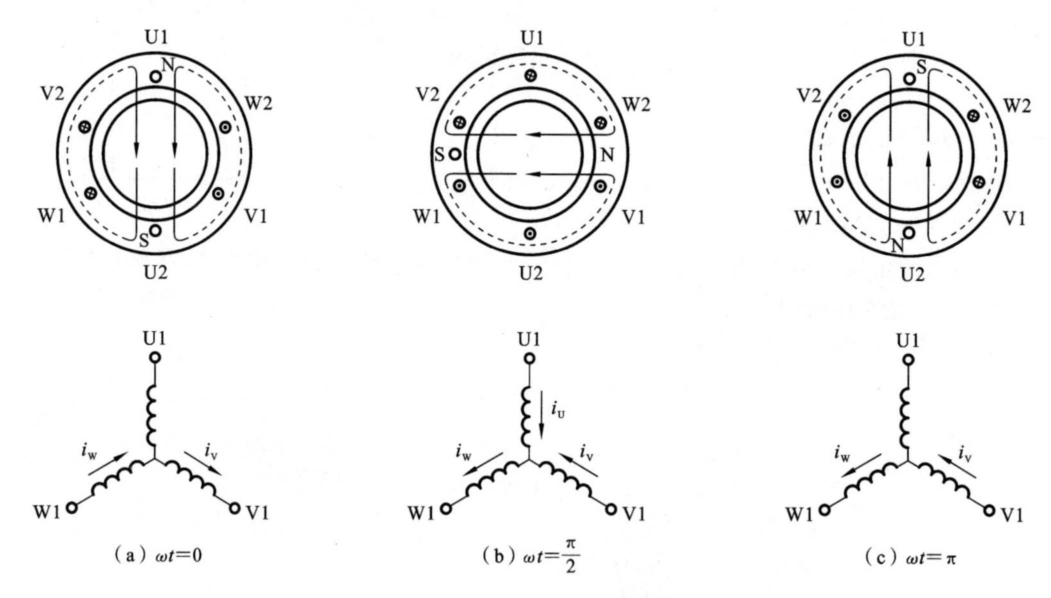

图 9-27 三相两极旋转磁场

(3) $\omega t=\pi$ 瞬间,$i_U=0$,i_V 为正,i_W 为负,合成磁场又按顺时针方向在空间旋转了90°,如图 9-27(c)所示。

由上述分析不难看出,对于图 9-27 所示的定子绕组,通入三相对称电流后,将产生磁极对数 $P=1$ 的旋转磁场,且交流电若变化一个周期(360°电角度),合成磁场也将在空间旋转一周(360°空间角)。

3) 旋转磁场的转向与转速

旋转磁场的旋转方向与三相电流的相序一致,或者说旋转磁场的转向由三相电流的相序决定。若改变三相电流相序(将连接三相电源的三根导线中的任意两根调换一下),则旋转磁场的旋转方向就随之改变,三相异步电动机的反转就是利用的这个原理。

旋转磁场的转速 n_0(也称为同步转速,单位为 r/min)为

$$n_0=\frac{60f}{P} \tag{9-2}$$

其中,f 为三相交流电流频率,P 为旋转磁场的磁极对数。

异步电动机转动方向与旋转磁场的方向一致,转子转速 n 总是稍低于同步转速 n_0,因而称其为异步电动机。又因为产生电磁转矩的电流是由电磁感应产生的,所以也

称其为感应电动机。在工频(50 Hz)电源作用下,旋转磁场的磁极对数 P 分别为 1、2、3、4 时,由式(9-2)不难计算,同步转速 n_0 分别为 3000 r/min、1500 r/min、1000 r/min、750 r/min。

异步电动机的同步转速 n_0 和转子转速 n 的差值与同步转速 n_0 之比称为转差率,用 s 表示,即

$$s=\frac{n_0-n}{n_0} \tag{9-3}$$

转差率是异步电动机的一个重要参数。异步电动机在额定负载下运行时的转差率为 1%~9%。

3. 三相异步电动机的使用

1) 三相异步电动机的起动

三相异步电动机起动时,由于转子与旋转磁场的速度差得很多,产生的感应电动势很大,因此转子产生的感应电流也大,这导致定子电流大。一般中小型异步电动机的起动电流为额定电流的 5~7 倍。三相异步电动机起动电流大所产生的影响:一方面会使电网电压产生波动,影响其他负载工作;另一方面会使电动机过热,特别是在电动机频繁起动的情况下。

2) 三相异步电动机的起动方法

(1) 直接起动:一般二三十千瓦以下的小型三相异步电动机采用直接起动方法。

(2) 降压起动:分为 Y-△降压起动和自耦降压起动。Y-△降压起动是指电动机采用 Y 形连接法起动后采用△形连接法运行。根据三相电路的工作原理,Y 形连接法电动机的绕组电压是△形连接法的 $1/\sqrt{3}$,而 Y 形连接法的起动电流是△形连接法的1/3。Y-△降压起动接线方法如图 9-28 所示。自耦降压起动时,起动电流与电压成比例减小。需要注意的是,三相异步电动机起动转矩与绕组电压的平方成比例,起动转矩太小,则电动机无法起动。因此,降压起动时既要考虑起动电流,又要考虑起动转矩。

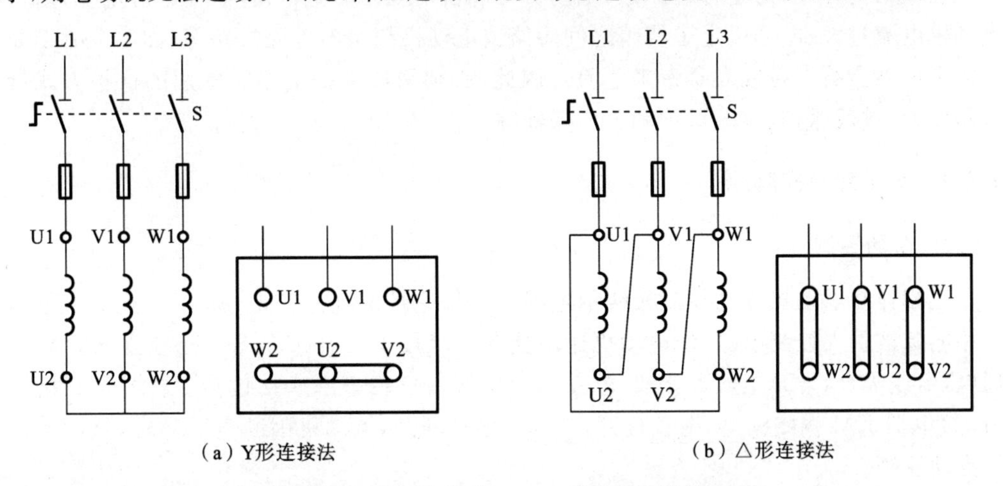

(a) Y形连接法　　(b) △形连接法

图 9-28　三相异步电动机 Y-△降压起动接线方法

(3) 转子串电阻起动:绕线式异步电动机可以采用转子串电阻起动方法。对于大中型电动机带重载起动的工况,采用直接起动和降压起动方法都不合适。采用绕线式异步电动机转子串电阻起动方法,既可以减小电动机起动电流,又可以增大电动机起动

转矩，非常适合大中型电动机带重载起动的工况。

3) 三相异步电动机的铭牌数据

三相异步电动机的铭牌数据包括电动机的型号和额定工作参数。以 Y 系列三相异步电动机为例，铭牌数据如图 9-29 所示。其中，Y132M-4 为电动机型号，型号说明如图 9-30 所示。铭牌数据中的频率、电压、电流分别指三相电源的频率、线电压和线电流(规定的接法)；转速、功率、效率、功率因数分别指在额定工作条件下电动机转轴的转速、输出的机械功率、效率、功率因数。

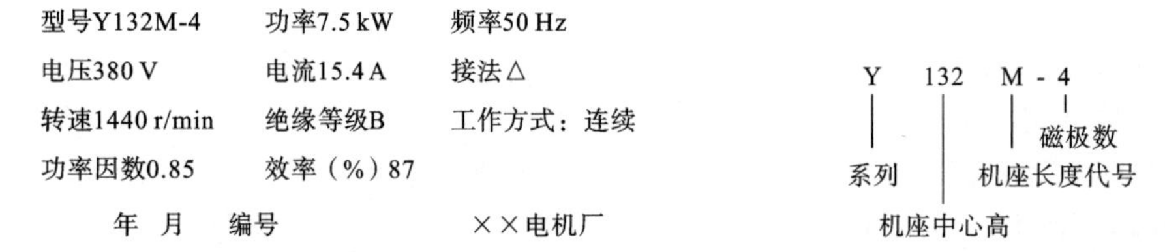

图 9-29 三相异步电动机的铭牌数据图

图 9-30 三相异步电动机型号说明

需要说明的是，三相异步电动机的效率和功率因数在电动机起动时及轻载时要低于其额定值。因此，要尽量使三相异步电动机工作在额定状态，在实际应用中要选用容量合适的电动机，防止“大马”拉“小车”现象出现。

9.2 三相异步电动机继电-接触器控制

通过开关、按钮、继电器、接触器等的触点的接通或断开来实现的各种控制称为继电-接触器控制，由这种方式构成的自动控制系统称为继电-接触器控制系统。典型的控制环节有点动控制、单向自锁运行控制、正反转控制、行程控制、时间控制等。

在使用过程中，由于各种原因，电动机可能会出现一些异常情况，如电源电压过低、电动机电流过大、电动机定子绕组之间短路或电动机绕组与外壳短路等，如不及时切断电源则可能会给设备或人身带来危险。因此，必须采取保护措施。常用的保护方式有短路保护、过载保护、零压保护和欠压保护等。

9.2.1 简单起停控制

1. 点动控制

三相异步电动机点动控制接线示意图和电气原理图如图 9-31 所示。合上开关 S，三相电源被引入控制电路，但电动机还不能起动。按下常开按钮 SB，接触器 KM 线圈通电，衔铁吸合，常开主触点接通，电动机定子接入三相电源起动运转。松开常开按钮 SB，接触器 KM 线圈断电，衔铁松开，常开主触点断开，电动机因断电而停转，从而实现了点动控制。

2. 直接起停控制

直接起停控制电路图如图 9-32 所示。

(1) 起动过程。按下起动按钮 SBl，接触器 KM 线圈通电，与 SB1 并联的 KM 的辅助常开触点闭合，以保证松开起动按钮 SBl 后 KM 线圈持续通电，串联在电动机回路中

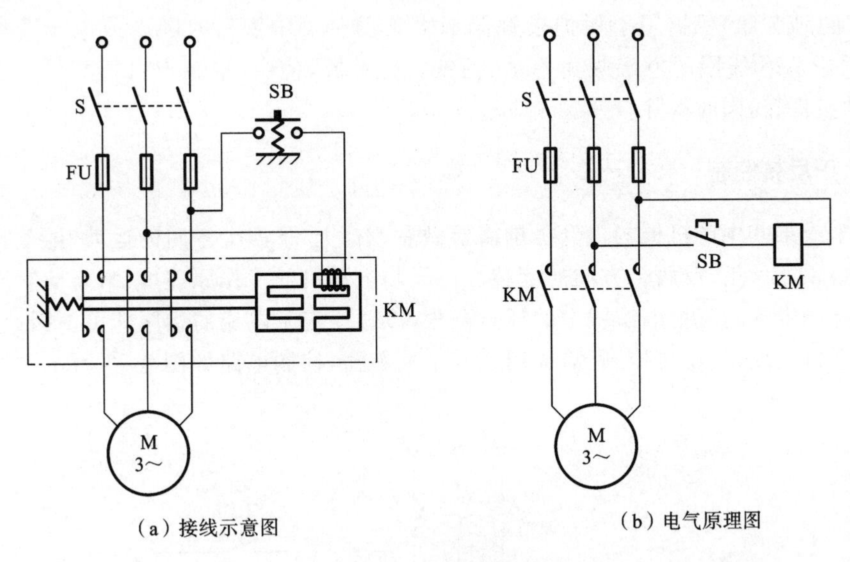

（a）接线示意图　　（b）电气原理图

图 9-31 点动控制

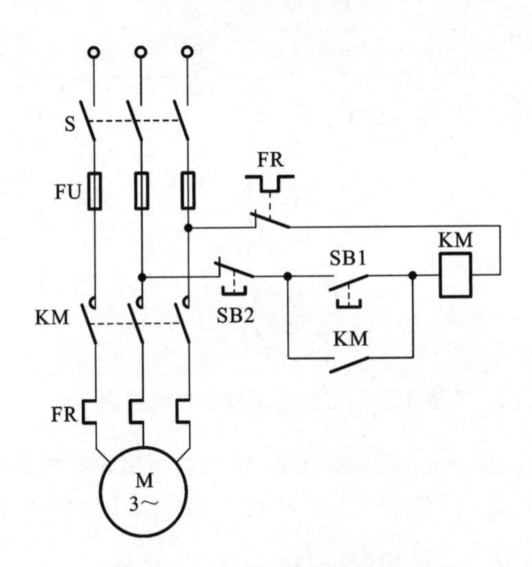

图 9-32 直接起停控制电路图

的 KM 的主触点持续闭合，电动机连续运转，从而实现连续运转控制。

(2) 停止过程。按下停止按钮 SB2，接触器 KM 线圈断电，与 SBl 并联的 KM 的辅助常开触点断开，以保证松开停止按钮 SB2 后 KM 线圈持续失电，串联在电动机回路中的 KM 的主触点持续断开，电动机停转。

与 SBl 并联的 KM 的辅助常开触点的这种作用称为自锁。

图 9-32 所示的控制电路还可实现短路保护、过载保护和零压保护。

起短路保护作用的是串联在主电路中的熔断器 FU。一旦电路发生短路故障，熔体立即熔断，电动机立即停转。

起过载保护作用的是热继电器 FR。当过载时，热继电器的发热元件会发热，将其常闭触点断开，使接触器 KM 线圈断电，串联在电动机回路中的 KM 的主触点断开，电动机停转。同时 KM 辅助触点也断开，解除自锁。故障排除后若要重新起动，需要按下 FR 的复位按钮，使 FR 的常闭触点复位(闭合)即可。

零压(或欠压)保护用于保护接触器 KM 本身。当电源暂时断电或电压严重下降时,接触器 KM 线圈的电磁吸力不足,衔铁自行释放,使主、辅触点自行复位。切断电源,电动机停转,同时解除自锁。

9.2.2 正反转控制

吊车或某些生产机械的提升机构需要做左、右、上、下四个方向的运动,拖动它们的电动机必须能做正、反两个方向的旋转。由异步电动机的工作原理可知,要使它反向旋转只需对调定子的三根电源线中的任意两根,以改变定子电流的相序即可。因此,要对异步电动机实现正、反转控制,需要用到两个接触器,控制电路如图 9-33 所示。控制过程如下。

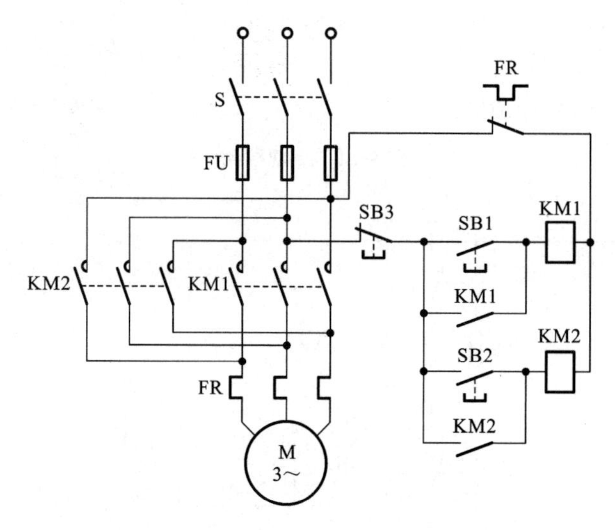

图 9-33　正、停、反转控制电路图

(1) 正转起动过程。按下起动按钮 SBl,接触器 KM1 线圈通电(同时与 SBl 并联的 KM1 的辅助常开触点闭合,以保证 KM1 线圈持续通电,串联在电动机回路中的 KM1 的主触点持续闭合),电动机连续正向运转。

(2) 停止过程。按下停止按钮 SB3,接触器 KM1 线圈断电(同时与 SBl 并联的 KM1 的辅助触点断开,以保证 KM1 线圈持续失电,串联在电动机回路中的 KM1 的主触点持续断开,切断电动机定子电源),电动机停转。

(3) 反转起动过程。按下起动按钮 SB2,接触器 KM2 线圈通电(同时与 SB2 并联的 KM2 的辅助常开触点闭合,以保证 KM2 线圈持续通电,串联在电动机回路中的 KM2 的主触点持续闭合),电动机连续反向运转。

图 9-33 所示的控制电路的不足之处:KM1 和 KM2 线圈不能同时通电,因此不能同时按下 SBl 和 SB2,也不能在电动机正转时按下反转起动按钮,或者在电动机反转时按下正转起动按钮。如果操作错误,主回路电源将短路。改进方法是采用电气互锁控制。

如果将图 9-33 中的接触器 KM1 的辅助常闭触点串联入 KM2 的线圈回路中,从而保证在 KM1 线圈通电时,KM2 线圈回路总是断开的;将接触器 KM2 的辅助常闭触点串联入 KM1 的线圈回路中,从而保证在 KM2 线圈通电时,KM1 线圈回路总是断开的。这样接触器的辅助常闭触点 KM1 和 KM2 保证了两个接触器线圈不同时通电，这种控制方式称为电气联锁控制或者电气互锁控制，电路如图 9-34 所示。

图 9-34 所示的控制电路的不足之处：不能直接由正转切换到反转，必须先按停止按钮 SB3 停机。因为电动机正转时，接触器 KM1 线圈得电，辅助常闭触点 KM1 断开，使 KM2 线圈不能得电，这时按下反转起动按钮 SB2 也不能使 KM2 线圈得电，电动机就不能反转。同理，电动机反转时也不能直接切换为正转，必须先按停止按钮 SB3，再按下正转起动按钮 SBl，才能使电动机正转。改进的方法是再增加机械互锁。

在图 9-34 所示的电路中采用复式按钮，将按钮 SB1 的常闭触点串联在 KM2 的线圈电路中；将按钮 SB2 的常闭触点串联在 KM1 的线圈电路中，改进电路如图 9-35 所示。由正转直接到反转的控制过程是：按下正转按钮 SB1→KM1 线圈得电→电动机正转→按下反转按钮 SB2→SB2 常闭触点断开→KM1 线圈失电→KM1 辅助常闭触点闭合→KM2 线圈得电→电动机反转(同时 KM2 辅助常闭触点断开，KM2 辅助常开触点闭合)→松开反转按钮 SB2→SB2 常闭触点闭合。这样，既实现了由正转直接切换为反转，又保证了 KM1 和 KM2 不同时通电；从反转到正转的情况也是一样的。这种由机械按钮实现的互锁也称为机械互锁或按钮互锁。

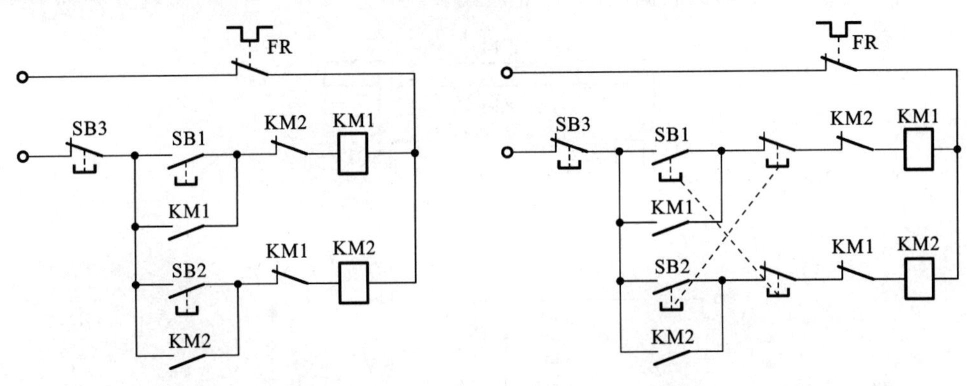

图 9-34　电气互锁正反转控制电路图　　**图 9-35　机械互锁正反转控制电路**

9.2.3　行程控制

行程控制一般分为限位控制和自动往返控制两类。

1. 限位控制

当生产机械的运动部件到达预定的位置时，压下行程开关的触杆，将常闭触点断开，接触器线圈断电，使电动机断电而停止运行，即为限位控制，电路图如图 9-36 所示，图中的 SQ 为行程开关常闭触点。

2. 自动往返控制

工作台在 SQ1 与 SQ2 间作直线运动，如图 9-37(a)所示，控制电路如图 9-37(b)所示。工作台往返运动过程：按下正向起动按钮 SB1→接触器 KM1 线圈得电(同时，KM1 辅助常开触点闭合，KM1 辅助常闭触点断开)→电动机正向起动运行→工作台正向运动(同时 SQ1 常开触点和常闭触点复位)→运行到 SQ2 位置→挡块压下 SQ2→接触器 KM1 线圈断电释放，KM2 通电吸合(此时 SQ2 常闭触点断开，SQ2 常开触点闭合)→电动机反向起动运行→工作台反向运动→运行到 SQ1 位置→挡块压下 SQ1→电

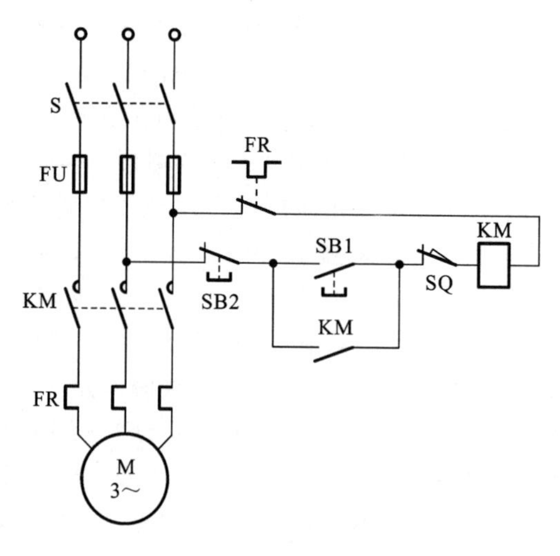

图 9-36 限位控制电路图

动机又正向起动运行。如此一直循环下去,直到需要停止时按下 SB3,KM1 和 KM2 线圈将同时断电释放,电动机脱离电源,停止转动。

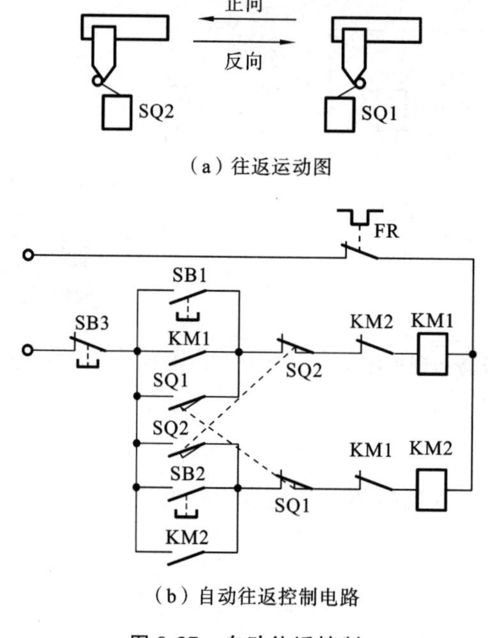

(a)往返运动图

(b)自动往返控制电路

图 9-37 自动往返控制

9.2.4 时间控制

为了减小三相异步电动机起动电流,常采用 Y 形连接法起动、△形连接法运行的 Y-△换接起动控制方法。图 9-38 所示的为 Y-△换接起动控制电路图。以 Y-△换接起动控制为例,说明时间继电器的作用。

起动过程:按下起动按钮 SB1→通电延时继电器 KT 线圈和交流接触器 KM2 线圈同时通电吸合,交流接触器 KM2 常开主触点闭合,交流接触器 KM2 常开辅助触点闭合→定子绕组连接成 Y 形→交流接触器 KM1 线圈通电吸合(同时 KM1 的一对常开辅

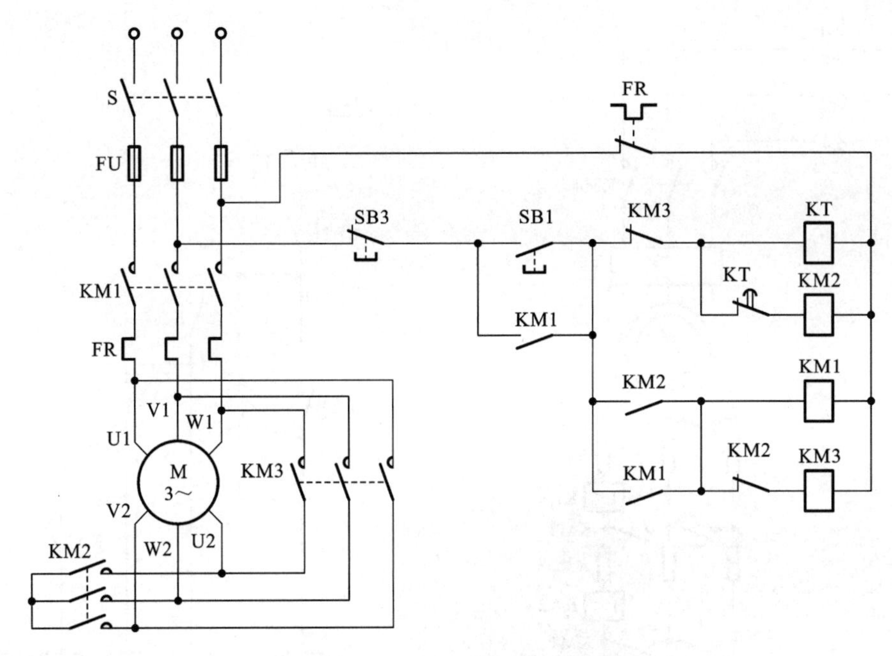

图 9-38　Y-△换接起动控制电路图

助触点闭合，进行自锁)→定子接入电源→电动机 Y 形接法起动，松开起动按钮 SB1，起动过程完成。经一定延时，通电延时继电器 KT 动作，常闭触点 KT 断开，KM2 断电复位，交流接触器 KM3 通电吸合，KM3 的常开主触点将定子绕组接成△形，电动机通电运行。与按钮 SBl 串联的 KM3 的常闭辅助触点的作用为：当电动机正常运行时，该常闭触点断开，切断 KT、KM2 的通路，即使误按了 SB1，KT 和 KM2 也不会通电，以免影响电路正常运行；若要停机，则按下停止按钮 SB3，接触器 KM1、KM2 同时断电释放，电动机脱离电源，停止转动。

9.2.5　电流继电器控制

以绕线式异步电动机转子串电阻三级起动电流控制为例，说明欠电流继电器的作用。

绕线式异步电动机转子串电阻起动主电路如图 9-39 所示。定子回路中串联刀开关 QF、交流接触器主触点 KM4 及热继电器热元件 FR；转子回路外串联三级起动电阻 $R1$～$R3$、交流接触器主触点 KM1～KM3 及欠电流继电器线圈 KA1～KA3。

绕线式异步电动机转子串电阻三级起动电流控制电路如图 9-40 所示。三级起动控制过程如下。

(1) 按下起动控制电路中的起动按钮 SB2→交流接触器 KM4 线圈通电吸合并自锁→中间继电器 KA4 线圈通电吸合→电动机串全电阻起动。

(2) 电动机转速上升→转子回路电流下降→欠电流继电器 KA1 常闭触点复位→交流接触器 KM1 线圈通电吸合→起动电阻 $R1$ 被切除→转子回路电流上升。

(3) 电动机转速上升→转子回路电流下降→欠电流继电器 KA2 常闭触点复位→交流接触器 KM2 线圈通电吸合→起动电阻 $R2$ 被切除→转子回路电流上升。

(4) 电动机转速上升→转子回路电流下降→欠电流继电器 KA3 常闭触点复位→交流接触器 KM3 线圈通电吸合→起动电阻 $R3$ 被切除→转子回路电流上升。

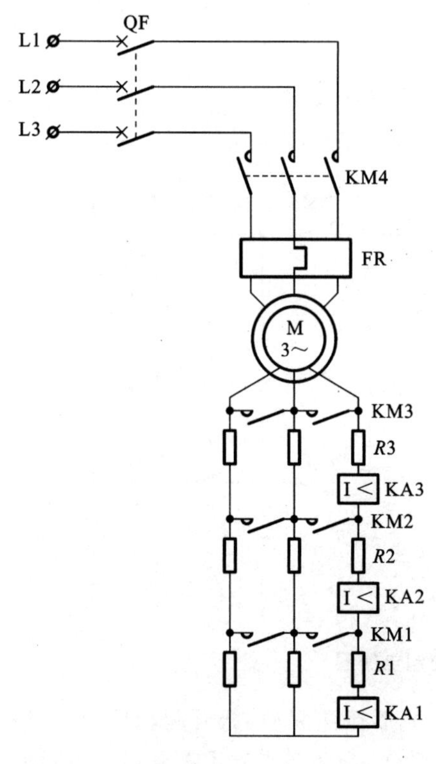

图 9-39 绕线式异步电动机转子串电阻起动主电路

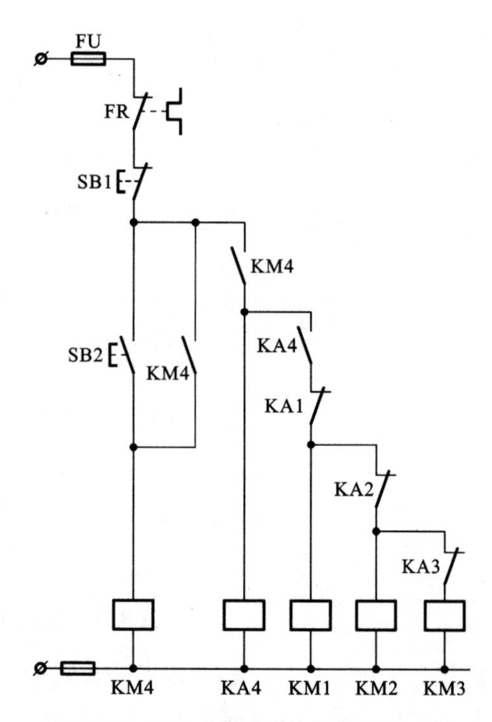

图 9-40 绕线式异步电动机转子串电阻三级起动电流控制电路

至此，三级起动电阻 $R1\sim R3$ 全部被切除，起动过程结束，电动机进入正常运行阶段。若要停机，则按停机按钮 SB1，交流接触器 KM4 线圈断电，主电源断开，电动机停止运行。

9.3 三相异步电动机继电-接触控制实习

9.3.1 实习目的

（1）了解常用低压电器的结构和作用。

（2）了解交流接触器的工作原理和作用。

（3）了解电动机继电-接触控制的原理和设计方法。

9.3.2 预备知识

（1）交流接触器的工作原理。

（2）三相异步电动机的起动、正反转继电控制原理。

9.3.3 实习设备与元器件

三相异步电动机、继电-接触控制挂箱、万用表、交流接触器、高强度绝缘连接线。

9.3.4 实习内容

(1) 画出并实现三相异步电动机直接起动的继电控制电路。

(2) 画出并实现三相异步电动机正反转的继电控制电路。

9.3.5 思考题

(1) 熔断器主要由哪几部分组成？各部分的作用是什么？

(2) 如何正确选用按钮？

(3) 交流接触器主要由哪几部分组成？

(4) 中间继电器与交流接触器有什么区别？什么情况下可以用中间继电器代替交流接触器？

(5) 热继电器能否作短路保护？为什么？

(6) 画出下列电器元件的图形符号，并标出对应的文字符号：熔断器、复合按钮、通电延时时间继电器、断电延时时间继电器、交流接触器、中间继电器。

(7) 某机床主轴电动机的型号为 Y132S-4，额定功率为 5.5 kW，额定电压为 380 V，额定电流为 11.6 A，定子绕组采用△形连接法，起动电流为额定电流的 6.5 倍。要求用组合开关作电源开关，用按钮、接触器控制电动机的运行，并需要有短路、过载保护。试说明所用的组合开关、按钮、接触器、熔断器及热继电器的参数。

9.3.6 实习报告

参 考 文 献

[1] 钱晓龙.电工电子实训教程[M].北京:机械工业出版社,2009.
[2] 王仁祥.常用低压电器原理及其控制技术[M].北京:机械工业出版社,2006.
[3] 夏全福.电工实验及电子实习教程[M].武汉:华中科技大学出版社,2002.
[4] 田随明,等.工业电气与控制技术[M].武汉:华中理工大学出版社,1997.
[5] 李仁. 电器控制[M].北京:机械工业出版社,1990.
[6] 周润景,等.基于 PROTEUS 的电路及单片机系统设计与仿真[M].北京:北京航空航天大学出版社,2006.